Adobe® 创意大学指定教材

Adobe® 创意大学

Flash CS5产品专家认证标准教材

◎ 易锋教育 总策划
◎ 尹小港 编著

印刷工业出版社

内容提要

Flash是Adobe公司的一款集多种功能为一体的多媒体制作软件，主要用于创建基于网络流媒体技术的带有交互功能的矢量动画。本书知识讲解安排合理，着重于提升学生的岗位技能竞争力。

本书知识结构清晰，以“理论知识+实战案例”的形式循序渐进地对知识点进行了讲解，版式设计新颖，对Flash CS5产品专家认证的考核知识点在书中进行了加黑、加着重点的标注，使读者一目了然，方便初学者和有一定基础的读者更有效率地掌握Flash CS5的重点和难点。本书内容丰富，全面、详细地讲解了Flash CS5产品的各项功能，包括基础入门，图形的绘制，图形的编辑操作，文本编辑，时间轴、帧与图层，基础动画，元件和库，声音与视频的使用，ActionScript编程基础，常用组件，动画的优化和发布等内容。

本书可以作为参加“Adobe创意大学产品专家认证”考试学生的指导用书，还可以作为各院校和培训机构“数字媒体艺术”相关专业的教材。

图书在版编目（CIP）数据

Adobe创意大学Flash CS5产品专家认证标准教材 /尹小港编著.
-北京 ：印刷工业出版社，2011.7
Adobe创意大学指定教材
ISBN 978-7-5142-0240-3

Ⅰ. A… Ⅱ. 尹… Ⅲ. 动画制作软件，Flash CS5－高等学校－教材 Ⅳ. TP391.41

中国版本图书馆CIP数据核字(2011)第109577号

Adobe创意大学Flash CS5产品专家认证标准教材

编　　著：尹小港

责任编辑：陈媛媛　韩培付　　　责任校对：石文涛
责任印制：密　东　　　　　　　责任设计：墨　白
出版发行：印刷工业出版社（北京市翠微路2号　邮编：100036）
　　　　　北京希望电子出版社（北京市海淀区上地三街9号嘉华大厦C座610　邮编：100085）
网　　址：www.bhp.com.cn
经　　销：各地新华书店
印　　刷：北京市密东印刷有限公司

开　　本：787mm×1092mm　1/16
字　　数：435千字
印　　张：17
印　　数：1～5000
印　　次：2011年7月第1版　2011年7月第1次印刷
定　　价：42.00元
I S B N：978-7-5142-0240-3

序

Adobe 是全球最大、最多元化的软件公司之一，以其卓越的品质享誉世界，旗下拥有众多深受广大客户信赖和认可的软件品牌。Adobe 彻底改变了世人展示创意、处理信息的方式。从印刷品、视频和电影中的丰富图像到各种媒体的动态数字内容，Adobe 解决方案的影响力在创意产业中是毋庸置疑的。任何创作、观看以及与这些信息进行交互的人，对这一点更是有切身体会。

中国创意产业已经成为一个重要的支柱产业，将在中国经济结构的升级过程中发挥非常重要的作用。2009 年，中国创意产业的总产值占国民生产总值的 3%，但在欧洲国家这个比例已经占到 10% ～ 15%，这说明在中国创意产业还有着巨大的市场机会，同时，这个行业也将需要大量的与市场需求所匹配的高素质人才。

从目前的诸多报道中可以看到，许多拥有丰富传统知识的毕业生，一出校门很难找到理想的工作，这是因为他们的知识与技能达不到市场的期望和行业的要求。出现这种情况的主要原因在很大程度上在于教育行业缺乏与产业需求匹配的专业课程以及能教授学生专业技能的教师。这些技能是至关重要的，尤其是中国正处在计划将自己的经济模式与国际角色从“Made in China/ 中国制造”提升为具备更多附加值的“Designed & Made in China/ 中国设计与制造”的过程中。

Adobe® 创意大学（Adobe® Creative University）计划是 Adobe 公司联合行业专家、行业协会、教育专家、一线教师、Adobe 技术专家，面向国内动漫、平面设计、出版印刷、eLearning、网站制作、影视后期、RIA 开发及其相关行业，针对专业院校、培训机构和创意产业园区创意类人才的培养，以及中小学、网络学院、师范类院校师资力量的建设，基于 Adobe 核心技术，为中国创意产业生态全面升级和教育行业师资水平和技术水平的全面强化而联合打造的全新教育计划。

Adobe® 创意大学计划旨在与国内专业院校、培训机构、创意产业园区以及国家教育主管部门联合，为中国创意行业和教育行业培养更多专业型、实用型、技术性的高端人才，并帮助学生和从业人员快速完成职业和专业能力塑造，迅速提高岗位技能和职业水平，强化个人的市场竞争力，高质、高效地步入工作岗位。

为贯彻 Adobe® 创意大学的教育理念，Adobe 公司联合多方面、多行业的人才组成教育专家组负责新模式教材的开发工作，把最新 Adobe 技术、企业岗位技能需求、院校教学特点、教材编写特点有机结合，以保证课程技能传递职业岗位必备的核心技术与专业需求，又便于实现院校教师易教、学生易学的双重要求。

我们相信 Adobe® 创意大学计划必将为中国的创意产业的发展以及相关专业院校的教学改革提供良好的支持。

Adobe 将与中国一起发展与进步！

Adobe 大中华区董事总经理　黄耀辉

前言

Adobe 于 8 月正式推出的全新"Adobe® 创意大学"计划引起了教育行业强大关注。"Adobe® 创意大学"计划集结了强大的教学、师资和培训力量，由活跃在行业内的行业专家、教育专家、一线教师、Adobe 技术专家以及行业协会共同制作并隆重推出了"Adobe® 创意大学"计划的全部教学内容及其人才培养计划。

Adobe® 创意大学计划概述

Adobe® 创意大学（Adobe® Creative University）计划是 Adobe 公司联合行业专家、行业协会、教育专家、一线教师、Adobe 技术专家，面向国内动漫、平面设计、出版印刷、eLearning、网站制作、影视后期、RIA 开发及其相关行业，针对专业院校、培训机构和创意产业园区创意类人才的培养，以及中小学、网络学院、师范类院校师资力量的建设，基于 Adobe 核心技术，为中国创意产业生态全面升级和教育行业师资水平和技术水平的全面强化而联合打造的全新教育计划。

Adobe® 创意大学计划旨在与国内专业院校、培训机构、创意产业园区以及国家教育主管部门联合，为中国创意行业和教育行业培养更多专业型、实用型、技术性的高端人才，并帮助学生和从业人员快速完成职业和专业能力塑造，迅速提高岗位技能和职业水平，强化个人的市场竞争力，高质、高效地步入工作岗位。

专业院校、培训机构、创意产业园区人才培养平台均可加入 Adobe® 创意大学计划，并获得 Adobe 的最新技术支持和人才培养方案，通过对相关专业技术和专业知识、行业技能的严格考核，完成创意人才、教育人才和开发人才的培养。

加入"Adobe® 创意大学"的理由

Adobe 将通过区域合作伙伴和行业合作伙伴对 Adobe® 创意大学合作机构提供持续不断的技术、课程、市场活动服务。

"Adobe 创意大学"的合作机构将获得以下权益。

1．荣誉及宣传

（1）获得“Adobe 创意大学”的正式授权，机构名称将刊登在 Adobe 教育网站 (www.adobecu.com) 上，Adobe 进行统一宣传，提高授权机构的知名度。

（2）获得“Adobe 创意大学”授权牌。

（3）可以在宣传中使用“Adobe 创意大学”授权机构的称号。

（4）免费获得 Adobe 最新的宣传资料支持。

2．技术支持

（1）第一时间获得 Adobe 最新的教育产品信息、技术支持。

（2）可优惠采购相关教育软件。

（3）有机会参加“Adobe 技术讲座”和“Adobe 技术研讨会”。

（4）有机会参加 Adobe 新版产品发布前的预先体验计划。

3．教学支持

（1）获得相关专业课程的全套教学方案（课程体系、指定教材、教学资源）。

（2）获得深入的师资培训，包括专业技术培训、来自一线的实践经验分享、全新的实训教学模式分享。

4．市场支持

（1）优先组织学生参加 Adobe 创意大赛，获奖学生和合作机构将会被 Adobe 教育网站重点宣传，并享有优先人才推荐服务。

（2）有资格参加评选和被评选为 Adobe 创意大学优秀合作机构。

（3）教师有资格参加 Adobe 优秀教师评选；特别优秀的教师有机会成为 Adobe 教育专家委员会成员。

（4）作为 Adobe 创意大学计划考试认证中心，可以组织学生参加 Adobe 创意大学计划的认证考试。考试合格的学生获得相应的 Adobe 认证证书。

（5）参加 Adobe 认证教师培训，持续提高师资力量，考试合格的教师将获得 Adobe 颁发的“Adobe 认证教师”证书。

Adobe® 创意大学计划认证体系和认证证书

（1）Adobe 产品技术认证：基于 Adobe 核心技术，并涵盖各个创意设计领域，为各行业培养专业技术人才而定制。

（2）Adobe 动漫技能认证：联合国内知名动漫企业，基于动漫行业的需求，为培养动漫创作和技术人才而定制。

（3）Adobe 平面视觉设计师认证：基于 Adobe 软件技术的综合运用，满足平面设计和包装印刷等行业的岗位需求，培养了解平面设计、印刷典型流程与关键要求的人才而制定。

（4）Adobe eLearning 技术认证：针对教育和培训行业制定的数字化学习和远程教育技术的认证方案，以培养具有专业数字化教学资源制作能力、教学设计能力的教师 / 讲师等为主要目的，构建基于 Adobe 软件技术教育应用能力的考核体系。

（5）Adobe RIA 开发技术认证：通过 Adobe Flash 平台的主要开发工具实现基本的 RIA 项目开发，为培养 RIA 开发人才而全力打造的专业教育解决方案。

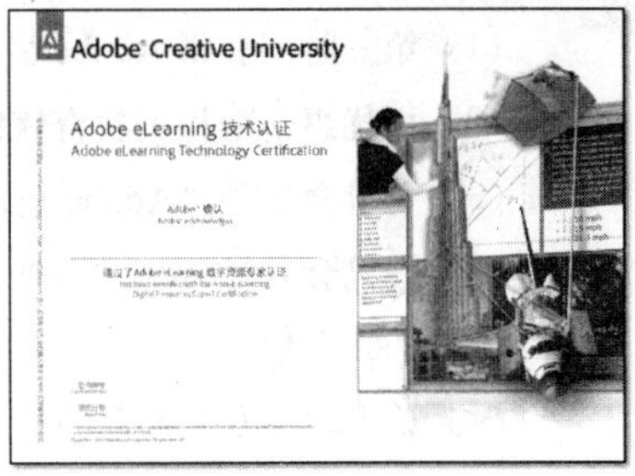

Adobe® 创意大学计划标准教材

—《Adobe 创意大学 Photoshop CS5 产品专家认证标准教材》

—《Adobe 创意大学 InDesign CS5 产品专家认证标准教材》

—《Adobe 创意大学 Illustrator CS5 产品专家认证标准教材》

—《Adobe 创意大学 Acrobat X 产品专家认证标准教材》

—《Adobe 创意大学 After Effects CS5 产品专家认证标准教材》

—《Adobe 创意大学 Premiere Pro CS5 产品专家认证标准教材》

—《Adobe 创意大学 Flash CS5 产品专家认证标准教材》

—《Adobe 创意大学 Dreamweaver CS5 产品专家认证标准教材》

—《Adobe 创意大学 Fireworks CS5 产品专家认证标准教材》

—《Adobe 创意大学 Audition 3 产品专家认证标准教材》

"Adobe® 创意大学"计划所做出的贡献，将提升创意人才在市场上驰骋的能力，推动中国创意产业生态全面升级和教育行业师资水平和技术水平的全面强化。

教材服务邮箱：bhpjc@bhp.com.cn

项目服务邮箱：adobecu@hope.com.cn

编著者

2011 年 4 月

目录

Contents

第3章 图形的编辑操作

第4章 Flash中的文本编辑

第5章 时间轴、帧与图层

第6章

Flash中的基础动画

第7章

元件和库

第8章

声音与视频的使用

第9章

ActionScript编程基础

第10章

Flash常用组件

第11章

动画的优化和发布

第1章

Flash CS5基础入门

随着电脑技术的不断进步，以及网络的迅速传播，人们对动画的需要不断升级，传统的动画制作方式已不能满足社会的需要，Flash的出现及时缓解了这一现象。简单的操作，强大的功能，使越来越多的人都喜欢使用Flash进行创作，Flash已经成为动画制作中不可缺少的一员。

本章学习要点

- 了解Flash动画特点及应用领域
- 认识Flash CS5的操作界面
- 掌握Flash CS5的文件操作
- 掌握动画制作环境的设置方法

1.1 Flash动画特点及应用领域

Adobe Flash CS5 Professional是Flash家族中的新成员，它不但在动画创建和编辑功能上进行了增强，还加强了Flash在网络、多媒体方面的应用功能，使Flash及其开发的产品能够适用于一个更为广阔的领域。

与其他动画设计软件相比，Flash有其独特的特点，下面介绍Flash动画的特点及其应用领域。

1. Flash动画的特点

Flash动画作为一种流行的动画格式，具有受制约性小、交互性强、便于传播、制作成本低和便于维护版权等特点。下面分别介绍Flash动画的这几类特点。

- 受制约性小：因为使用Flash制作的动画是矢量的，所以无论把它放大多少倍都不会失真，因此便于在任意大小的屏幕上观看。
- 交互性强：Action Script动作和组件的应用，可以为Flash动画添加交互动作。用户可以通过单击、选择等动作决定动画的运行，还可以通过在动画中填写数据并进行提交，这是传统动画所无法比拟的。
- 便于传播：Flash动画使用的是矢量图技术，具有文件小、传输速度快，播放采用流式技术的特点，因此可以边下载边播放，如果网络速度够快，则根本感觉不到文件的下载过程。所以Flash动画非常适合在网络上传播。
- 制作成本低：与传统动画相比较，Flash动画的要求很低，往往一个人或者几个人就可以完成一部Flash动画的制作，成本非常低，使用Flash制作动画不但能够减少人力、物力资源的消耗。同时，在制作时间上也会大大减少。
- 便于维护版权：Flash动画在制作完成后，可以生成带保护的文件格式，维护设计者的版权利益。

2. Flash的应用领域

随着Flash功能不断增强，其应用领域也越来越多。目前，Flash最主要的应用领域主要有以下几个方面。

- 网页广告：一般的网页广告都具有短小、精悍、表现力强等特点，而Flash恰到好处地满足了这些要求，因此，在网页广告的制作中得到广泛的应用，图1-1所示是网页中的女鞋广告。

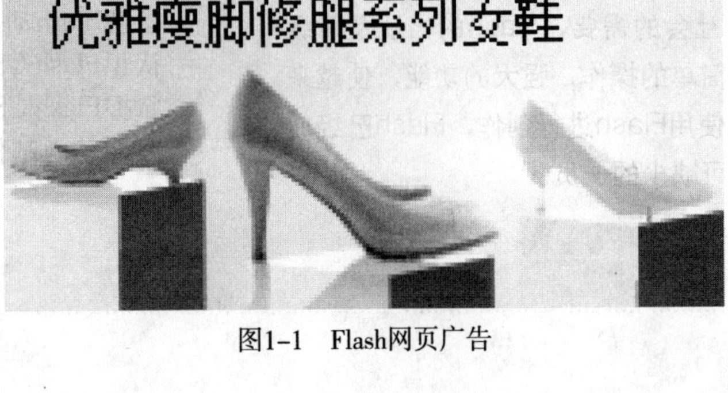

图1-1　Flash网页广告

- 网络动画：由于用Flash制作的作品非常适合网络环境下的传输，也使Flash成为网络动画的重要制作工具之一，图1-2所示是一个网络音乐动画。

图1-2　Flash制作的网络动画

- 在线游戏：Flash中的Actions语句可以编制一些游戏程序，再配合Flash的交互功能，能使用户通过网络进行在线游戏。图1-3所示是一个使用Flash制作的在线射击游戏。

图1-3　使用Flash制作的游戏

- 多媒体教学：Flash素材的获取方法很多，可为多媒体教学提供更易操作的平台，目前已被越来越多的教师和学生所熟识。图1-4所示是一个使用Flash制作的课件。

图1-4　使用Flash制作的多媒体课件

1.2 Flash CS5的操作界面

执行“开始”→“程序”→“Adobe Flash CS5 Professional”命令，即可启动Flash CS5。当启动Flash CS5时会出现开始页，在开始页中可以选择新建项目、模板及最近打开的项目，如图1-5所示。

图1-5 开始页

> **提示**
>
> 勾选左下角的“不再显示”复选框，可以使以后启动Flash CS5时不再显示开始页。

选择“新建”栏目下的“Flash项目”选项，进入Flash CS5的工作界面，如图1-6所示。

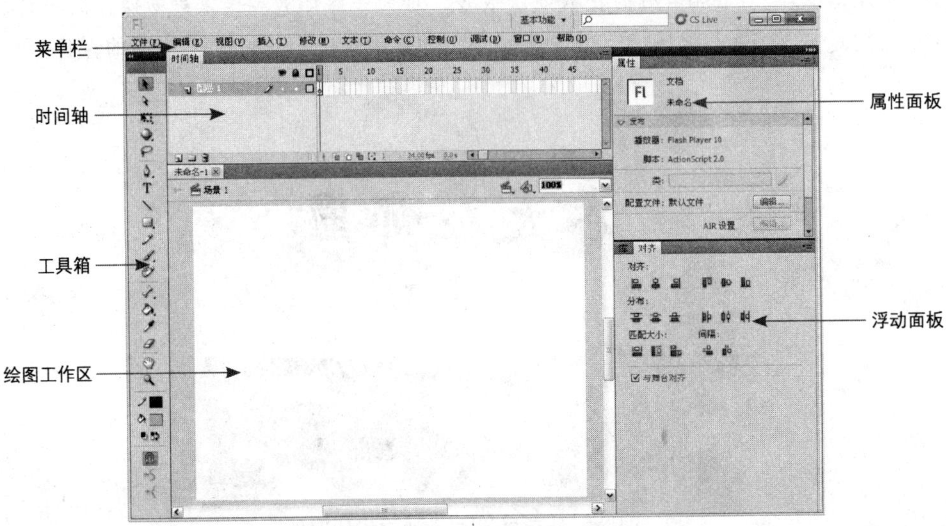

图1-6 Flash CS5的工作界面

1.2.1 菜单栏

在菜单栏中可以执行Flash的大多数功能操作，如新建、编辑和修改等。在菜单栏中包括文件、编辑、视图、插入、修改、文本、命令、控制、调试、窗口、帮助11个菜单项，如图1-7所示。

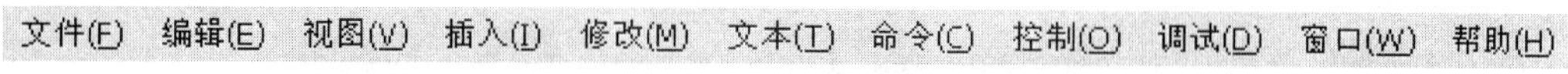

图1-7 菜单栏

1.2.2 工具箱

工具箱是Flash中重要的面板，它包含绘制和编辑矢量图形的各种操作工具，主要由选择工具、绘图工具、色彩填充工具、查看工具、色彩选择工具和工具属性六部分构成，用于进行矢量图形绘制和编辑的各种操作，如图1-8所示。

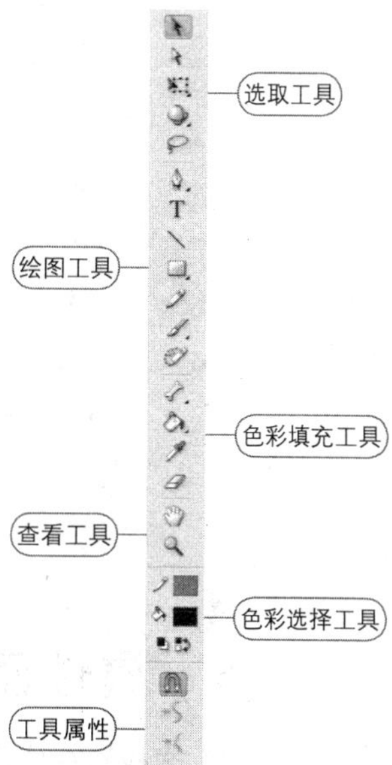

图1-8 工具箱

1.2.3 时间轴

时间轴位于Flash菜单栏的下方，用于显示影片长度、帧内容及影片结构等信息，如图1-9所示。通过该窗口，用户可以进行不同动画的创建、设置图层属性、为影片添加声音等操作，它是Flash中进行动画编辑的基础。

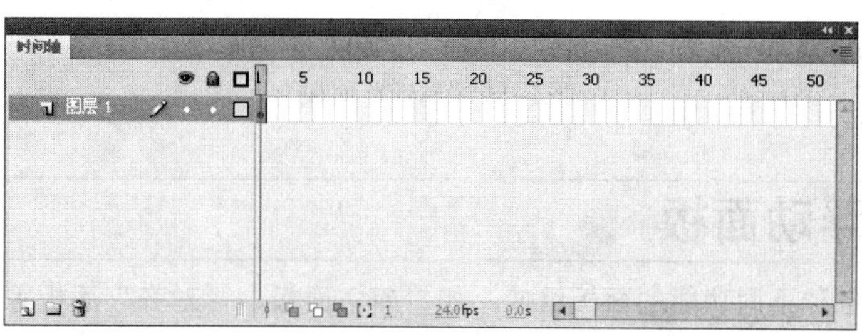

图1-9 时间轴

1.2.4 绘图工作区

绘图工作区中又被称为“舞台”，“舞台”中包含的图形内容就是在完成的Flash影片播放时所显示的内容。按下工作区右上角的显示比例按钮，可以对工作区的视图比例进行快捷的调整，如图1-10所示。

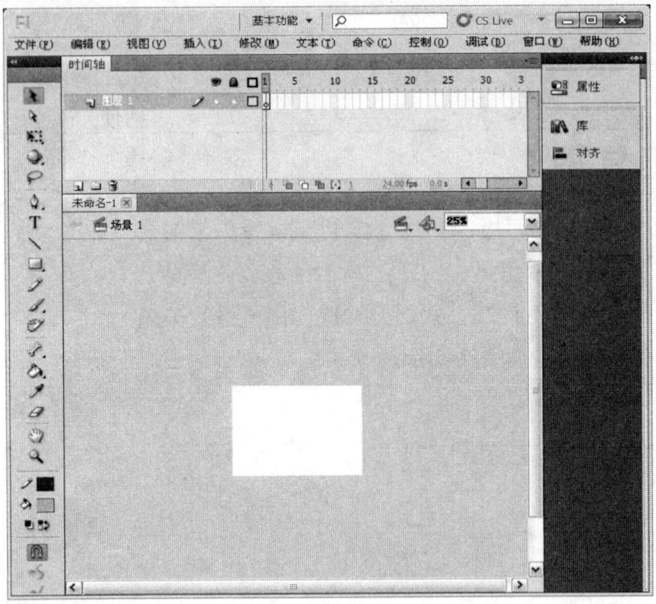

图1-10 绘图工作区

1.2.5 属性面板

“属性”面板默认位于绘图工作区的下面。“属性”面板可以根据所选对象的不同，显示其相应的属性信息并进行编辑修改，如图1-11所示。

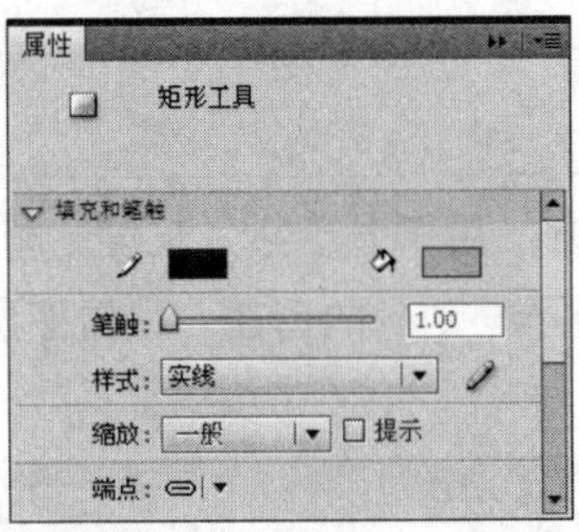

图1-11 “属性”面板

1.2.6 浮动面板

浮动面板由各种不同功能的面板组成，如“库”面板、“对齐”面板等。通过面板的显示、隐藏、组合、摆放，可以自定义工作界面。要在软件窗口中显示更多的浮动面板，只需要在“窗口”菜单中选择要显示的浮动面板名称即可。

1.3 Flash CS5的文件操作

用户可以在Flash中新建文档，并修改文档的属性，当用户对这些文档进行编辑操作后，还可以将文档保存为单独的文件。

1.3.1 新建文件

在Flash CS5中，有多种方法可以新建影片文件，主要包括使用“新建”命令创建文件和通过“开始页面”创建影片文件两种方式，下面介绍通过“新建”命令新建文档的方法。

1. 使用“新建”命令新建影片文件

使用“新建”命令，可以快速地创建Flash文档、Flash幻灯片演示文稿和Flash表单应用程序等类型的文档，具体操作步骤如下。

01 执行“文件”→“新建”命令，打开“新建文档”对话框，如图1-12所示。

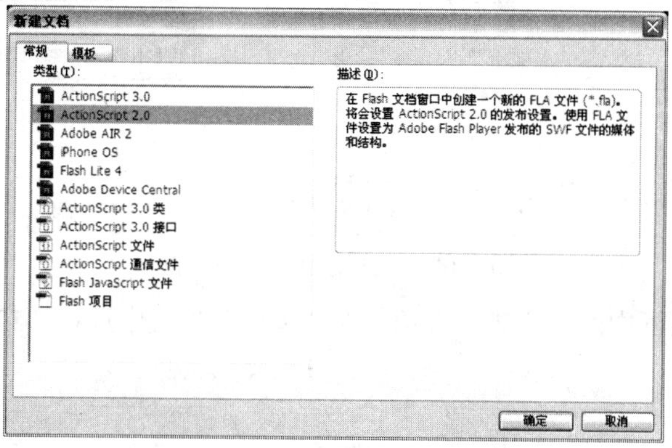

图1-12 “新建文档”对话框

02 在“新建文档”对话框中选择要创建的文件类型，单击“确定”按钮，即可新建一个文档，如图1-13所示。

图1-13 新建的文件窗口

2. 从模板新建影片文件

在Flash CS5中，可以从模板新建影片文件，下面以创建广告文档为例，介绍从模板新建影片文件的方法，具体操作步骤如下。

01 在Flash CS5中执行“文件”→“新建”命令打开“新建文档”对话框。在对话框中选择“模板”选项卡进入到“从模板新建”对话框，如图1-14所示。

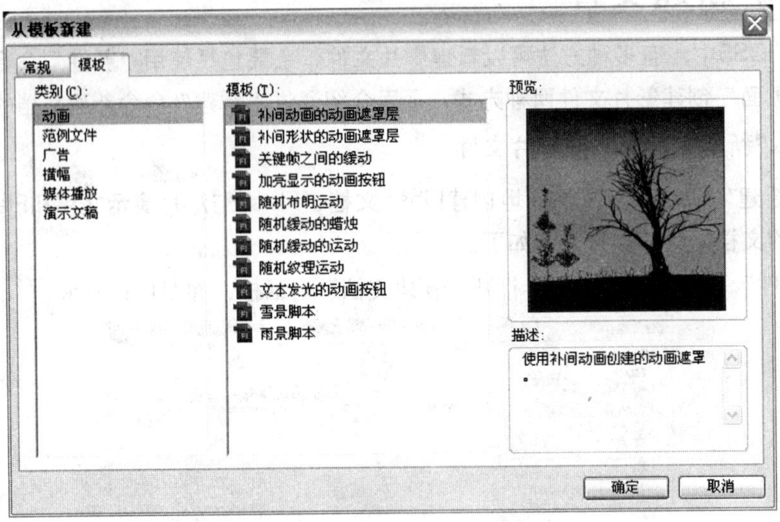

图1-14 “从模板新建”对话框

02 选择“类别”列表框中的“广告”选项，在“模板”列表中选择“120×240垂直”选项，如图1-15所示。

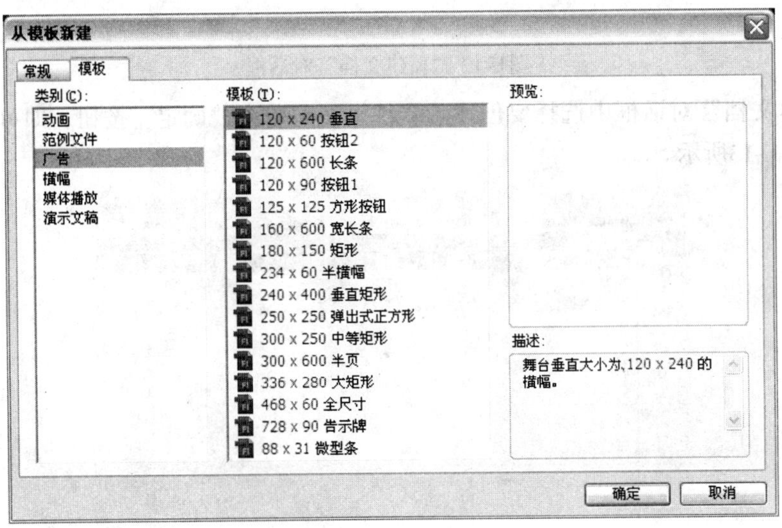

图1-15 选择模板文件

03 单击“确定”按钮，新建长和宽分别为120和240的垂直矩形广告文档，如图1-16所示。

图1-16　新建模板文档

1.3.2 保存文件

在完成了影片文件的编辑以后，还需要对其进行保存。保存文件的具体操作步骤如下。

01 执行“文件”→“保存”命令，如果是第一次保存该文档，则会打开“另存为”对话框，如图1-17所示。

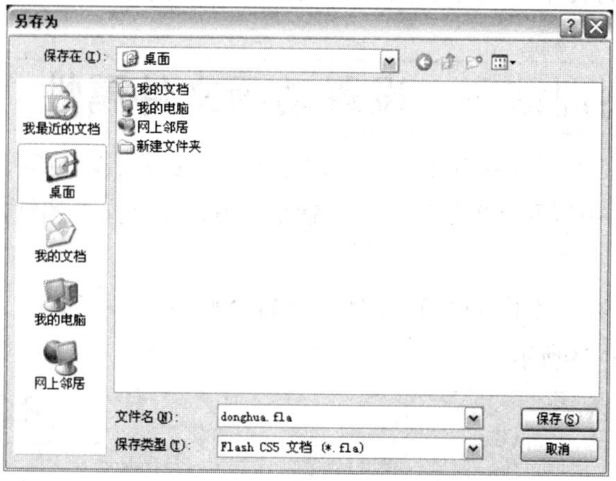

图1-17 “另存为”对话框

02 在“文件名”文本框中输入文档名称。

03 在“保存类型”下拉列表中选择文件类型，完成后单击“保存”按钮即可。

提示

如果文档已经保存过，还需要再次保存，在执行“文件”→“保存”命令后，文档会自动保存而不会弹出对话框。

1.3.3 打开与关闭文件

打开与关闭文件的具体操作步骤如下：

01 执行“文件”→“打开”命令，打开“打开”对话框，如图1-18所示。

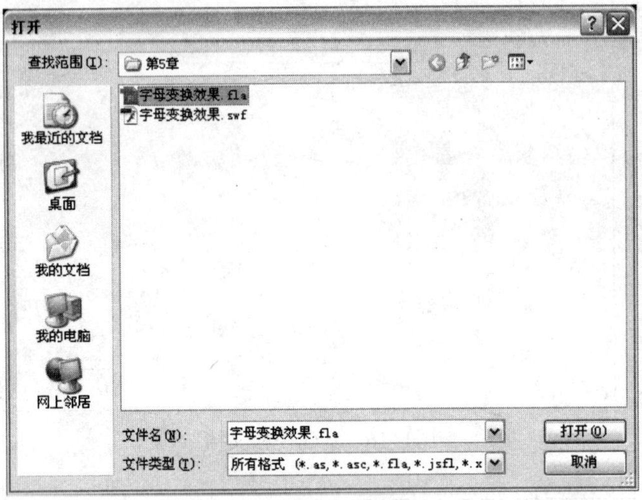

图1-18 “打开”对话框

02 在“查找范围”下拉列表框中选择要打开文件的路径，并选择要打开的Flash文件。

03 单击“打开”按钮，这样便可打开选择的Flash文件。

04 在打开文件以后，若要关闭文件，执行“文件”→“退出”命令或直接单击工作界面上方文件列表栏中相应的文件名右侧的“关闭”按钮即可关闭相应的文件。

1.3.4 实例训练——设置动画文件属性

在制作Flash动画之前首先要确定动画的尺寸大小以及背景颜色等，以方便后期的制作。确定动画影片的尺寸大小以及背景颜色等，也就是要设置动画文件属性，这是制作动画的首要任务。

01 运行Flash CS5，新建一个Flash空白文档。执行“修改”→“文档”命令，打开“文档设置”对话框，如图1-19所示。

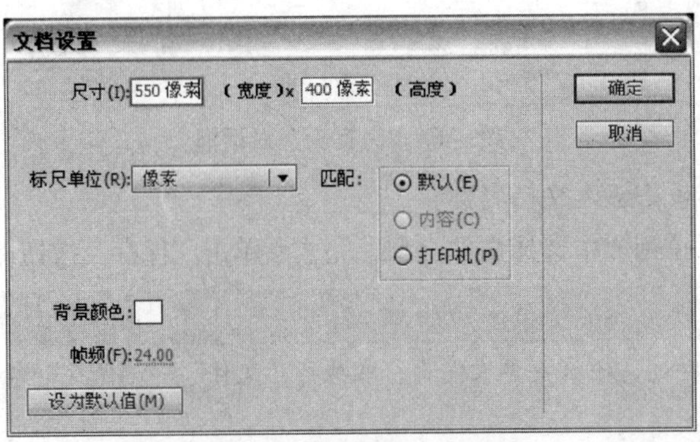

图1-19 “文档设置”对话框

02 在对话框中将“尺寸”设置为400像素（宽）×350像素（高），如图1-20所示。

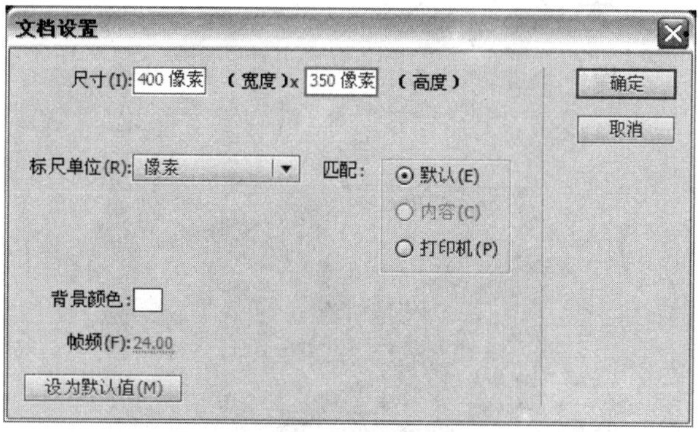

图1-20　设置尺寸

03 单击“背景颜色”后的颜色框，在弹出的“颜色”选择框里设置动画的背景颜色，这里选择蓝色，如图1-21所示。

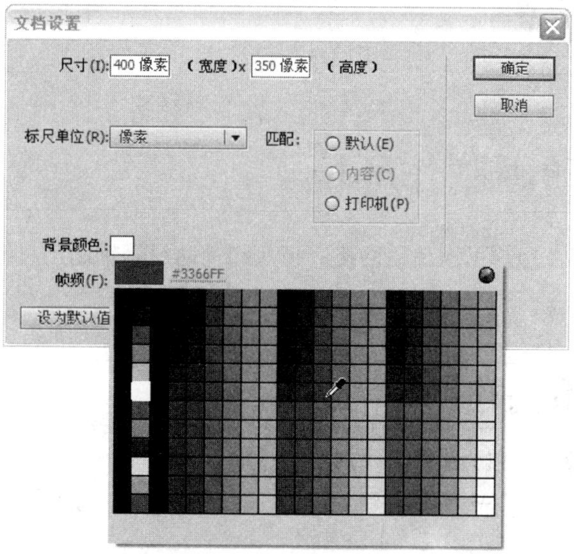

图1-21　选择颜色

04 在“帧频”文本框中输入动画的帧频“12”，如图1-22所示。输入的数字表示每秒播放多少帧动画，输入的12表示1秒钟播放12帧动画。

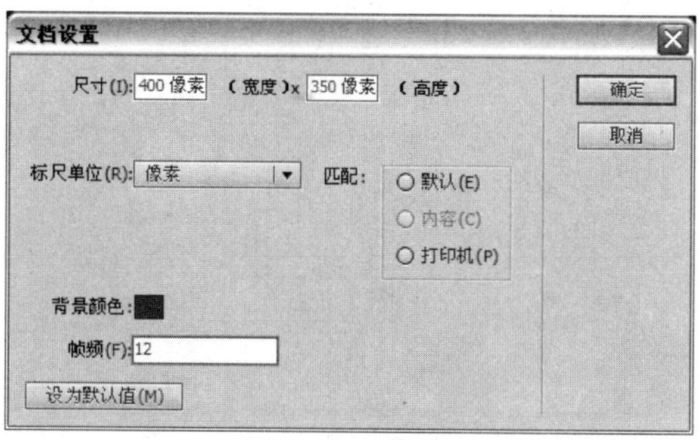

图1-22　设置帧频

05 设置完成后单击“确定”按钮，Flash中的舞台如图1-23所示。

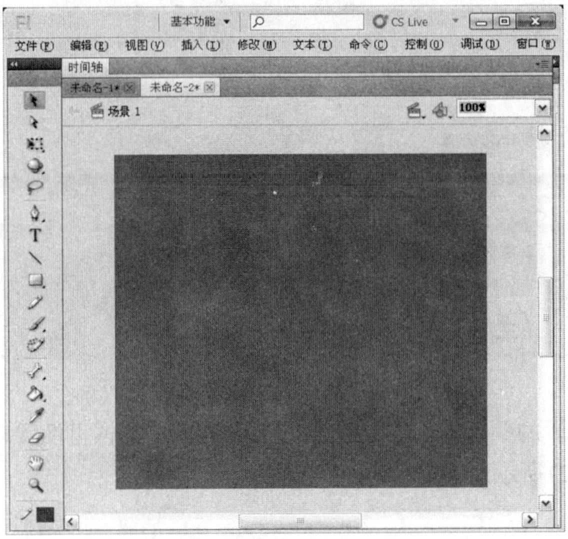

图1-23　完成效果

1.4 设置动画制作环境

在Flash中绘图时，用户可以使用网格、标尺和辅助线等辅助工具，便于精确定位舞台中的图像或其他元素。

1.4.1 使用网格

使用“网格”命令，可以为工作区添加网格，方便用户编辑动画。要在舞台上显示网格，只需要执行“视图”→“网格”→“显示网格”命令，即可在舞台上显示网格，如图1-24所示。

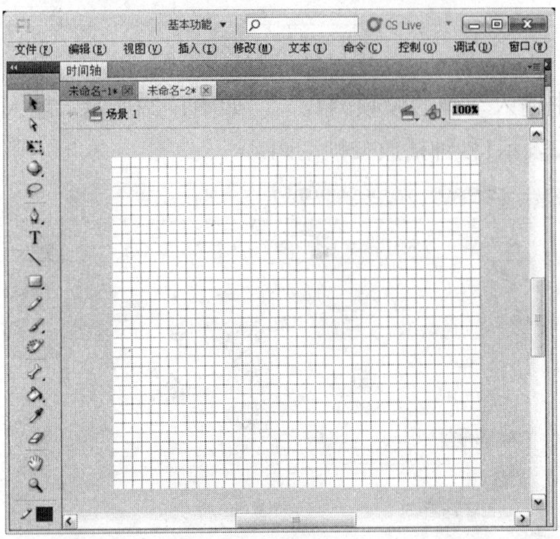

图1-24　显示网格

如果要对网格的参数进行设置，可以执行“视图”→“网格”→“编辑网格”命令，打开“网格”对话框，然后在“网格”对话框中进行操作，如图1-25所示。

下面介绍“网格”对话框中各项参数的功能。

- 颜色：设置网格线的颜色。单击“颜色框”打开调色板，在其中选择要应用的颜色即可，如图1-26所示。

图1-25 “网格”对话框

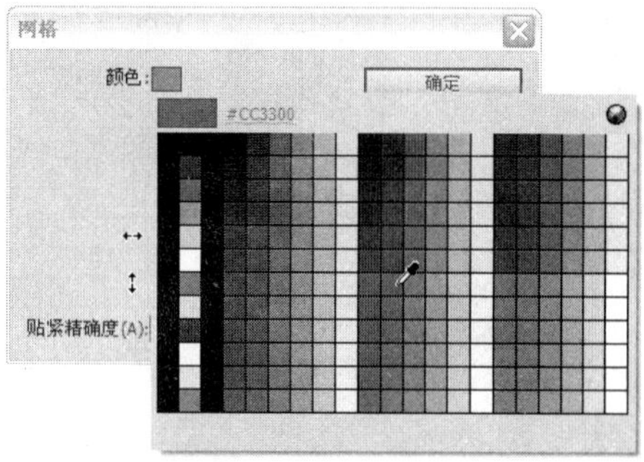

图1-26 调色板

- 显示网格：选中该复选框即可在工作区内显示网格。
- 在对象上方显示：选中该复选框后，舞台上的对象将不能遮盖住网格。
- **贴紧至网格：选中该复选框后，工作区内的元件在拖动时，如果元件的边缘靠近网格线，就会自动吸附到网格线上。**
- 网格宽度↔：设置网格中每个单元格的宽度。在“网格宽度”后面的文本框中输入一个值，设置网格的宽度，单位为像素，如图1-27所示。
- 网格高度↕：设置网格中每个单元格的高度。在“网格高度”后面的文本框中输入一个值，设置网格的高度，单位为像素，这里输入“20”。

贴紧精确度：设置对象在贴紧网格线时的精确度，包括“必须接近”、“一般”、“可以远离”和“总是贴紧”4个选项，如图1-28所示。

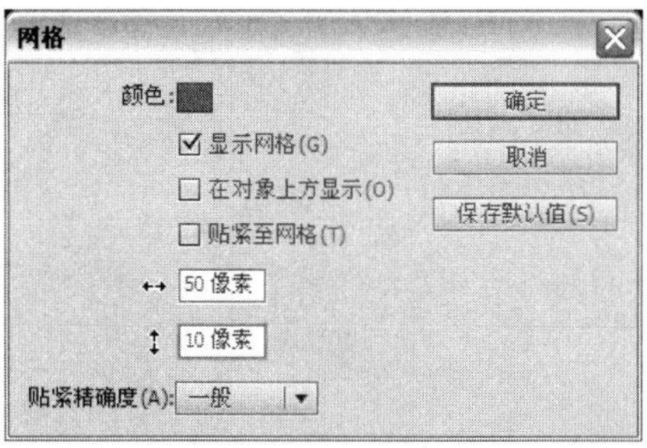

图1-27 设置“网格宽度”

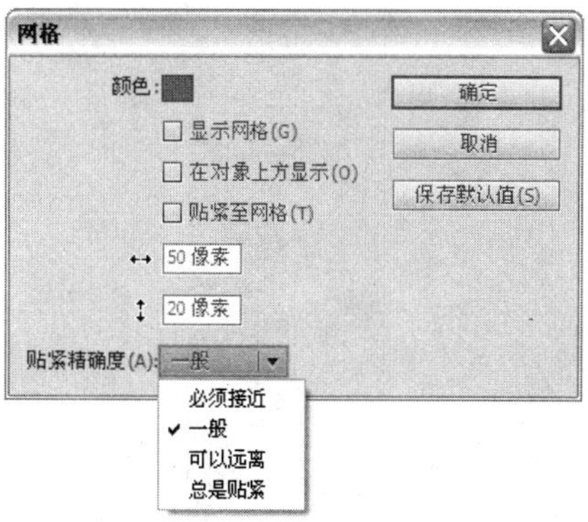

图1-28 设置“贴紧精确度”

提示

只有在“网格”对话框中选择“贴紧至网格”选项后，“贴紧精确度”中的选项才能起作用。

单击“确定”按钮后，舞台上网格的效果如图1-29所示。

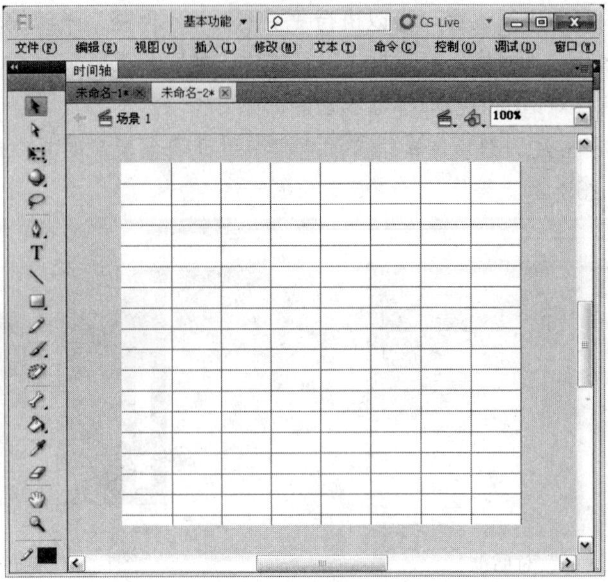

图1-29　网格效果

1.4.2 使用标尺

标尺工具可以让用户掌握舞台中的元素位置，对精确定位动画元素的帮助很大。在Flash中默认是不会显示标尺的，要在Flash中显示标尺工具，需要执行“视图”→“标尺”命令，如图1-30所示。

图1-30　显示标尺

在文档窗口中显示标尺后，移动舞台上的元素时，在标尺上会显示出元素的边框定位线，为用户指示当前元素移动的位置。

1.4.3 使用辅助线

使用辅助线功能可以在工作区内添加辅助线，帮助用户定位动画元素。执行“视图”→“标尺”命令启用标尺工具，将鼠标指针移到标尺上并单击鼠标左键，鼠标指针变为形状时，按住鼠标左键向工作区中心拖动，然后松开鼠标左键，即可拖出一条绿色的辅助线，如图1-31所示。

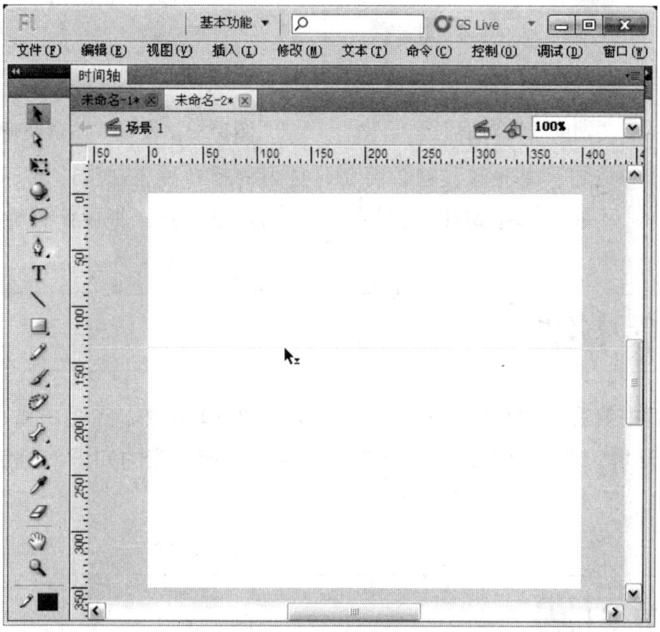

图1-31　拖动辅助线

> **提示**
>
> 要删除工作区内的辅助线，可以直接将鼠标移动到辅助线上，待鼠标指针变成形状时，按住左键将辅助线拖到工作区域外，然后松开鼠标即可。

在工作区域内添加了辅助线后，如果还需要添加多个辅助线，可以将添加好的辅助线锁定，使其不能被选中，以免误操作。要锁定辅助线很简单，只需要执行“视图”→“辅助线”→“锁定辅助线”命令即可。

在工作区域内添加了辅助线后，可以编辑辅助线的颜色、是否显示辅助线、是否贴紧至辅助线和是否锁定辅助线等参数。执行“视图”→“辅助线”→“编辑辅助线”命令，打开“辅助线”对话框，如图1-32所示。

“辅助线”对话框中各项参数的功能介绍如下。

- 颜色：为辅助线设置颜色，默认设置为绿色。单击“颜色”后面的颜色框，在弹出的调色板中选择需要的颜色。
- 显示辅助线：选中该选项，即可显示辅助线；取消选中该选项，即可将工作区内的辅助线隐藏。
- **贴紧至辅助线：选中该选项后，文档中的对象在拖动时，如果靠近辅助线，其边缘会自动吸附到辅助线上。**
- 锁定辅助线：选中该项后，创建好的辅助线将无法拖动编辑。

- 贴紧精确度：设置对象在贴紧辅助线时的精确度，包括必须接近、一般和可以远离3个选项，如图1-33所示。

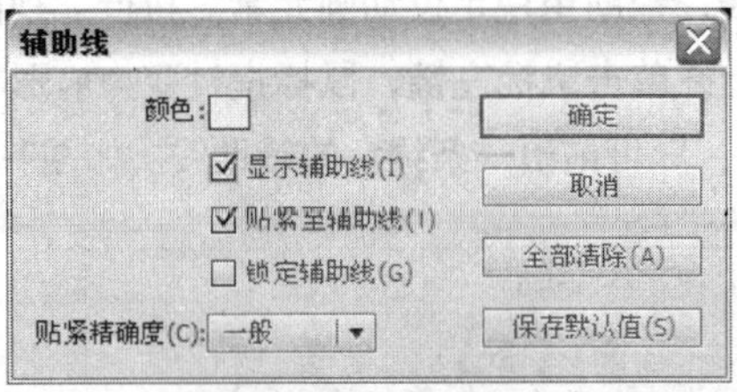

图1-32 “辅助线”对话框

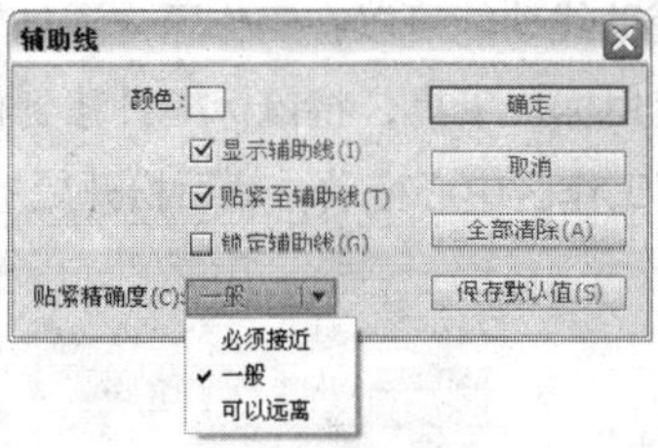

图1-33 设置“贴紧精确度”

- 全部清除(A)按钮：单击该按钮，将工作区内的辅助线全部清除掉。
- 保存默认值(S)按钮：单击该按钮，将目前“辅助线”对话框中的设置保存为默认值。

1.5 本章小结

在本章中我们主要介绍了Flash的特点，认识了的Flash操作界面，重点介绍了如何设置Flash CS5的工作环境，为以后的动画制作做好准备。掌握本章的知识，能使读者对Flash有个全面系统的了解。

1.6 本章习题

1. 填空题

（1）勾选“开始页”左下角的 ________复选框，可以使以后启动Flash CS5时不再显示开始页。

（2）在 ________中可以执行Flash的大多数功能操作，如新建、编辑和修改等。

（3）如果要对网格的参数进行设置，可以执行 ________命令，打开“网格”对话框，然后在对话框中进行操作。

2. 判断题

（1）因为使用Flash制作生成的动画是矢量的，所以把它放大多少倍都不会失真，便于在任意大小的屏幕上观看。（ ）

（2）工具箱是Flash中重要的面板，它包含绘制和编辑矢量图形的各种操作工具。（ ）

（3）要删除工作区内的网格，可以直接将鼠标移动到网格上，待鼠标指针变成 形状时，按住左键将网格拖到工作区域外，然后松开鼠标即可。（ ）

3. 操作题

（1）在Flash CS5中新建一个文档并保存。

（2）在文档中使用标尺，并将标尺设置为蓝色。

第2章

图形的绘制

Flash动画中的图形分为两种，一种是从外部导入的图形，另一种是利用Flash里的绘图工具根据需要而绘制的，图形绘制是动画制作的基础，只有绘制好了静态矢量图，才可能制作出优秀的动画作品。

本章学习要点

- 掌握绘图工具的使用方法
- 掌握选择工具的使用方法
- 掌握填色工具的使用方法
- 掌握查看工具的使用方法

2.1 绘图工具

Flash中的绘图工具包括矩形工具、椭圆工具、基本矩形工具、基本椭圆工具、多角星形工具、铅笔工具、刷子工具、线条工具、钢笔工具等。可以让用户在文档中绘制各种形状的图形，配合选择工具、填色工具、查看工具能绘制出多种多样、绚丽多彩的图形效果。

2.1.1 椭圆工具

椭圆工具是绘制圆形或椭圆形并完成填色的工具。在绘图工具箱中单击矩形工具按钮，在弹出的面板中选择椭圆工具，如图2-1所示。使用椭圆工具直接在舞台上拖动鼠标，即可完成椭圆形的绘制，如图2-2所示。

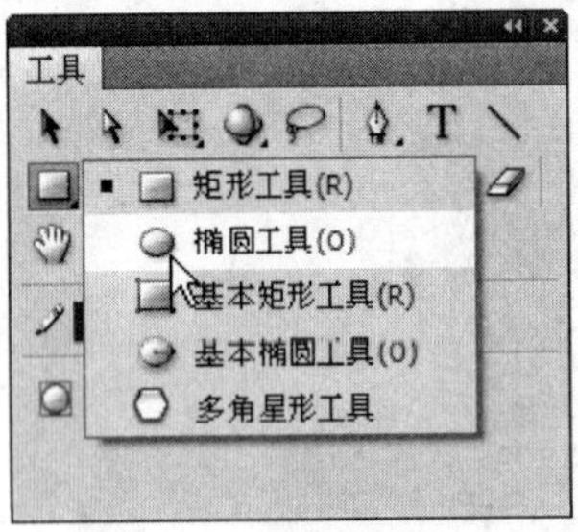

图2-1　选择椭圆工具

图2-2　绘制椭圆

如果要绘制一个圆形，只需要在使用椭圆工具绘制椭圆的时候，按住Shift键即可绘制一个圆形，如图2-3所示。

在绘图工具箱中选择了椭圆工具后，可以在“属性”面板中设置椭圆形的线条、色彩、样式、粗细及椭圆的起始角度等属性，如图2-4所示。

图2-3　绘制圆形

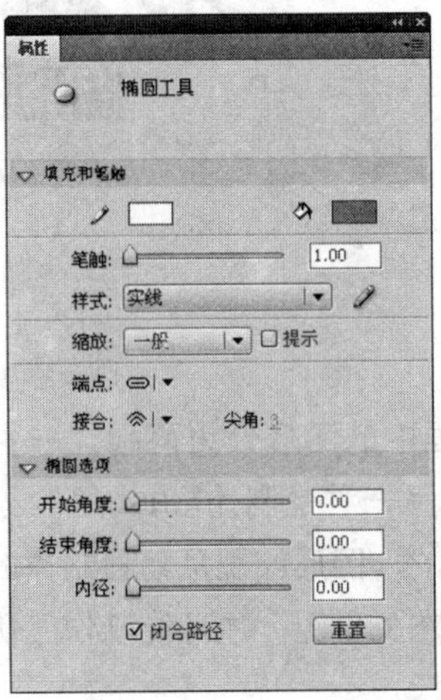

图2-4　“椭圆工具”的属性面板

椭圆工具的属性面板中各项参数的功能分别介绍如下。

- 笔触颜色：设置椭圆边线的颜色。
- 笔触高度：设置椭圆边线的粗细。

- 笔触样式：设置椭圆边线的样式，有极细、实线和其他样式三个选项。
- 编辑笔触样式：单击该按钮即可打开“笔触样式”对话框，在其中可以自定义笔触样式。
- 端点：设置椭圆边线端点的样式，有“无”、“圆角”和“方型”3个选项。
- 接合：设置椭圆边线接合处的样式，有“尖角”、“圆角”和“斜角”3个选项。
- 笔触提示：将笔触锚记点保存为全像素，防止出现线条模糊。
- 缩放：限制Player中的笔触缩放，防止出现线条模糊。该项包括一般、水平、垂直和无4个选项。
- 填充颜色：设置椭圆的填充颜色。单击“填充颜色”框，打开调色面板，在其中选择要填充的颜色即可。
- 起始角度：设置椭圆开始点的角度，将椭圆和圆形的形状修改为扇形、半圆形及其他有创意的形状。起始角度的值被限定在0～360度，且椭圆的形状会随着起始角度的变化而改变。
- 结束角度：设置椭圆结束点的角度，将椭圆和圆形的形状修改为扇形、半圆形及其他有创意的形状。结束角度的值被限定在0～360度，且椭圆的形状会随着结束角度的变化而改变。
- 闭合路径：用于指定椭圆的路径（如果指定了内径，则有多个路径）是否闭合。默认情况下选择闭合路径，如果取消勾选“闭合路径”复选框，且设置了起始或结束角度，在绘制椭圆时，将无法形成闭合路径和填充颜色。
- 内径：用于指定椭圆的内径（即内侧椭圆）。可以在框中输入内径的数值，或单击滑块相应地调整内径的大小。允许输入的内径数值范围为 0～99，表示删除的椭圆填充的百分比。
- 重置 重置 ：单击该按钮，将“起始角度”、“结束角度”和“内径”的参数恢复为默认状态。

2.1.2 矩形工具

使用绘图工具箱中的矩形工具可以绘制长方形和正方形。其“属性”面板与椭圆工具基本相同。在默认设置下，绘制出的矩形是直角的，在Flash CS5中也可以绘制圆角矩形。

在绘制矩形的同时按下Shift键，则可以在工作区中绘制一个正方形，如图2-5所示。

单击矩形工具，打开“属性”面板，可以看到“矩形选项”选项组，在“矩形边角半径”文本框中可以设置圆角矩形的圆角半径，这里输入“30”，如图2-6所示，在舞台中绘制出的圆角矩形如图2-7所示。

图2-5 绘制正方形

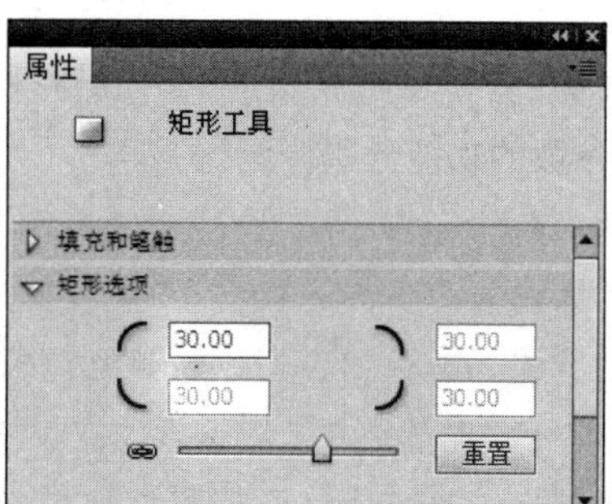

图2-6 设置矩形边角半径

图2-7 绘制圆角矩形

提示

当“矩形边角半径”文本框中输入的值为正且足够大时，则可以绘制一个圆形，如图2–8所示。当“矩形边角半径”文本框中输入的值为负值时，则创建的是反半径矩形，边角向内陷，如图2–9所示。

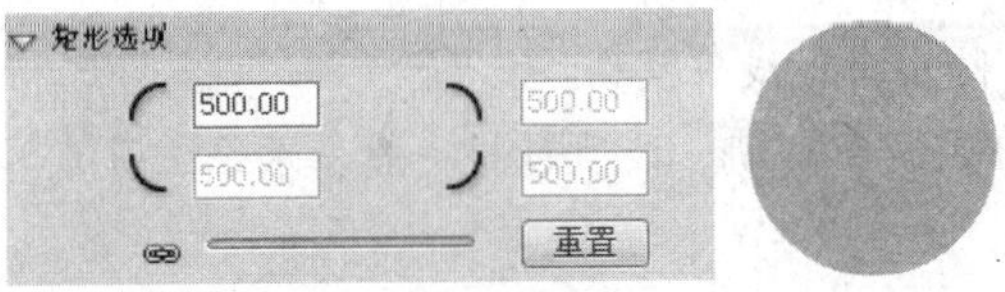

图2–8　矩形边角半径为正时的效果

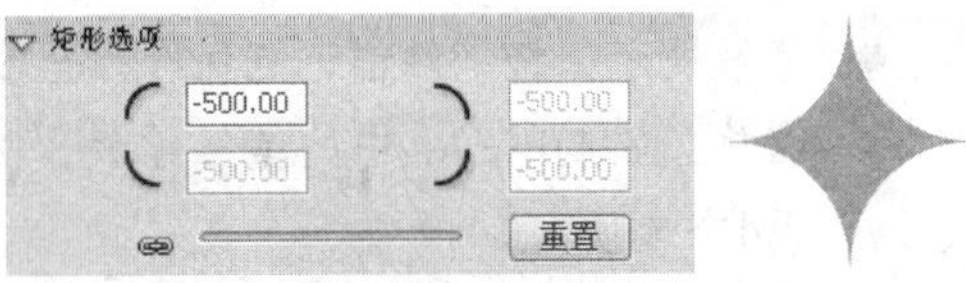

图2–9　矩形边角半径为负时的效果

2.1.3 多角星形工具

使用多角星形工具，可以绘制多边形或多角星形的图形。通过“属性”面板可以选择多角星形工具绘制的图形是多边形还是多角星形。

使用多角星形工具绘制多角星的操作步骤如下。

01 在绘图工具箱中单击矩形工具按钮并按住不放，直至弹出一个下拉菜单，在菜单中选择多角星形工具，如图2–10所示。

02 选择了“多角星形工具”后，在“属性”面板中直接设置多角星的线条、色彩、样式、粗细及其他选项等属性，如图2–11所示。

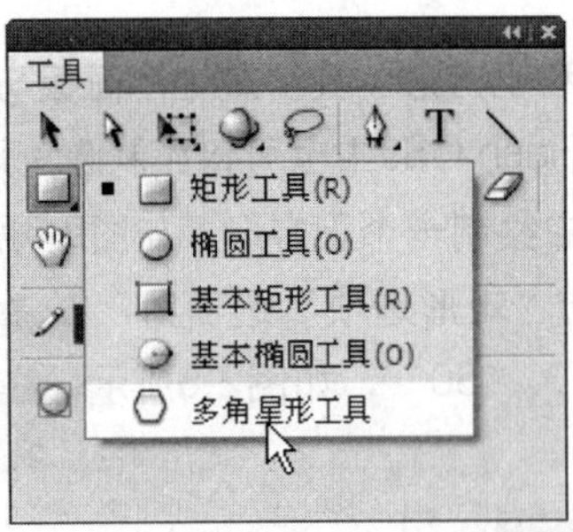

图2–10　选择“多角星形工具”

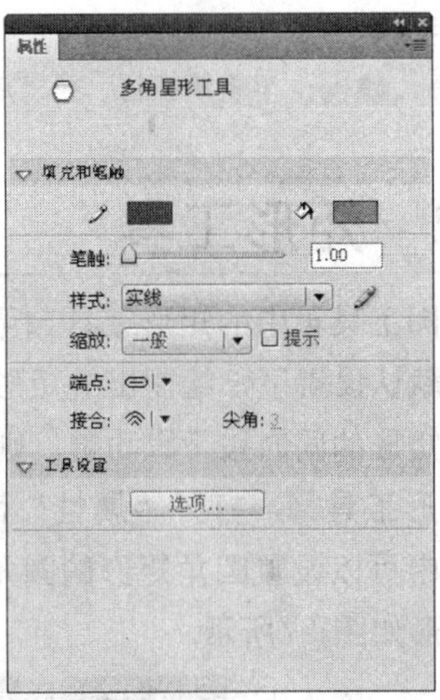

图2–11　多角星形工具的“属性”面板

多角星形工具的属性面板中各项参数的功能分别介绍如下。

- 笔触颜色：设置多角星边线的颜色。
- 笔触高度：设置多角星边线的粗细。
- 笔触样式：设置多角星边线的样式，有极细、实线和其他样式三个选项。
- 编辑笔触样式：单击该按钮打开“笔触样式”对话框，在其中可以自定义笔触样式。
- 端点：设置多角星边线端点的样式，有“无”、“圆角”和“方型”3个选项。
- 接合：设置多角星边线接合处的样式，有“尖角”、“圆角”和“斜角”3个选项。

- 笔触提示：将笔触锚记点保存为全像素，防止出现线条模糊。
- 缩放：限制Player中的笔触缩放，防止出现线条模糊。该项包括一般、水平、垂直和无4个选项。
- 填充颜色：设置多角星的填充颜色。单击“填充颜色”框，打开调色面板，在其中选择要填充的颜色即可。
- 选项...：设置多角星的类型和边数等参数。

03 在“属性”面板中单击“选项”按钮，打开“工具设置”对话框，在其中设置多角星的类型和边数等参数，在“样式”下拉列表中可以选择多角星的样式，有多边形和星形两个选项，这里将“样式”设置为“星形”，如图2-12所示。

04 在“边数”文本框中输入“8”，在“星形顶点大小”文本框中输入“0.60”，如图2-13所示，完成后单击“确定”按钮。在舞台中按住鼠标左键并拖动，松开鼠标左键即可绘制出一个多角星形，如图2-14所示。

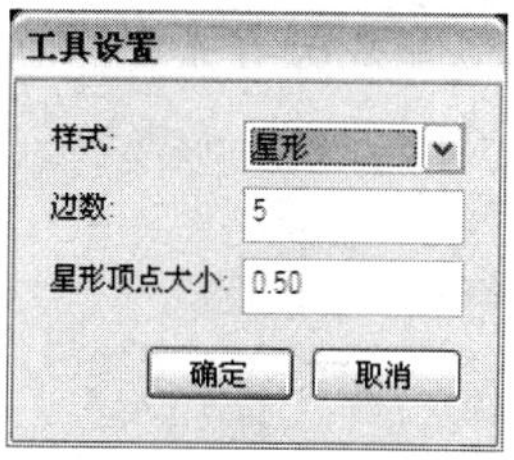

图2- 12 “工具设置”对话框

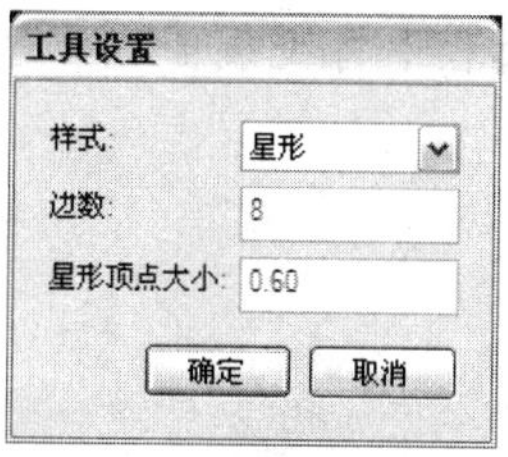

图2- 13 “工具设置”对话框

图2- 14 绘制星形

提示

在“工具设置”对话框中的“边数”文本框中设置多角星的边数，可自由输入，但其输入的数值范围是3～32。在“星形顶点大小”文本框中输入一个0～1的数值以指定星形顶点的深度。此数字越接近 0，创建的顶点就越深，如图2-15（a）所示，此数字越接近 1，创建的顶点就越浅，如图2-15（b）所示。

（a）接近0时的效果

（b）接近1时的效果

图2-15 星形顶点大小不同的效果

2.1.4 铅笔工具

使用铅笔工具可以在舞台上绘制曲线或直线。选中了铅笔工具后，在舞台中按住鼠标左键并拖动，即可绘制出各种线条，如图2-16所示。

选择铅笔工具后，在工具面板中可以选择伸直、平滑和墨水3种不同的线条绘画模式，如图2-17所示。

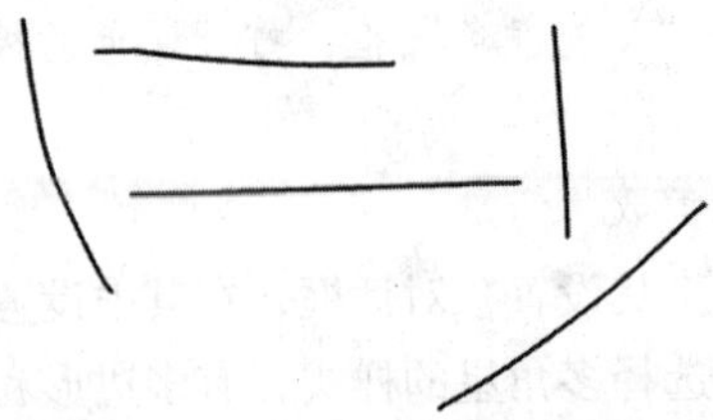

图2-16　使用铅笔工具绘制线条

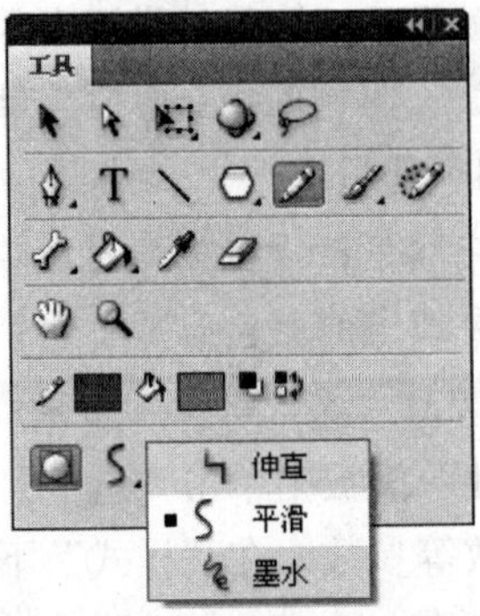

图2-17　铅笔工具的不同线条绘画模式

- 伸直模式：可以在绘制过程中将线条自动伸直，使其尽量直线化。若要绘制直线，并将接近三角形、椭圆、圆形、矩形和正方形的形状转换为这些常见的几何形状，则可以使用直线化模式，如图2-18所示。
- 平滑模式：可以在绘制过程中将线条自动平滑，使其尽可能成为有弧度的曲线，如图2-19所示。

图2-18　伸直模式效果

图2-19　平滑模式效果

- 墨水模式：在绘制过程中保持线条的原始状态，如图2-20所示。

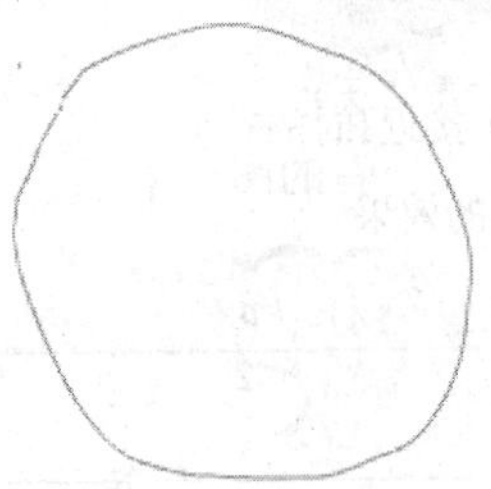

图2-20　墨水模式效果

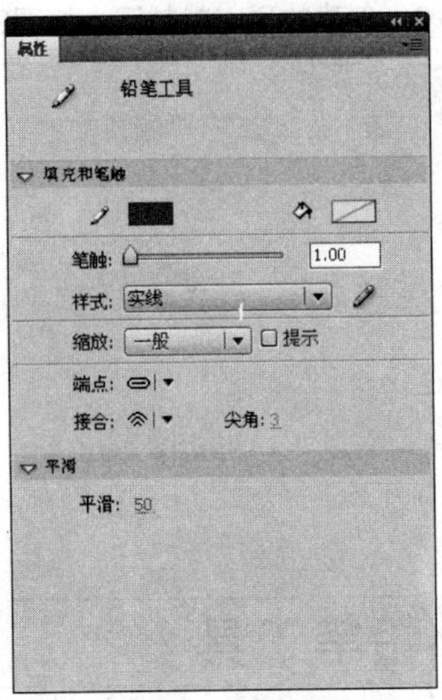

图2-21　铅笔工具"属性"面板

在工具面板中选择了铅笔工具后，可以在属性面板中设置笔触颜色、高度、颜色、缩放和平滑等参数，如图2-21所示。

铅笔工具"属性"面板中各项参数的功能分别介绍如下。

- 笔触颜色：设置要绘制的线条的颜色。
- 笔触高度：设置线条的粗细。
- 笔触样式：设置线条的样式，有极细、实线和其他样式。
- 自定义按钮：单击该按钮打开“笔触样式”对话框，在其中可以自定义笔触样式。
- 端点：设置线条端点的样式，有“无”、“圆角”和“方型”3个选项。
- 接合：设置线条接合处的样式，有“尖角”、“圆角”和“斜角”3个选项。
- 笔触提示：将笔触锚记点保存为全像素，以防止出现线条模糊。
- 缩放：限制Player中的笔触缩放，以防止出现线条模糊。该项包括一般、水平、垂直和无4个选项。
- 平滑：设置“平滑”模式下绘制的线条的平滑程度，平滑值越高，绘制出的线条就越平滑。

2.1.5 刷子工具

刷子工具能绘制出刷子般的笔触，就像在涂色一样。它可以创建特殊效果，包括书法效果。使用刷子工具功能键可以选择刷子大小和形状。

刷子工具是以颜色填充方式绘制各种图形的绘制工具。在绘图工具箱中选择刷子工具后，在工作区域内拖动鼠标，即可完成一次绘制。

在绘图工具箱中选择刷子工具后，可以在工具箱底部单击刷子模式按钮，然后在弹出的菜单中选择不同的绘图模式，如图2-22所示。

下面分别介绍这5种绘图模式。

- **标准绘画：正常绘图模式，是默认的直接绘图方式，对任何区域都有效，**如图2-23所示。

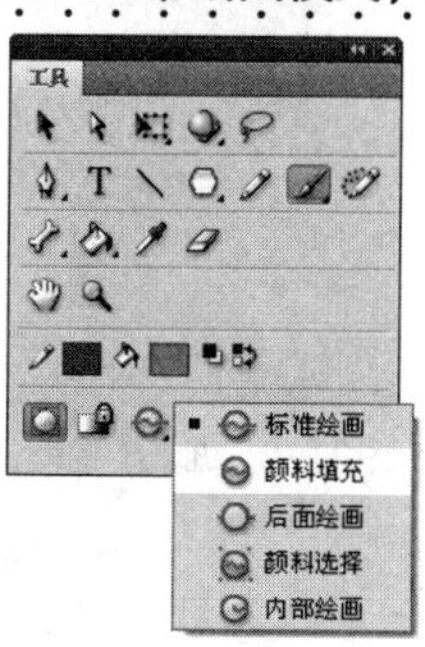

图2-22　选择不同的绘图模式

图2-23　标准绘画模式

- **颜料填充：只对填色区域有效，对图形中的线条不产生影响，**如图2-24所示。
- **后面绘画：只对图形后面的空白区域有效，不影响原有的图形，**如图2-25所示。

图2-24　颜料填充模式

图2-25　后面绘画模式

- **颜料选择：只对已经被选中的颜色块中填充图形有效，不影响选取范围以外的图形，** 如图2-26所示。
- **内部绘画：只对鼠标按下时所在的颜色块有效，对其他的色彩不产生影响，** 如图2-27所示。

图2-26　颜料选择模式

图2-27　内部绘画模式

除了可以为刷子工具设置绘图模式外，还可以选择刷子的大小和刷子的形状。要设置刷子的大小，可以在工具箱底部单击“刷子大小”按钮，然后在弹出的菜单中进行选择，如图2-28所示。

要选择刷子的形状，只需要在单击“刷子大小”旁边的“刷子形状”按钮，然后在弹出的菜单中选择即可，如图2-29所示。

在绘图工具箱中选择刷子工具后，可以在“属性”面板中对该工具的填充颜色和笔触平滑度进行设置，如图2-30所示。

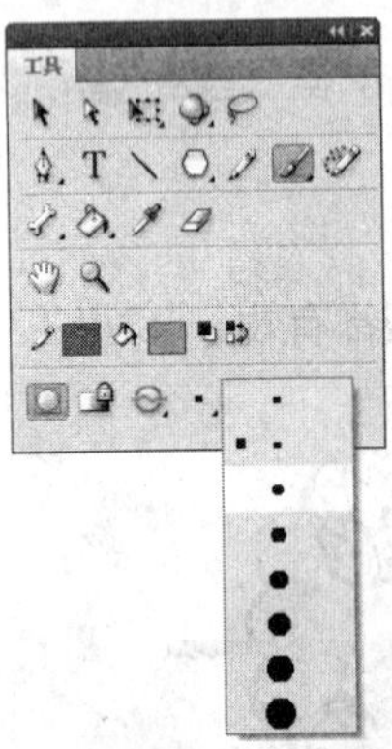

图2-28　设置刷子大小

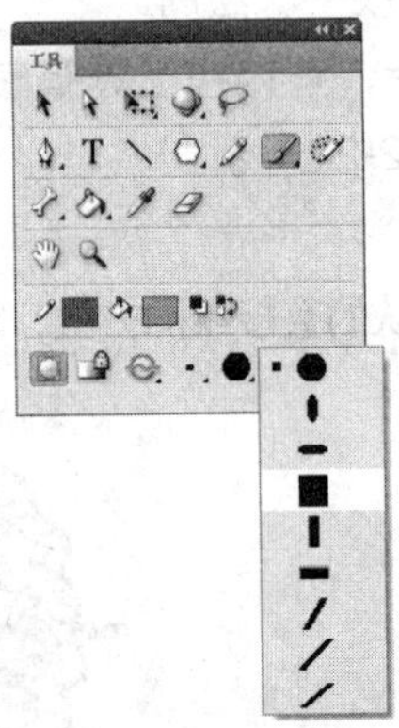

图2-29　设置刷子形状

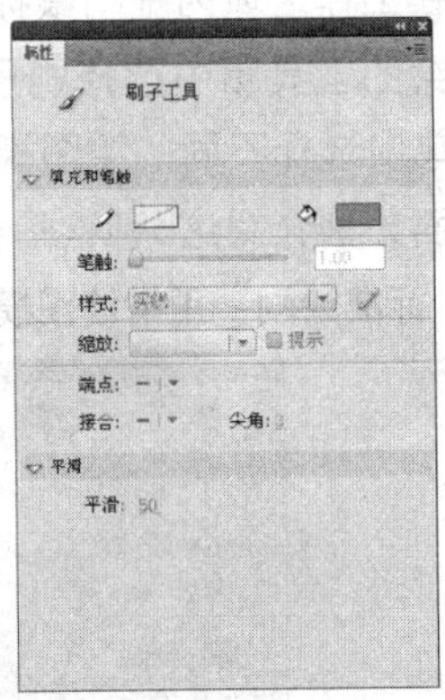

图2-30　刷子工具“属性”面板

下面介绍刷子工具的“属性”面板中各项参数的功能。

- 填充颜色：设置刷子的填充颜色。
- 平滑：设置绘制图形的平滑程度，平滑值越高，绘制出的图形边缘就越平滑。

> **提示**
>
> 如果在刷子上色的过程中按下Shift键，则可在工作区中给一个水平或者垂直的区域上色，如果按下Ctrl键，则可以暂时切换到选择工具，对工作区中的对象进行选取。

2.1.6 线条工具

线条工具是用于绘制直线的工具，使用线条工具可以绘制多种样式的直线。在绘图工具箱中选择线条工具后，在舞台上拖动鼠标，即可绘制直线。

通过“属性”面板中的“端点”和“接合”选项，可以设置线条端点样式及两条线段连接的方式，如图2-31所示。

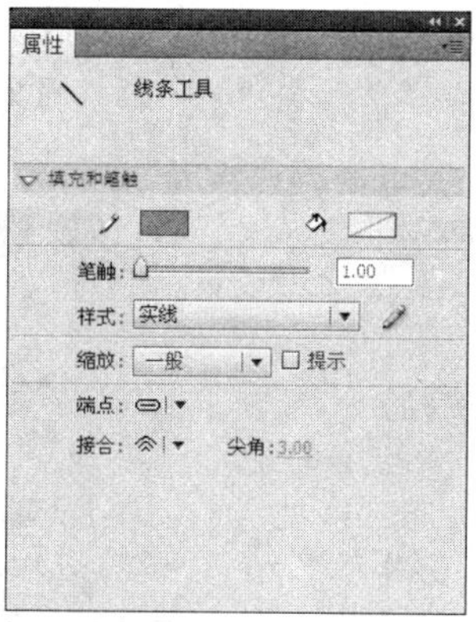

图2-31　线条工具“属性”面板

线条工具的“属性”面板中各个参数分别介绍如下。

- 笔触颜色：设置要绘制的线条的颜色。单击“笔触颜色”按钮，打开“调色”面板，在其中选择要应用的颜色即可，如图2-32所示。
- 笔触：设置线条的粗细。在文本框中直接输入一个值，或单击后面的倒三角形滑块，拖动滑块可以调节笔触高度，如图2-33所示。笔触高度的值越大，绘制的线条就越粗。

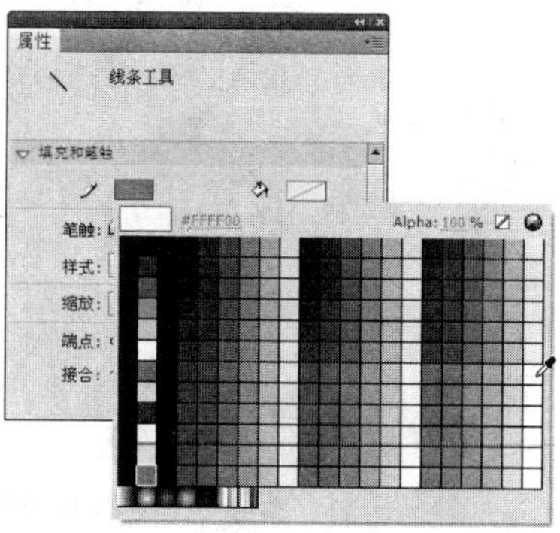

图2-32　设置笔触颜色

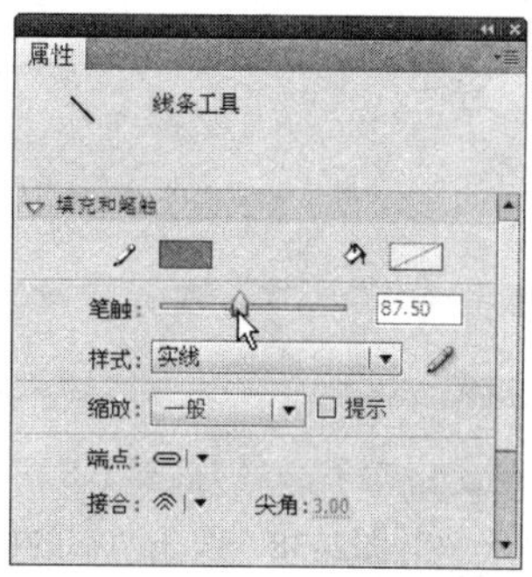

图2-33　设置笔触高度

提示

在“属性”面板中设置线条工具的笔触高度时，其值只能设置为0.1~200的数值。

- 样式：在下拉列表中设置线条的样式，包括极细、实线和其他样式的虚线，如图2-34所示。
- 编辑笔触样式按钮：自定义笔触样式。单击按钮，打开“笔触样式”对话框，在对话框中可以设置“笔触样式”中各个样式选项的参数，制作出自己需要的笔触样式，如图2-35所示。

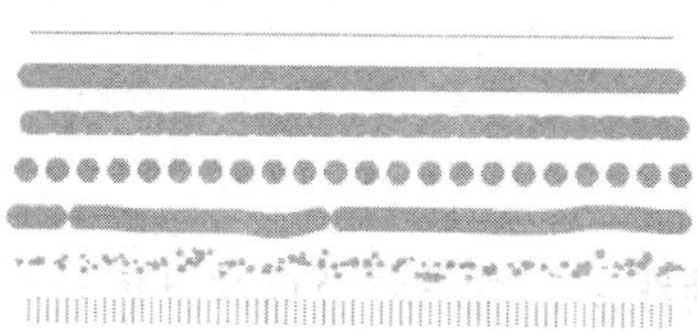

图2-34　笔触样式

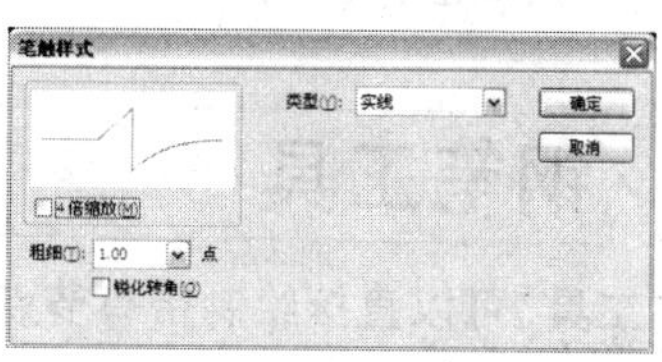

图2-35　设置笔触样式

- 缩放：限制Player中的笔触缩放，以防止出现线条模糊。该项包括一般、水平、垂直和无4个选项，如图2-36所示。
- 提示：将笔触锚记点保存为全像素，以防止出现线条模糊。
- 端点：设置线条两端的样式。有“无”、“圆角”和“方型”3个选项，如图2-37所示，效果如图2-38所示。

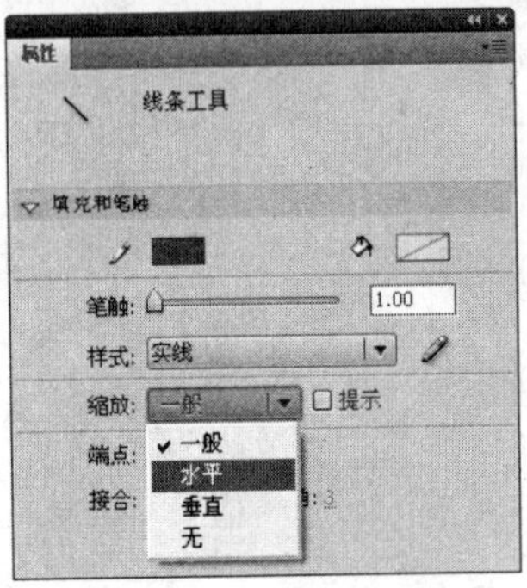

图2-36　缩放选项

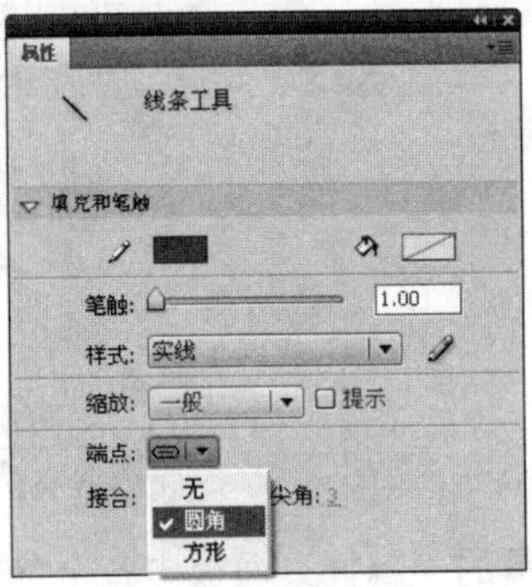

图2-37　设置线条两端的样式

- 接合：定义两条相联机条的连接方式。有“尖角”、“圆角”和“斜角”3个选项，如图2-39所示，效果如图2-40所示。

图2-38　线条两端的样式

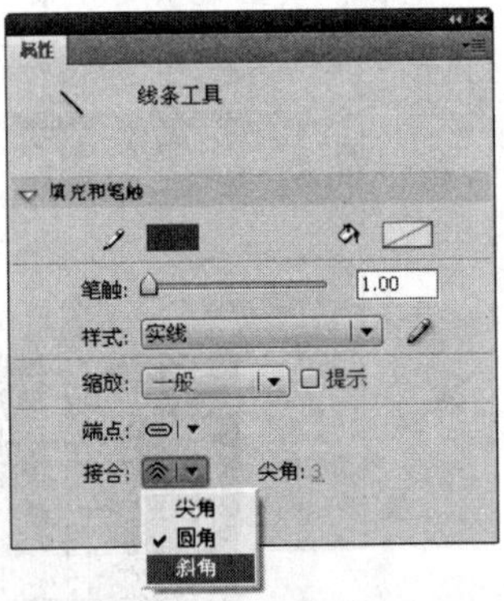

图2-39　线条的连接方式

（a）尖角　（b）圆角　（c）斜角

图2-40　线条接合类型

- 尖角：控制尖角接合的清晰度，在其中输入的值越大，尖角越明显，清晰度越高。尖角值的输入范围为1～60。

2.1.7 钢笔工具

使用钢笔工具可以直接绘制带有节点的路径线条，然后对节点及其控制点进行调整，方便地进行线条的造型，如图2-41所示。

绘制直线路径线条是最简单的钢笔工具使用方式，只需要在绘图工具箱中选择钢笔工具，将钢笔工具定位在线段的起点并单击鼠标左键，定义第一个锚点，然后将钢笔工具定位在下一个锚点位置并单击鼠标左键即可，如图2-42所示。

图2-41 钢笔工具造型

图2-42 使用钢笔工具绘制直线段

如果要绘制曲线，则需要在曲线改变方向的位置添加锚点，并拖动构成曲线的方向线，其中，方向线的长度和斜率决定了曲线的形状，如图2-43所示。

选择了钢笔工具后，可以在“属性”面板中设置笔触的颜色、高度及笔触样式等参数，如图2-44所示。

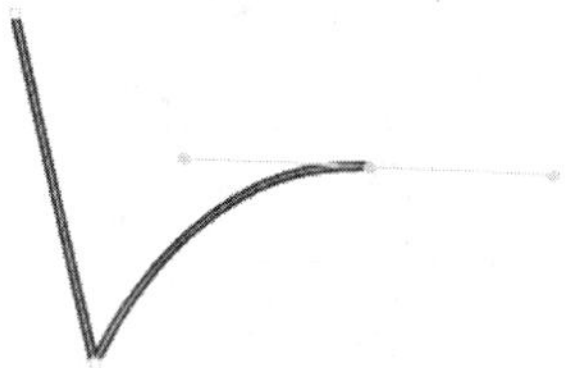

图2-43 使用钢笔工具绘制曲线

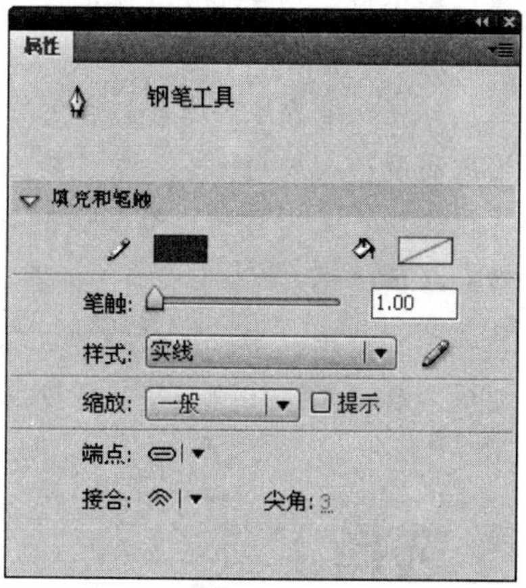

图2-44 钢笔工具“属性”面板

2.1.8 喷涂刷工具

喷涂刷的作用类似于粒子喷射器，使用它可以一次性将形状图案“刷”到舞台上。默认情况下，喷涂刷使用当前选定的填充颜色喷射粒子点。此外，还可以使用喷涂刷工具将影片剪辑或图形组件作为图案应用。

在Flash CS5中，选择喷涂刷工具，在“属性”面板中设置相应参数，如图2-45所示，直接在舞台上单击鼠标左键，即可将喷涂图案。

在选择喷涂刷工具所对应的“属性”面板中，主要选项的含义如下。

- 编辑...：单击该按钮，弹出“交换组件”对话框，如图2-46所示，用户可以选择影片剪辑或图形组件用作喷涂刷粒子。选中“库”面板中的某个组件时，其名称将显示在编辑按钮的旁边。

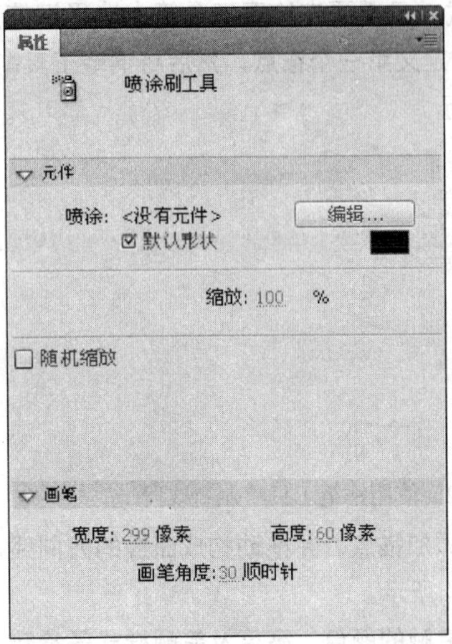

图2-45 “喷涂刷工具”属性面板

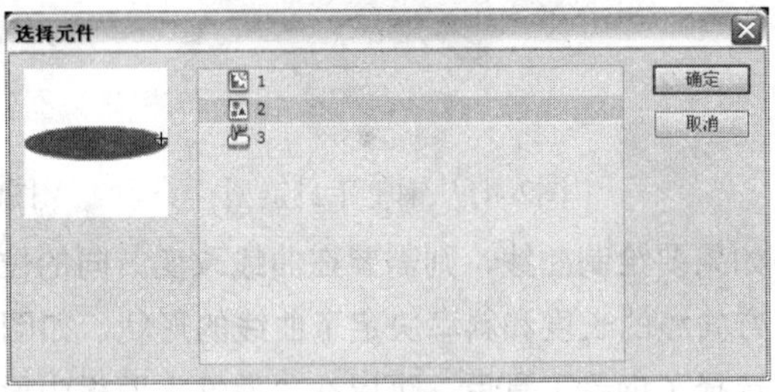

图2-46 “交换组件”对话框

- 颜色选取器：选择用于默认粒子喷涂的填充颜色。使用库中的组件作为喷涂粒子时，将禁用颜色选取器。
- 缩放宽度：缩放用作喷涂粒子的组件的宽度。
- 缩放高度：缩放用作喷涂粒子的组件的高度。
- 随机缩放：指定按随机缩放比例将每个基于组件的喷涂粒子放置在舞台上，并改变每个粒子的大小。
- 旋转组件：围绕中心点旋转基于组件的喷涂粒子。
- 随机旋转：指定按随机旋转角度将每个基于组件的喷涂粒子放置在舞台上。

2.2 选择工具

在Flash中可以使用选择工具选择图形、文字对象及其他影片元素，也可以选择图形区域和颜色区域，而使用部分选择工具则可以路径上的控制点进行选取、拖曳、调整路径方向及删除节点等操作。

2.2.1 选择工具

在Flash中可以使用选择工具选择图形、文字对象及其他影片元素。要选取和移动对象，只需要在绘图工具箱中选中选择工具，将鼠标指针移到要选取的对象上面，待鼠标指针变为形状后，单击鼠标左键，即可选中并拖动，如图2-47所示。

选择工具没有相应的“属性”面板，但在工具箱上有一些相应的附加选项，具体的选项设置如图2-48所示。

图2-47　选中并拖动对象

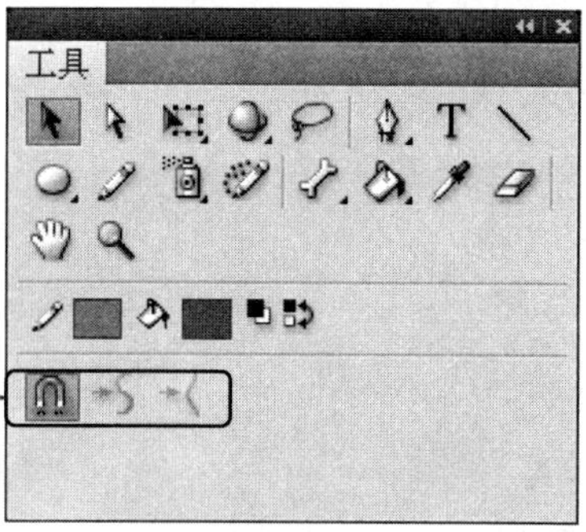

图2-48　附加工具

- 对齐对象：单击按钮，对齐对象功能图标将变为选中状态，此时使用选择工具拖动对象，光标处将出现一个小圆圈，将对象向其他对象移动，当在靠近目标对象的一定范围内，小圆圈会自动吸附上去。此功能有助于将两个对象很好地连接在一起。
- 平滑：此功能可以将选中的向量图形的图形块或线条做平滑化的修饰，使图形的曲线更加柔和，借此可以消除线条中的一些多余棱角；选择绘制的向量图形或线条，按下工具箱中的按钮，即可对选取的对象进行平滑化的修饰。当选中一个线条后，可以多次单击此按钮，直到线条的平滑程度达到要求为止。
- 伸直：此功能可以使选中的向量图形的图形块或线条做直线化的修饰，使图形棱角更加分明；选择绘制的向量图形或线条，按下工具箱中的按钮，即可对选取的对象进行直线化的修饰。

选择工具不但可以选择移动对象，还可以对舞台上的图形进行造型编辑。在工具面板中选择“选择工具”后，将光标移动到线条或图形的边缘，光标形状变为，按住鼠标左键并拖动，即可方便地修改线条或图形边缘的形状，如图2-49所示。

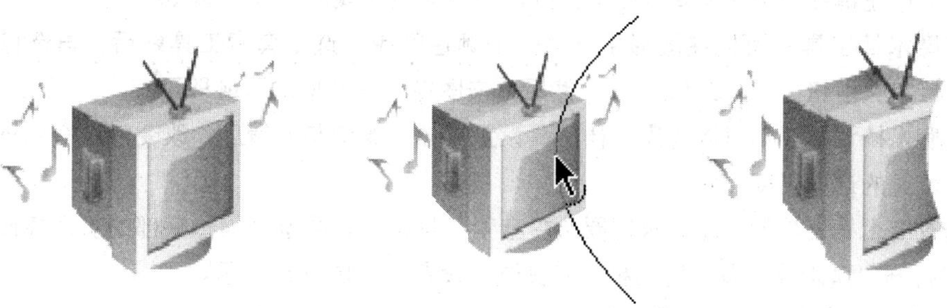

图2-49　修改线条或图形边缘的形状

2.2.2　部分选择工具

在Flash中，除了前面介绍的选择工具可以选择对象外，还可以使用部分选择工具对路径上的控制点进行选取、拖曳、调整路径方向及删除节点等操作，达到重新编辑向量图形的目的。

在绘图工具箱中选择部分选择工具后，单击图形，图形会出现可编辑的节点，将鼠标移到要编辑的节点上，待鼠标指针变为形状后，按住鼠标左键进行拖动即可进行编辑，如图2-50所示。

图2-50　使用部分选择工具编辑对象

> **提示**
>
> 部分选择工具没有相应的“属性”面板，而且工具箱的“选项”面板也没有任何选项设置。这些选择工具主要用于调节对象的详细形状，没有颜色和缩放之类的属性设置。

2.2.3 套索工具

套索工具可以选择图形区域和颜色区域。在套索工具中包括套索工具、魔术棒、魔术棒设置和多边形模式4类工具。

使用套索工具，可以在图形中圈选不规则的区域。在工具箱中选中套索工具，在图形上按住鼠标左键并拖画出需要的图形范围，即可完成区域的选择，如图2-51所示。

使用魔术棒工具可以在图形中选择一个颜色区域。选中套索工具后，再选择面板底部的魔术棒工具按钮，如图2-52所示，然后单击图像上要选取的区域即可。

通过魔术棒设置工具可以为魔术棒工具设置具体的阀值与平滑度，改变使用魔术棒工具选取位图区域时的选取精度。

要修改魔术棒工具的设置，只需要选中套索工具后，再选择面板底部的魔术棒设置按钮，即可打开“魔术棒设置”对话框，对其进行设置，如图2-53所示。

图2-51　创建选区

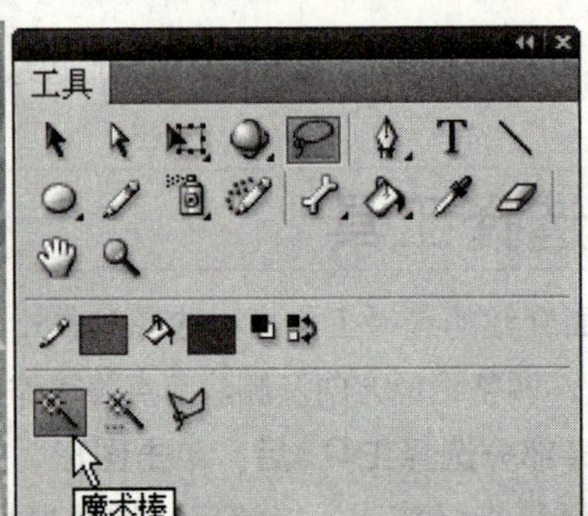

图2-52　选择魔术棒工具

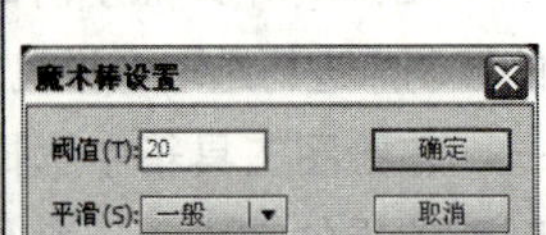

图2-53 “魔术棒设置”对话框

- 阈值：定义将相邻像素包含在所选区域内必须达到的颜色接近程度。在“阈值”文本框中可以输入0～200的数值。数值越高，包含的颜色范围越广；如果输入0，则只选择与单击的第一个像素的颜色完全相同的像素。
- 平滑：定义选区边缘的平滑程度。该项包含像素、粗略、一般和平滑4个选项。

在使用套索工具对区域进行选择时，要注意以下几点：

- 在划定区域时，如果勾画的边界没有封闭，套索工具会自动将其封闭。
- 被套索工具选中的图形元素将自动融合在一起，被选中的组和符号则不会发生融合现象。
- 逐一选择多个不连续区域的话，可以在选择的同时按下Shift键，然后使用套索工具逐一选中欲选区域。

2.3 填色工具

在Flash CS5中使用填充工具可以为图形或图形轮廓填充颜色。常用的填色工具有“墨水瓶工具”、“颜料桶工具”和“滴管工具”等。

2.3.1 笔触与填充的颜色设置

使用绘图工具在舞台上绘制一个图形时，可以在“属性”面板中设置笔触与填充的颜色。

在绘图工具箱中选择绘图工具后，打开“属性”面板，单击“笔触颜色”按钮，在打开的颜色框中选择要使用的颜色即可，如图2-54所示。

要设置填充的颜色，只需要在“属性”面板中单击“填充颜色”按钮，打开颜色框并选择要使用的颜色即可，如图2-55所示。

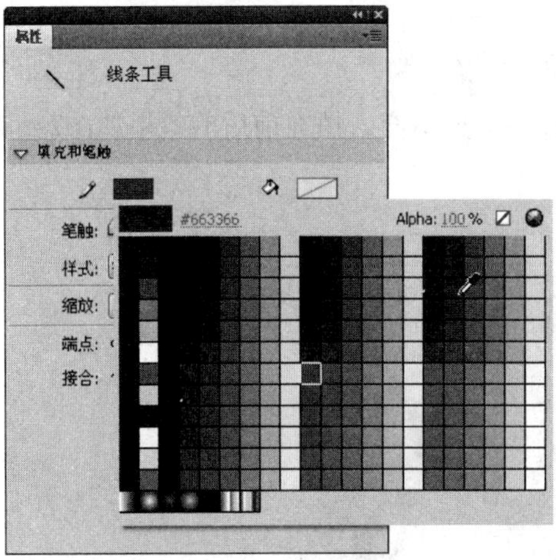

图2-54 设置笔触颜色

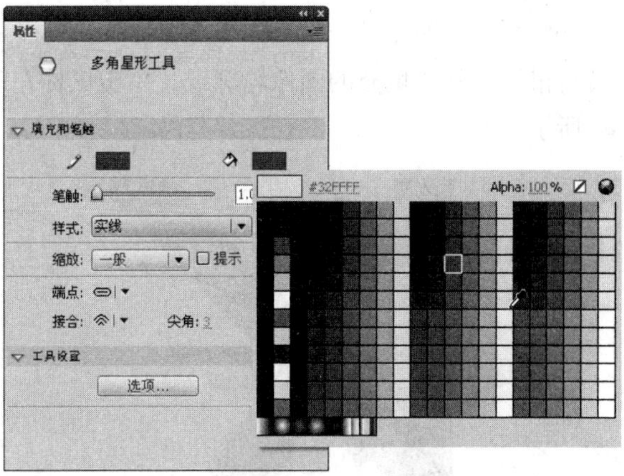

图2-55 设置填充颜色

2.3.2 墨水瓶工具

使用墨水瓶工具可以更改线条或者形状轮廓的笔触颜色、宽度和样式。对直线或形状轮廓只能应用纯色，而不能应用渐变或位图。

下面介绍使用墨水瓶工具进行填充的方法，其操作步骤如下。

01 选择绘图工具箱中的墨水瓶工具，打开“属性”面板，在面板中设置笔触颜色和笔触高度等参数，如图2-56所示。

墨水瓶工具的属性面板中各项参数的功能分别介绍如下。

- ：笔触颜色，设置填充边线的颜色。
- 笔触：设置填充边线的粗细，数值越大，填充边线就越粗。
- 样式：在下拉列表中设置图形边线的样式，有极细、实线等样式。
- 编辑笔触样式按钮：单击该按钮打开“笔触样式”对话框，在其中可以自定义笔触样式，如图2-57所示。

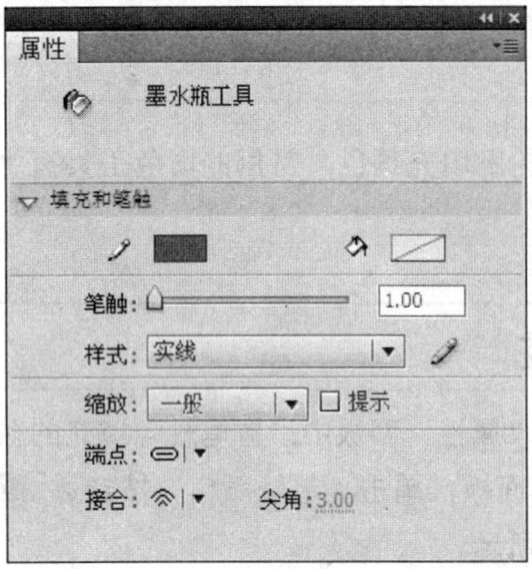

图2-56　墨水瓶工具“属性”面板

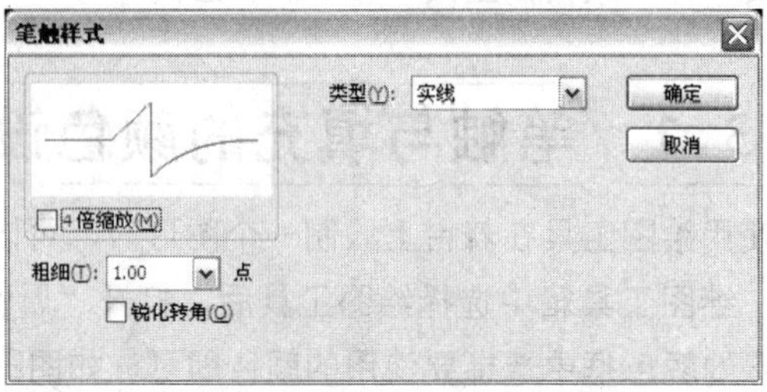

图2-57　“笔触样式”对话框

- 缩放：限制Player中的笔触缩放，防止出现线条模糊。该项包括一般、水平、垂直和无4个选项。
- 提示：将笔触锚记点保存为全像素，以防止出现线条模糊。

02 将鼠标移到要填充的图像轮廓线，单击鼠标左键即可完成填充，填充前后的效果如图2-58所示。

图2-58　填充的图像轮廓线

2.3.3 颜料桶工具

颜料桶工具是绘图编辑中常用的填色工具，对封闭的轮廓范围或图形块区域进行颜色填充。这个区域可以是无色区域，也可以是有颜色的区域。填充颜色可以使用纯色，也可以使用渐变色，还可以使用位图。单击工具箱中的颜料桶工具，光标在工作区中变成一个小颜料桶，此时颜料桶工具已经被激活。

颜料桶工具有3种填充模式：单色填充、渐变填充和位图填充。通过选择不同的填充模式，可以使用颜料桶制作出不同的效果。在工具栏的“选项”面板内，有一些针对颜料桶工具特有的附加功能选项，如图2-59所示。

1. 空隙大小

单击“空隙大小”按钮，弹出一个下拉列表框，用户可以在此选择颜料桶工具判断近似封闭的空隙宽度，“空隙大小”下拉列表如图2-60所示。

图2-59　颜料桶工具的附加选项

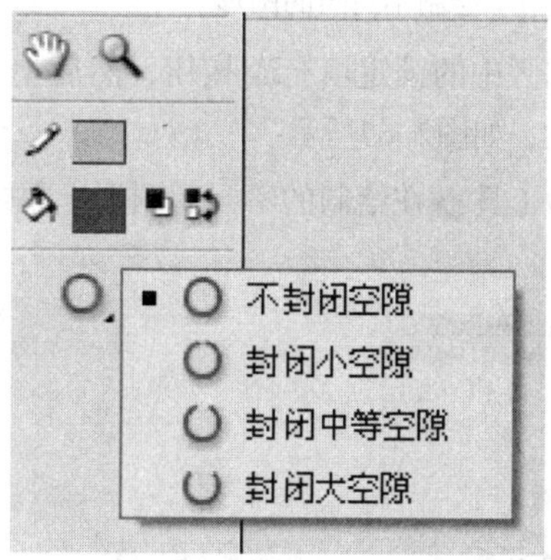

图2-60 “空隙大小”下拉列表

- 不封闭空隙：颜料桶只对完全封闭的区域填充，有任何细小空隙的区域填充都不起作用。
- 封闭小空隙：颜料桶可以填充完全封闭的区域，也可填充有细小空隙的区域，但是空隙太大时填充仍然无效。
- 封闭中等空隙：颜料桶可以填充完全封闭的区域、有细小空隙的区域，对中等大小的空隙区域也可以填充，但有大空隙区域时填充无效。
- 封闭大空隙：颜料桶可以填充完全封闭的区域、有细小空隙的区域、中等大小的空隙区域，也可以对大空隙填充，不过空隙的尺寸过大，颜料桶也是无能为力的。

2. 填充锁定

单击按钮，可锁定填充区域。其作用和刷子工具的附加功能中的填充锁定功能相同。下面介绍如何使用颜料桶工具填色。

01 在绘图工具箱中选择铅笔工具，在舞台上绘制一个不封闭的图形，如图2-61所示。

02 在绘图工具箱中选择颜料桶工具，单击选项选区中的按钮，将弹出“封闭模式”下拉列表，可以在该下拉列表中选择一种空隙封闭模式，这里选择“封闭大空隙”模式，如图2-62所示。

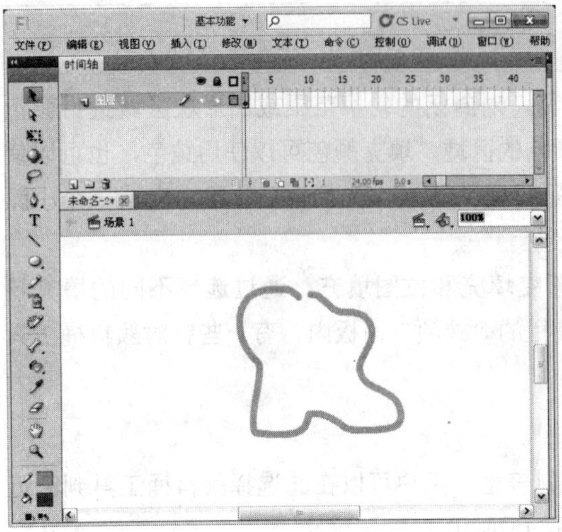

图2-61　绘制不封闭的图形

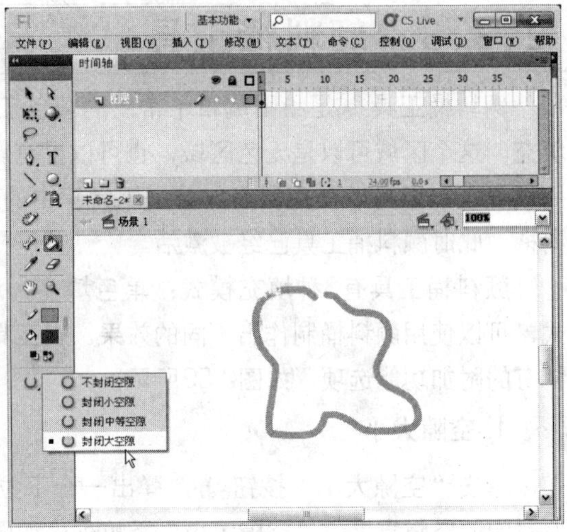

图2-62　选择“封闭大空隙”模式

03 单击选项选区中的锁定填充按钮，然后单击填充颜色按钮，在弹出的“颜色”面板中选择紫色，如图2-63所示。

04 使用颜料桶工具在绘制的不封闭图形上单击鼠标进行填充，效果如图2-64所示。

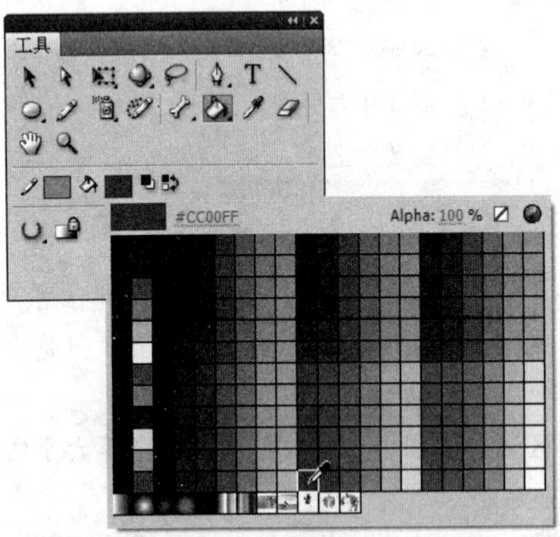

图2-63　“封闭模式”下拉列表

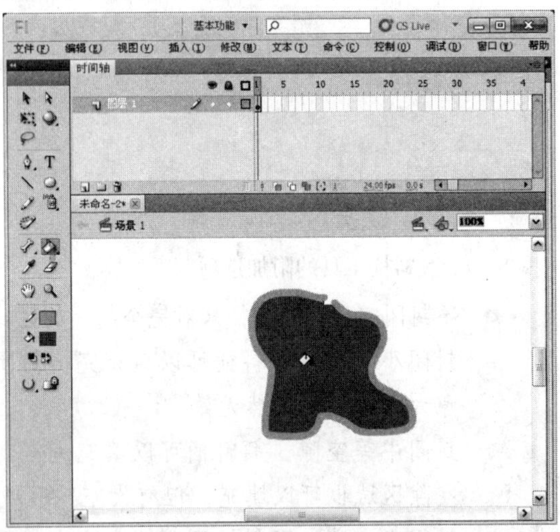

图2-64　填充图形

提示

填充区域的缺口大小只是一个相对的概念，即使是封闭大空隙，实际上也是很小的。

2.3.4 滴管工具

滴管工具是用于在一个图形上吸取其填充色的工具。在绘图工具箱中选择滴管工具，在需要吸取颜色的位置按下鼠标左键，将该位置的颜色作为新的图形填充色，如图2-65所示。然后再使用填充工具进行填充即可，如图2-66所示。

图2-65　吸取颜色

图2-66　填充工具进行填充

2.3.5 实例训练——绘制绚丽底色的铅笔

在Flash中绘图的时候，大多都是利用线条工具或者是铅笔工具来先勾勒出要绘制图形的外部轮廓线，再对绘制好的线条图形进行颜色的填充，在绘制轮廓的时候，就需要用到选择工具来对线条的曲度进行一些编辑和调整的，这样绘制出来的线条才会更简洁、更流畅。本例绘制完成的效果如图2-67所示。

01 运行Flash CS5，新建一个Flash空白文档。执行“修改”→“文档”命令，打开“文档设置”对话框，在对话框中将“尺寸”设置为500像素（宽）×350像素（高），如图2-68所示。设置完成后单击“确定”按钮。

图2-67　完成效果

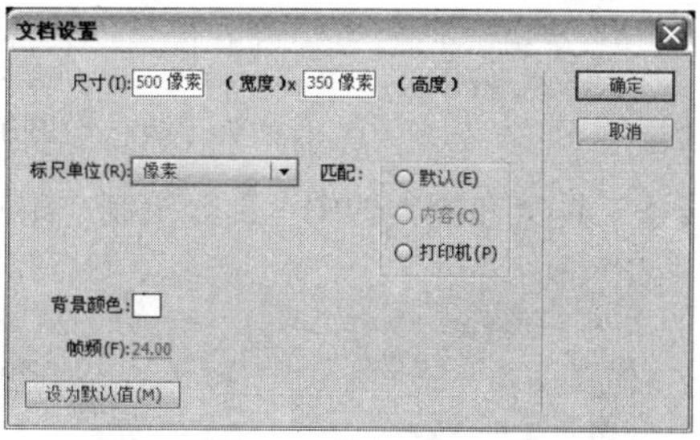

图2-68 “文档设置”对话框

02 单击绘图工具箱中的矩形工具，在舞台上绘制一个边框颜色为黑色，无填充颜色的矩形，如图2-69所示。

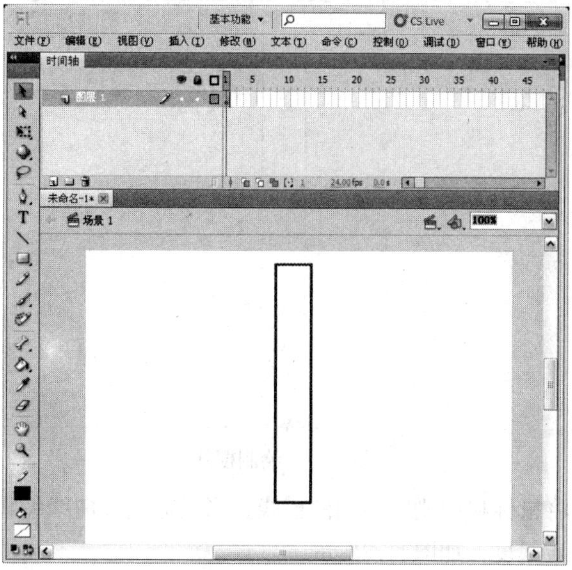

图2-69　绘制矩形

03 单击线条工具，拖动鼠标在矩形下端绘制出一个铅笔笔尖的形状，如图2-70所示。

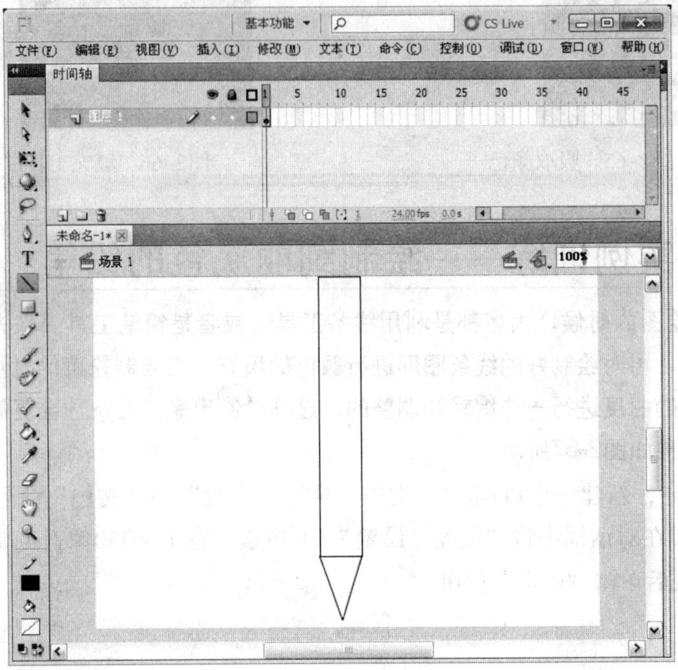

图2-70　绘制笔尖

04 继续使用线条工具在笔尖的中上部分绘制一条横线，如图2-71所示。

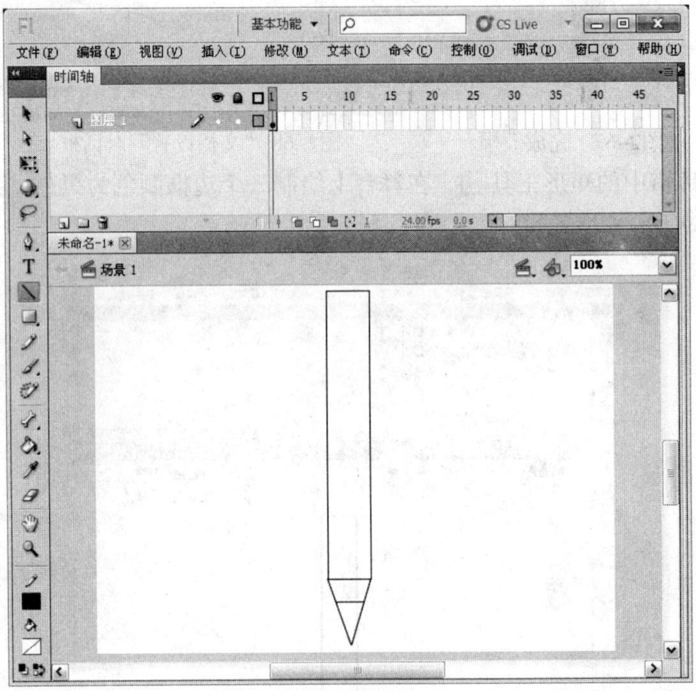

图2-71　绘制横线

05 单击选择工具，将鼠标移向刚刚绘制的横线，当鼠标变成曲线编辑方式时，向上方拖动横线使其产生一定弧度，如图2-72所示。

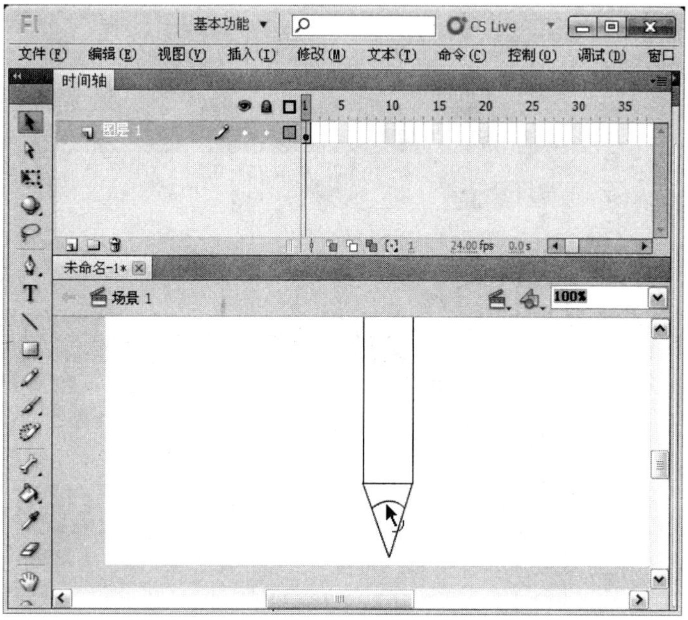

图2-72　拖动横线

06 选择矩形工具，在铅笔的上方位置绘制出橡皮擦套接部分的轮廓线。通常套接部分的宽度要比铅笔略宽，如图2-73所示。

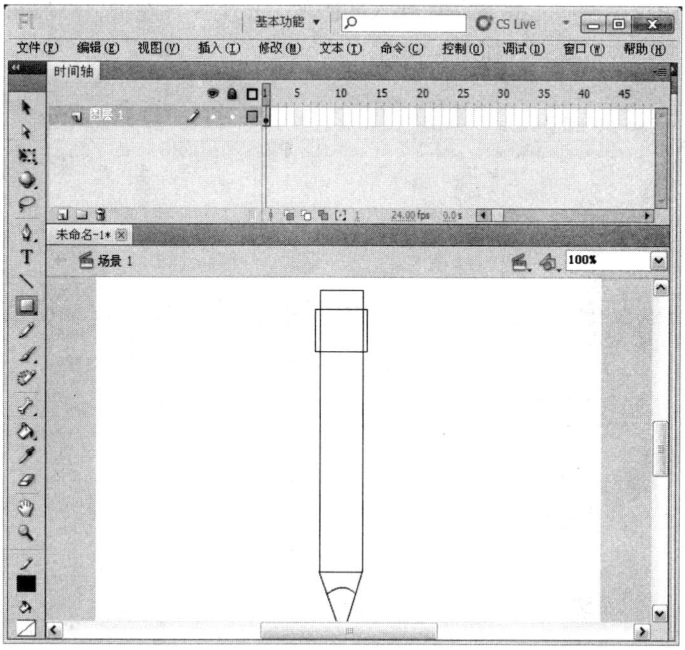

图2-73　绘制矩形

07 单击选择工具，将鼠标移动到套接线与铅笔线相交部分，用鼠标单击多余的线条将其选中，然后按下Delete键将其删除，如图2-74所示。

08 执行“文件”→“导入”→“导入到舞台”命令，导入一幅图像到舞台中，如图2-75所示。

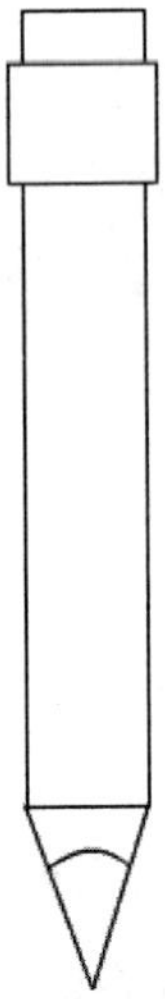
图2-74　删除线条

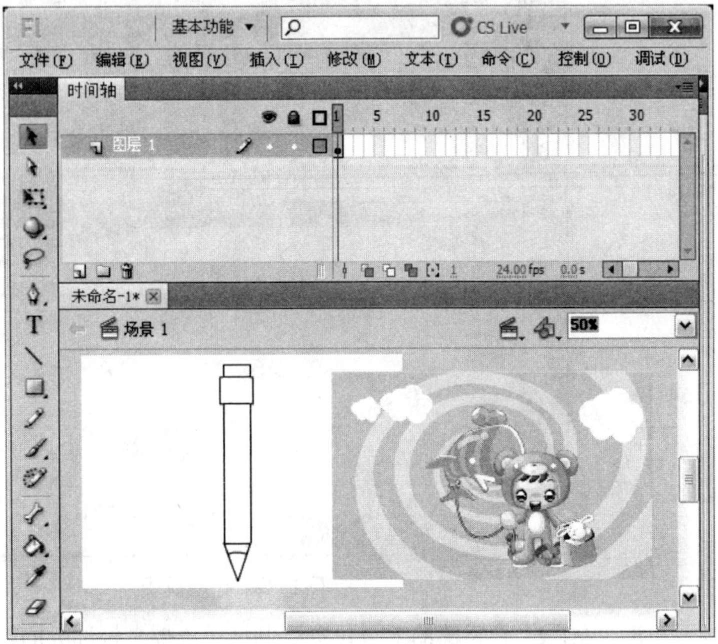
图2-75　导入图像

09 在绘图工具箱中选择滴管工具，在导入的图像上按下鼠标左键，然后在铅笔上除笔尖的部分单击鼠标左键进行填充，如图2-76所示。

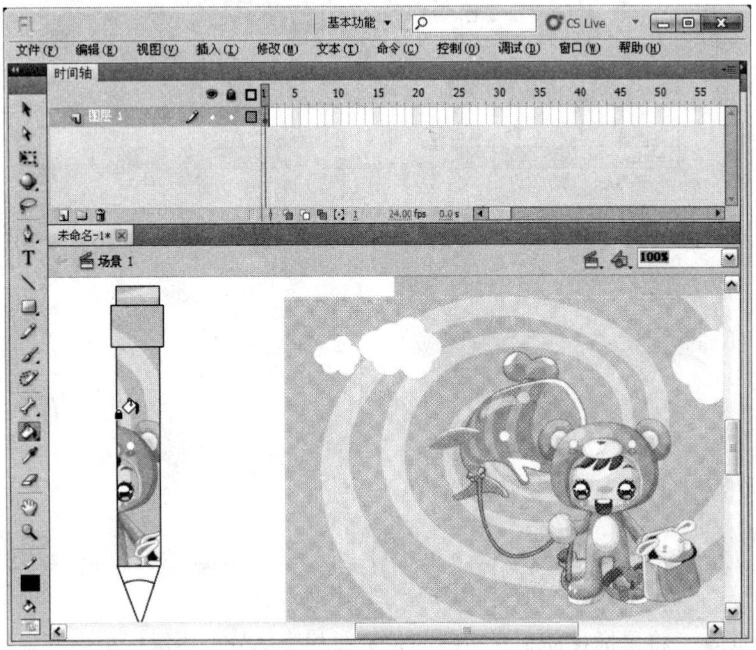
图2-76　填充铅笔

10 使用颜料桶工具将铅笔的笔头和笔芯部分分别填充为灰色与黑色，如图2-77所示。

11 选中舞台上的图像，按下Delete键将其删除。铅笔就绘制好了，如图2-67所示。

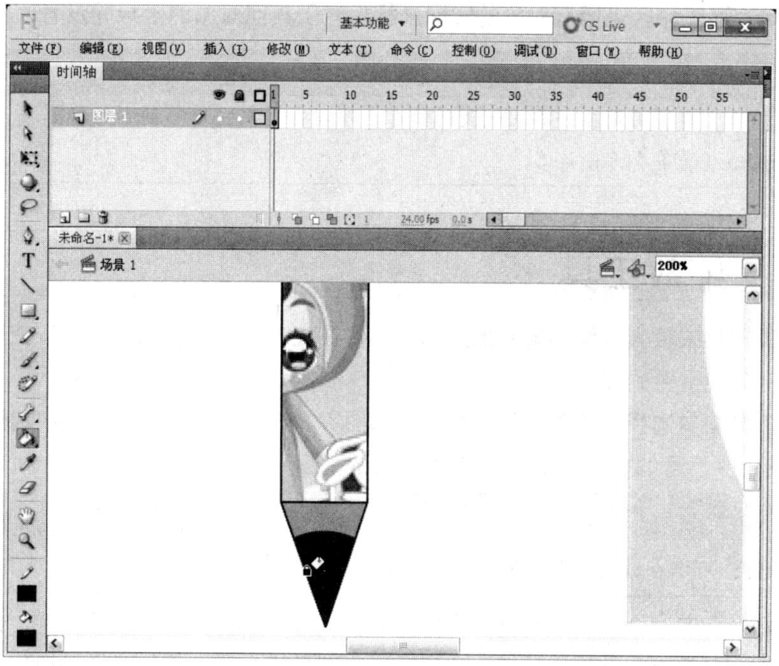

图2-77　填充笔头和笔芯

2.4 查看工具

在使用Flash绘图时，除了一些主要的绘图工具之外，还常常要用到视图调整工具，如手形工具、缩放工具，如图2-78所示。

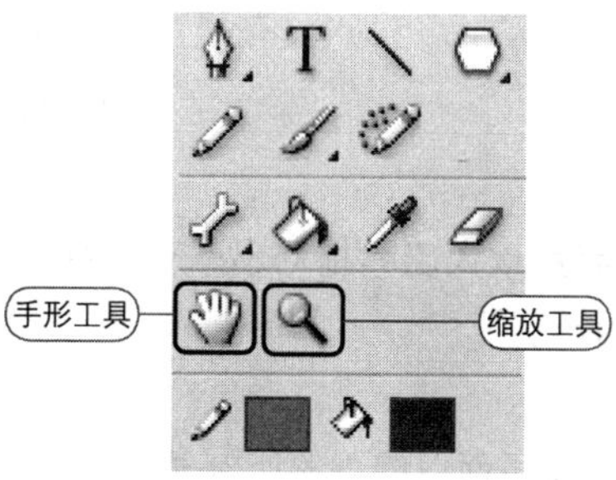

图2-78　查看工具

2.4.1 手形工具

手形工具的作用就是在工作区移动对象。在工具箱中选择手形工具，舞台中的鼠标指针将变为手形，按下左键不放并移动鼠标，舞台的纵向滑块和横向滑块也随之移动。手形工具的作用相当于同时拖动纵向和横向的滚动条。手形工具和选择工具是有所区别的，虽然都可以移动对象，但是选择工具的移动是指在工作区内移动绘图对象，所以对象的实际坐标值是改变的，使用手形工具移动对象时，表面上看到的是对象的位置发生了改变，实际移动的却是工作区的显示空间，而工作区上所有对象的实际坐标相对于其他对象的坐标并没有改变。

提示

手形工具的主要作用是在一些比较大的舞台内可以将对象快速移动到目标区域。显然，使用手形工具比拖动滚动条要方便许多。

2.4.2 缩放工具

缩放工具用来放大或缩小舞台的显示大小，在处理图形的细微之处时，使用缩放工具可以帮助设计者完成重要的细节设计。

在绘图工具箱中选择缩放工具后，可以在如图2-79所示的“选项”面板中选择缩小或放大工具，其中带“+”号的为放大工具，带“-”号的为缩小工具。

提示

按住Alt键，可以在放大工具和缩小工具之间进行切换。

在舞台右上角有一个“显示比例”下拉列表框，表示当前页面的显示比例，也可以在其中输入所需的页面显示比例数值，如图2-80所示。在工具箱中双击缩放工具按钮，可以使页面以100%的比例显示。

图2-79 缩放工具

图2-80 显示比例列表

（1）放大工具

用放大工具单击舞台或者用放大工具拖动出一个选择区如图2-81所示，可以使页面的以放大的比例显示，如图2-82所示。

（2）缩小工具

用缩小工具单击舞台，可使页面以缩小的比例显示，如图2-83所示。

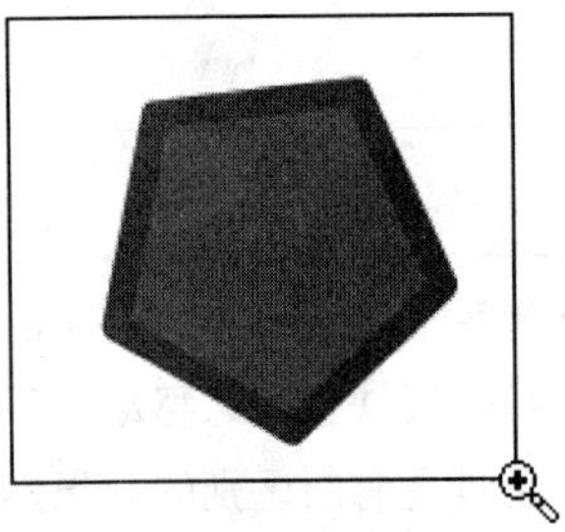

图2-81 使用放大工具

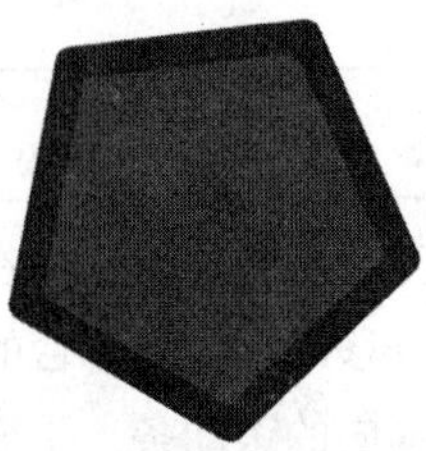

图2-82 放大后的图形

图2-83 缩小图形

2.5 本章小结

本章重点给读者讲解在Flash CS5中绘制图形的相关操作与技巧，这也是Flash用户经常需要使用的知识。熟练掌握这些工具的使用方法是Flash动画制作的关键。在学习的过程中，需要清楚各工具的用途及工具所对应属性面板里每个参数的作用，并能将多种工具配合使用，从而绘制出丰富多彩的各类图案。

2.6 本章习题

1. 填空题

（1）在使用椭圆工具绘制椭圆的时候，按住________键即可绘制一个圆形。

（2）在Flash中可以使用________选择图形、文字对象及其他影片元素。

（3）使用________可以选择图形区域和颜色区域。

2. 判断题

（1）在绘制矩形的同时按下Ctrl键，则可以在工作区中绘制一个正方形。（ ）

（2）使用颜料桶工具可以更改线条或者形状轮廓的笔触颜色、宽度和样式。（ ）

（3）滴管工具是用于在一个图形上吸取其填充色的工具。（ ）

3. 操作题

（1）绘制一个矩形和圆形，并使用颜料桶工具分别将它们填充为黑色与红色。

（2）使用多角星形工具绘制一个蓝色的九边形。

第3章 图形的编辑操作

Flash CS5所提供的绘图工具对于制作一个大型的动画项目而言是不够的，这时就需要掌握各种图形的编辑处理技巧与导入外部图像。本章就介绍各种图形的编辑处理技巧与导入外部图像的操作方法。

本章学习要点

- 掌握图形编辑工具的使用方法
- 掌握图形形状的编辑方法
- 了解组合与分离的知识
- 了解对象排列的知识
- 掌握对象对齐与分布的方法
- 了解对象的合并的方法
- 掌握位图的导入与编辑的操作方法

3.1 图形编辑工具

Flash中的图形编辑工具可以让用户对图形进行造型上的编辑操作，任意变形工具、渐变变形工具、橡皮擦工具。

3.1.1 任意变形工具

任意变形工具主要用于对各种对象进行缩放、旋转、倾斜扭曲和封套等操作。通过任意变形工具，可以将对象变形为自己需要的各种样式。

任意变形工具没有相应的“属性”面板。但在工具箱的“选项”面板中，它有一些选项设置，设有相关的工具。其具体的选项设置如图3-1所示。

选择任意变形工具，在工作区中单击将要进行形变处理的对象，对象四周将出现如图3-2所示的调整手柄。

图3-1　任意变形工具的选项

图3-2　使用任意变形工具后的调整手柄

通过调整手柄对选择的对象进行各种变形处理，可以通过工具箱“选项”面板中的任意变形工具的功能选项来设置。

1. 旋转

按下“选项”面板中的旋转与倾斜按钮，将光标移动到所选图形边角上的黑色小方块上，当光标变成形状后按住鼠标左键并拖动，即可对选取的图形进行旋转处理，如图3-3所示。

移动光标到所选图像的中心，在光标变成形状后对白色的图像中心点进行位置移动，可以改变图像在旋转时的轴心位置，如图3-4所示。

图3-3　旋转

图3-4　变换中心点位置

2. 缩放

按下“选项”面板中的缩放按钮，可以对选取的图形作水平、垂直或等比缩放，如图3-5所示。

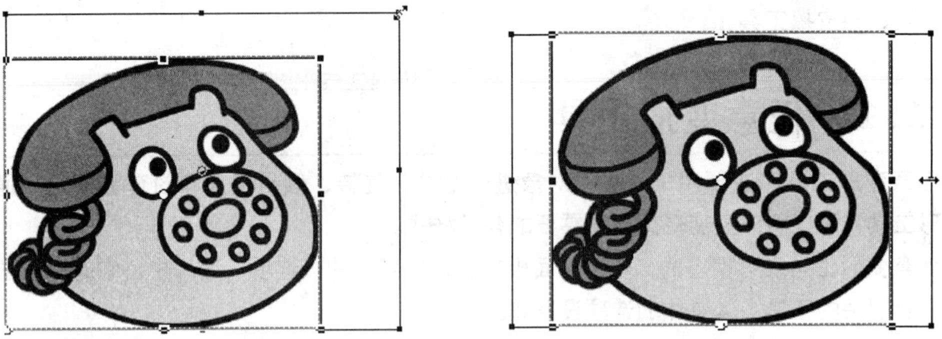

（a）水平、垂直同时缩放　　（b）仅水平缩放

图3-5　缩放

3. 扭曲

按下“选项”面板中的扭曲按钮，移动光标到所选图形边角的黑色方块上，在光标改变为▷形状时按住鼠标左键并拖动，可以对绘制的图形进行扭曲变形，如图3-6所示。

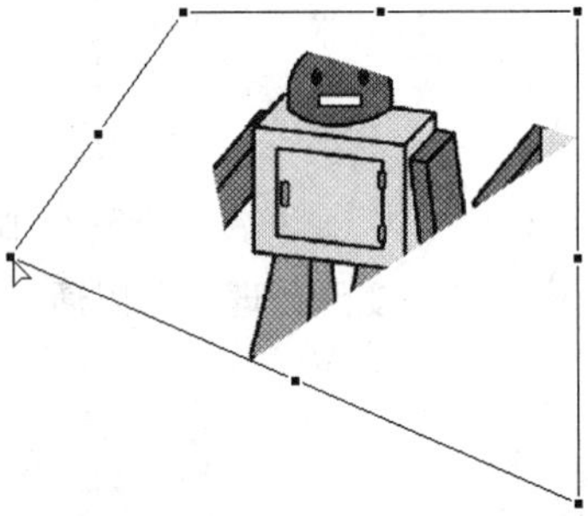

图3-6　扭曲

4. 封套

按下“选项”面板中的封套按钮，可以在所选图形的边框上设置封套节点，用鼠标拖动这些封套节点及其控制点，可以很方便地对图形进行造型，如图3-7所示。

图3-7　封套的效果

3.1.2 渐变变形工具

渐变变形工具可以对使用了颜色填充的对象进行渐变调整，改变填充的渐变距离和渐变方向等属性。

从绘图工具箱中选择渐变变形工具后，将鼠标移到要变形的图形上面，鼠标指针变为形状，单击渐变或位图填充的区域，在图形上方将显示一个带有编辑手柄的边框，如图3-8所示。

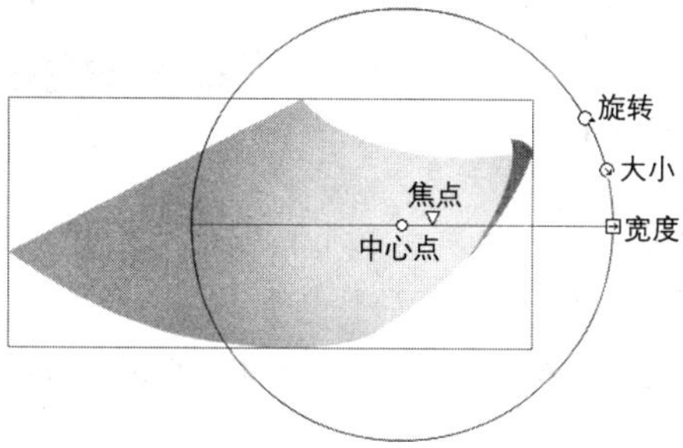

图3-8 带有编辑手柄的边框

- 中心点○：渐变或位图填充的中心点位置。将鼠标放到“中心点”手柄上，鼠标指针变为✥形状，按住不放进行拖动，即可改变渐变或位图填充的中心点位置。
- 焦点▽：放射状渐变填充的焦点位置。将鼠标放到“焦点”手柄上，鼠标指针变为倒三角形形状，按住进行拖动，即可改变渐变填充的焦点位置。
- 大小：缩放渐变填充的范围。将鼠标放到“大小”手柄上，鼠标指针变为形状，按住进行拖动，即可调整填充范围。
- 旋转：旋转渐变或位图的填充。将鼠标放到“旋转”手柄上，鼠标指针变为形状，按住鼠标左键进行拖动，即可对渐变或位图填充进行旋转。
- 宽度：调整渐变或位图填充的宽度。将鼠标放到“宽度”手柄上，鼠标指针变为↔形状，按住鼠标左键进行拖动，即可调整渐变或位图填充的宽度。

3.1.3 橡皮擦工具

橡皮擦工具可以方便地清除图形中多余的部分或错误的部分，是绘图编辑中常用的辅助工具。使用橡皮擦工具很简单，只需要在绘图工具箱中单击橡皮檫工具，将鼠标移到要擦除的图像上，按住鼠标左键拖动，即可将经过路径上的图像擦除。

1. 橡皮擦模式

使用橡皮擦工具擦除图形时，可以在工具面板中选择需要的橡皮擦模式，以应对不同的情况。在绘图工具箱中的的属性选项区域中可以选择“标准擦除”、“擦除填色”、“擦除线条”、“擦除所选填充”和“内部擦除”5种图形擦除模式，它们的编辑效果与“刷子工具”的绘图模式相似。

在工具箱上选择橡皮擦工具，然后在面板下方的选项区域中单击“橡皮擦模式”按钮，将弹出下拉菜单，如图3-9所示。

- 标准擦除：正常擦除模式，是默认的直接擦除方式，对任何区域都有效，如图3-10所示。

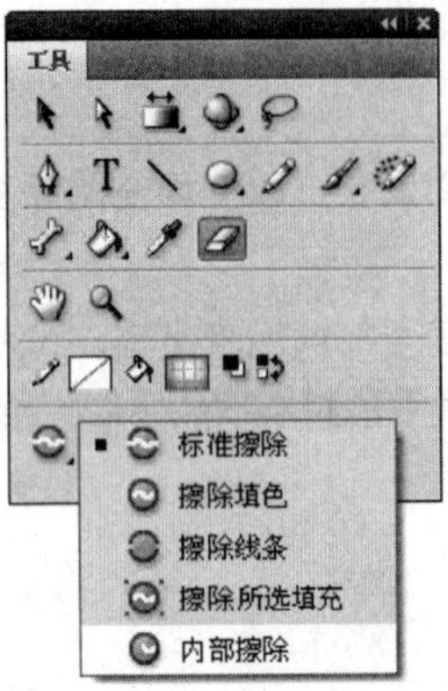

图3-9　下拉菜单

图3-10　标准擦除

- 擦除填色：只对填色区域有效，对图形中的线条不产生影响，如图3-11所示。
- 擦除线条：只对图形的笔触线条有效，对图形中的填充区域不产生影响，如图3-12所示。

图3-11　擦除填色

图3-12　擦除线条

- 擦除所选填充：只对选中的填充区域有效，对图形中其他未选中的区域无影响，如图3-13所示。
- 内部擦除：只对鼠标按下时所在的颜色块有效，对其他的色彩不产生影响，如图3-14所示。

图3-13　擦除所选填充

图3-14　内部擦除

单击工具箱属性选项区域中的“橡皮擦形状”按钮，在弹出的菜单中选择橡皮擦形状，如图3-15所示。

将光标移到图像内部要擦除的颜色块上，按住鼠标左健来回拖动，即可将选中的颜色块擦除，而不影响图像的其他区域，如图3-16所示。

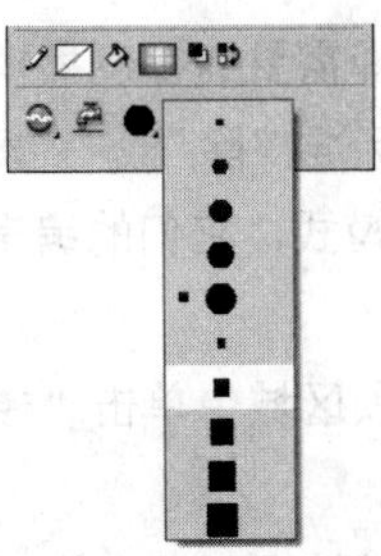

图3-15　选择橡皮擦形状

图3-16　擦除内容

2. 水龙头

水龙头的功能类似颜料桶和墨水瓶功能的反作用，也就是要将图形的填充色整体去掉，或者将图形的轮廓线全部擦除，只需在要擦除的填充色或者轮廓线上单击一下鼠标左键即可。要使用“水龙头”工具，只需要选中“橡皮擦”工具，在“选项”面板单击“水龙头”按钮既可，如图3-17所示。

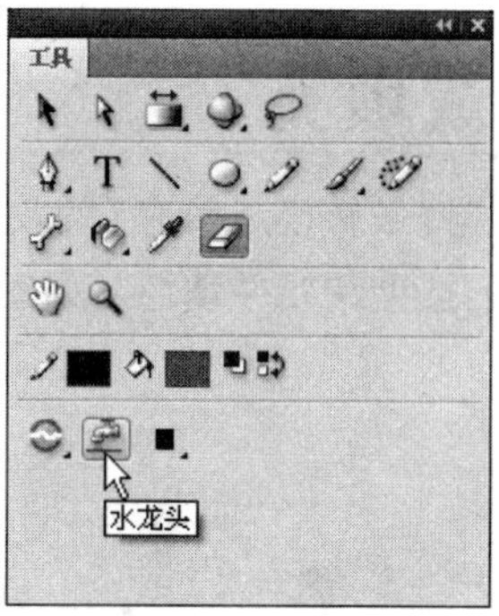

图3-17　水龙头工具

3.2 图形形状的编辑

在Flash CS5中，提供了对图形的优化、将线条转换为填充和扩展填充等操作，通过这些操作可以进一步调整图形形状。

3.2.1 图形的优化

图形的优化是指将图形中的曲线和填充轮廓加以改进，减少用于定义这些元素的曲线数量来平滑曲线，同时减小Flash文档（FLA文件）和导出的Flash影片（SWF文件）的大小。

下面介绍优化图形的方法，其操作步骤如下。

01 选择要优化的对象，然后选择“修改”→“形状”→“优化”命令，打开“优化曲线”对话框，如图3-18所示。

“优化曲线”对话框中各项参数的功能分别介绍如下。

- 优化强度：可以直接在数值框中输入数值，其取值范围是0～100。
- 显示总计消息：选中该复选框，完成优化操作时，则会弹出如图3-19所示的提示对话框，用于显示当前的优化程度。

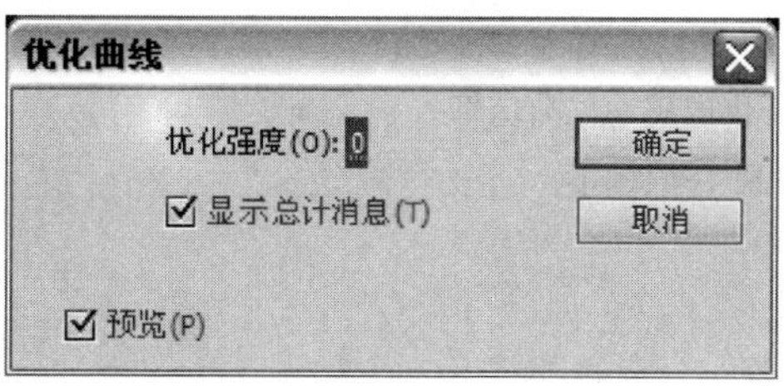

图3-18 “优化曲线”对话框

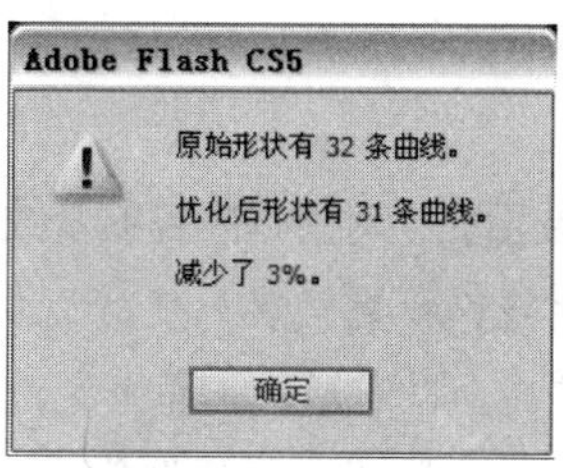

图3-19　提示对话框

02 设置“优化强度”并选中“显示总计消息”复选框，然后单击“确定”按钮，开始对图像进行优化。

> **提示**
>
> 选择图形后，按下Ctrl+Alt+Shift+C组合键能快速对图形进行优化。

3.2.2 将线条转换成填充

执行“修改”→“形状”→“将线条转换成填充”命令，将选中的边框线条转换成填充区域，可以对线条的色彩范围作细致的造型编辑并填色，如图3-20所示。还可避免在视图显示比例被缩小后线条出现的锯齿现象。

图3-20　将线条转换成填充

3.2.3 填充的扩展与收缩

在Flash的舞台中的绘制图形后，可以通过扩展或收缩来改变图形填充形状。执行“修改”→“形状”→“扩展填充”命令，在打开的“扩展填充”对话框中设置图形的扩展距离与方向，对所选图形的外形进行加粗、细化处理，如图3-21所示。完成后单击“确定”按钮即可。

图3-21　“扩展填充”对话框

“扩展填充”对话框中各项参数的功能分别介绍如下。

- 距离：设置扩展宽度，以像素为单位。
- 扩展：以图形的轮廓为界，向外扩散、放大填充。
- 插入：以图形的轮廓为界，向内收紧、缩小填充。

如图3-22所示就是扩展10像素、原图与插入10像素的图形效果对比。

（a）扩展10像素　（b）原图　（c）插入10像素

图3-22　图形扩展与插入

3.2.4 柔化填充边缘

柔化填充边缘可以将图形的轮廓进行放大、缩小填充。与“扩散填充”不同的是，“柔化填充边缘”可以在填充边缘产生多个逐渐透明的图形层，形成边缘柔化的效果。

选取需要进行编辑的图形后，执行“修改”→“形状”→“柔化填充边缘”命令，在弹出的“柔化填充边缘”对话框中设置边缘柔化效果，然后单击“确定”按钮即可，如图3-23所示。

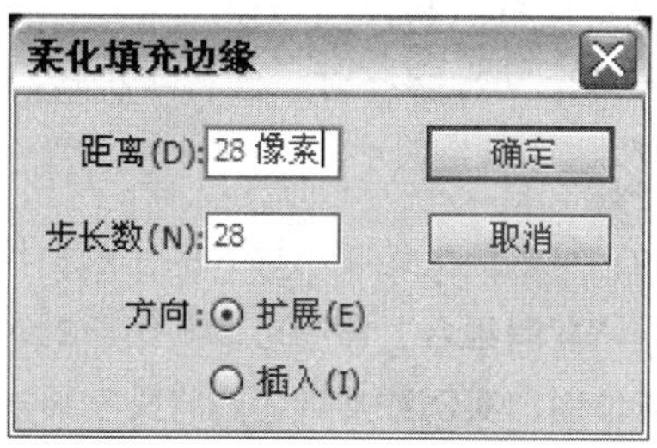

图3-23 “柔化填充边缘”对话框

3.3 组合与分离

在Flash中可以将图像或其他元素组合为一个整体，也可以将组合、实例和位图等元素分离为单独的可编辑元素。

3.3.1 组合

组合是指将不同的对象组合成一个可选择和移动的整体对象。要将多个单独的对象组合起来，只需要选中要组合的对象，然后执行“修改”→“组合”命令即可，如图3-24所示。

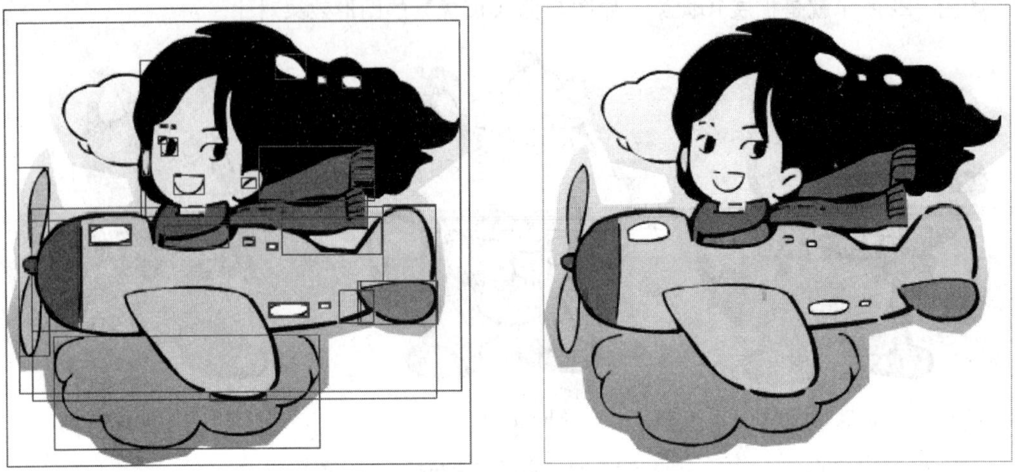

图3-24　多个单独的对象组合成一个对象

如果要取消组合，将对象重新拆分为单独的对象，只需要选中组合的对象，然后执行“修改”→“取消组合”命令即可。

3.3.2 分离

分离又叫打散，是指将组合、实例、位图以及文本分离为单独的可编辑元素。选中要分离的对象后，执行“修改”→“分离”命令，即可将对象分离为单独的可编辑元素。

通过“修改”→“分离”命令还可以将位图转换成填充，在应用于文本块时，会将每个字符放入单独的文本块中；应用于单个文本字符时，会将字符转换成轮廓。

提示

使用“分离”命令分离位图，可以极大地减小导入的图形文件体积。另外，不要将“分离”命令和“取消组合”命令混淆。“取消组合”命令可以将组合的对象分开，并将组合的元素返回到组合之前的状态，但不会分离位图、实例或文字，或将文字转换成轮廓。

3.4 对象的排列

Flash中绘制的图形在组合或转换为元件后，将作为一个独立的整体，自动移动到矢量图形或已有组合的前方；当多个组合图形放在一起时，可以通过“修改→排列”命令菜单中的命令，调整所选组合在舞台中的前后层次关系。

3.4.1 对象层次的排列

要排列对象的层次很简单，只需要选中对象，然后执行“修改”→“排列”命令，在该命令弹出的菜单中选择排列方式即可，共包括“移至顶层”、“上移一层”、“下移一层”和“移至底层”4种排列方式，如图3-25所示。

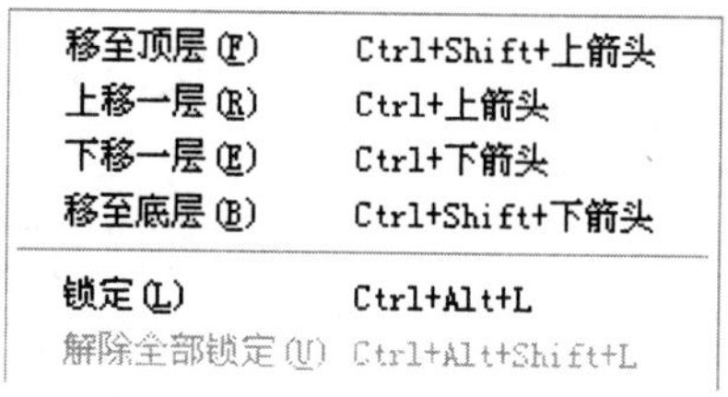

图3-25 “排列”菜单

- **移至顶层：将选中的对象移到最顶层位置。**
- **上移一层：将选中的对象上移一层位置。**
- **下移一层：将选中的对象下移一层位置。**
- **移至底层：将选中的对象移到最下面一层的位置。**

3.4.2 对象锁定与解锁

锁定是指将选中的对象位置锁定，使排列顺序无法改变。当编辑完成一个图形组合后，调整好它的大小和位置，执行“修改”→“排列”→“锁定”命令，即可将其锁定。被锁定的对象无法被选中和编辑。

需要对该图形进行再次编辑的时候，可以执行“修改”→“排列”→“全部解除锁定”命令，将锁定的图形解锁，对其进行再次编辑，如图3-26所示。

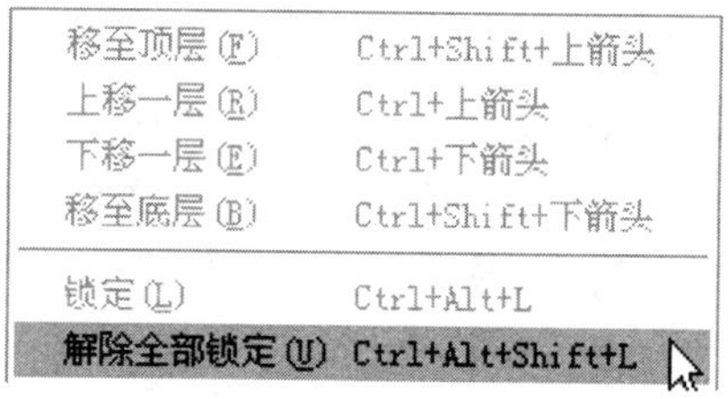

图3-26 “全部解除锁定”菜单

3.5 对象的对齐与分布

在Flash中绘制好多个图像后，可以执行“修改”→“对齐”命令菜单中的命令，调整所选图形的相对位置关系，从而将杂乱分布的图形整齐的排列在舞台中。

3.5.1 对象的对齐

执行“修改”→“对齐”命令，在弹出的菜单中可以看到“左对齐”、“水平居中”、“右对齐”、“顶对齐”、“垂直居中”和“底对齐”6种对齐方式，如图3-27所示。

下面分别介绍这6种对齐方式。

- 左对齐：将舞台中所有的图形按左对齐排列，如图3-28所示。

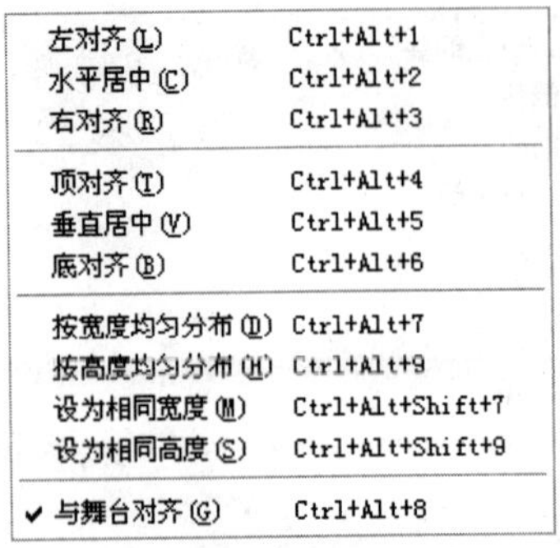

图3-27 “对齐”菜单

图3-28 左对齐

- 水平居中：将舞台中所有的图形按水平居中排列，如图3-29所示。
- 右对齐：将舞台中所有的图形按右对齐排列，如图3-30所示。

图3-29 水平居中

图3-30 右对齐

- 顶对齐：将舞台中所有的图形按顶对齐排列，如图3-31所示。
- 垂直居中：将舞台中所有的图形按垂直居中排列，如图3-32所示。
- 底对齐：将舞台中所有的图形按最底位置的图像底部对齐排列，如图3-33所示。

图3-31 顶对齐

图3-32 垂直居中

图3-33 底对齐

3.5.2 对象的分布

执行“修改”→“对齐”命令，在弹出的菜单中不但包括了对齐方式，还包括了对象的分布方式，包括“按宽度均匀分布”、“按高度均匀分布”、“设为相同宽度”和“设为相同高度”4种。

下面分别介绍这4种分布方式。

- 按宽度均匀分布：将舞台中所有的图形按平均间隔宽度排列，如图3-34所示。

图3-34　按宽度均匀分布

- 按高度均匀分布：将舞台中所有的图形按平均间隔高度排列，如图3-35所示。
- 设为相同宽度：将舞台中所有的图形宽度调整为相同，如图3-36所示。

图3-35　按高度均匀分布

图3-36　设为相同宽度

- 设为相同高度：将舞台中所有的图形高度调整为相同，如图3-37所示。

在上面介绍的内容中，对象的对齐和分布都是以选中的对象为基准来实现的。在Flash中还可以使对象相对舞台进行分布和对齐。

要使对象相对舞台分布和对齐，需要执行“修改”→“对齐”→“相对舞台分布”命令，将“相对舞台分布”菜单命令选中，如图3-38所示。

图3-37　设为相同高度

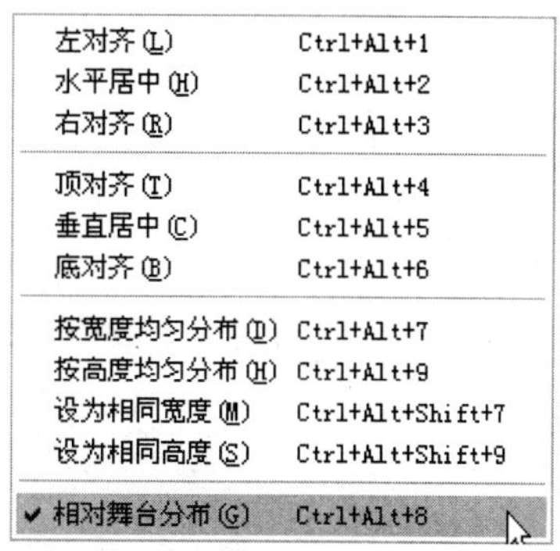

图3-38　“相对舞台分布”菜单命令

选择“相对舞台分布”命令后，所有图形将以舞台的边缘为基准进行均匀分布。例如，当选择“相对舞台分布”命令后，再执行“按宽度均匀分布”命令，即可将选择的对像以舞台的边缘为基准，按照均匀的间隔宽度进行分布。

3.6 对象的合并

对象的合并是指通过合并或改变现有对象的方法来创建一个新的形状。对象的合并包括“联合”、“交集”、“打孔”和“裁切”4种方式。

要合并对象，需要在舞台上选中要合并的对象，然后执行“修改”→“合并对象”命令，在其子菜单中选择要合并的方式即可。

下面分别介绍这4种合并方式的具体功能。

- 联合：将两个或多个形状合并成单个形状。通过“联合”方式合并对象，将生成一个“对象绘制”模型形状，它由联合前形状上的所有可见的部分组成，且将删除形状上不可见的重叠部分，如图3-39所示。

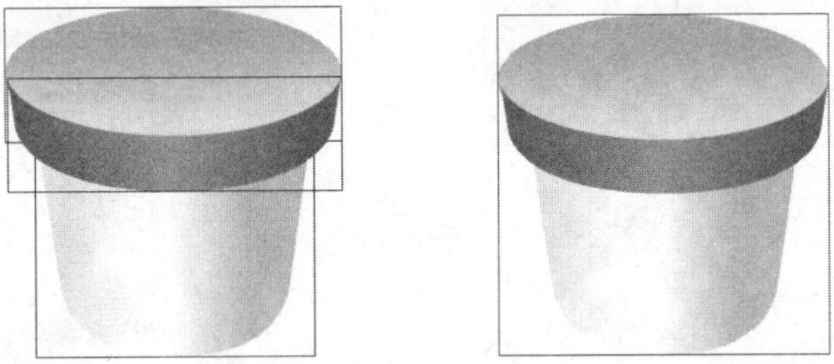

图3-39 联合效果

- 交集：创建两个或多个对象的交集对象。在舞台中绘制两个具有重叠部分的对象，然后通过“交集”方式，将生成一个由合并的形状的重叠部分组成的图像。不重叠的部分将被删除，且生成的形状使用堆叠中最上面的形状的填充和笔触，如图3-40所示。

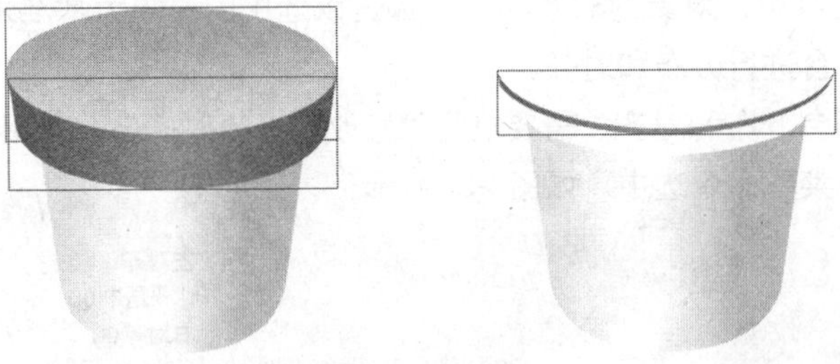

图3-40 交集效果

- 裁切：使用一个对象的形状裁切另一个对象。 前面或最上面的对象定义裁切区域的形状。 将保留与最上面的形状重叠的下层形状部分，而删除下层形状的所有部分，并完全删除最上面的形状，如图3-41所示。

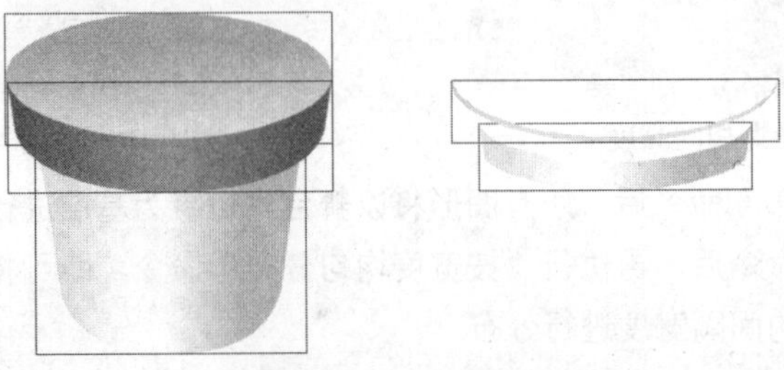

图3-41 裁切效果

- 打孔：将删除所选对象的部分区域，这些部分由所选对象与排在所选对象前面的另一个所选对象的重叠部分定义。将删除由最上面形状覆盖的部分，同时完全删除最上面的形状，如图3-42所示。

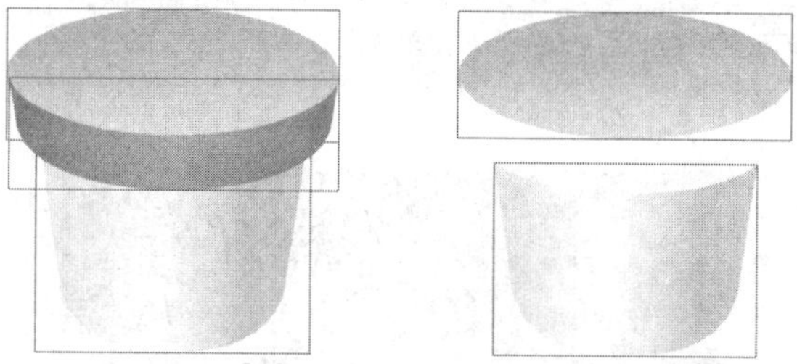

图3-42　打孔效果

> **提示**
>
> 使用“打孔”命令生成的形状保持为独立的对象，不会合并为单个对象，且不同于可将多个对象合在一起的“联合”或“交集”命令。

3.7 位图的编辑

在Flash中可以从外部导入位图舞台或“库”面板中，导入的位图可以直接在动画中使用，也可以将位图分离为填充，或者将位图转换为矢量图来使用。

3.7.1 位图的导入

Flash CS5可以将位图从外部导入到舞台或“库”面板中，导入位图后就可以直接应用位图或对位图进行编辑。下面介绍导入位图的方法，其操作步骤如下。

01 新建一个文档，执行“文件”→“导入”→“导入到舞台”命令，打开“导入”对话框，如图3-43所示。

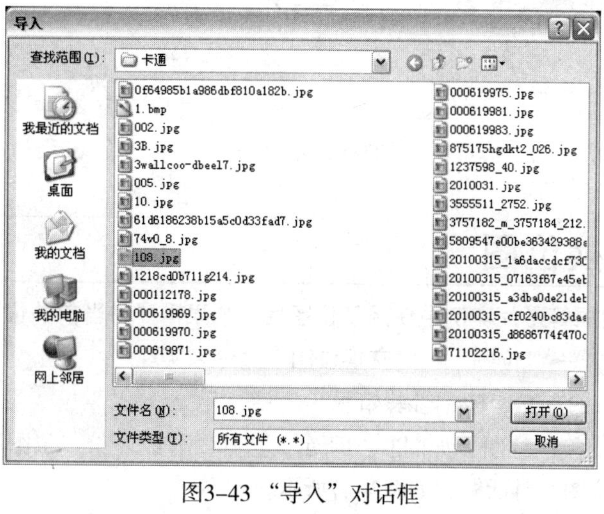

图3-43　“导入”对话框

02 在打开的“导入”对话框中选择要导入的图像，然后单击“打开”按钮，即可将选中的图像导入到舞台上，如图3-44所示。

图3-44　导入图像到舞台上

另外，除了使用“文件”→“导入”→“导入到舞台”命令导入位图外，还可以直接将位图从其他图像编辑器中粘贴到舞台中。例如，从PhotoShop中编辑一张图像后，将编辑好的图像复制到粘贴板，然后选中Flash的舞台，按下Ctrl + V组合键，即可将选中的图像复制到Flash中。

3.7.2 位图的分离

导入或粘贴的位图，可以将其分离成填充图形，便于动画制作中进一步加工。要分离位图只需要选中位图，然后执行“修改”→“分离”命令即可，如图3-45所示。

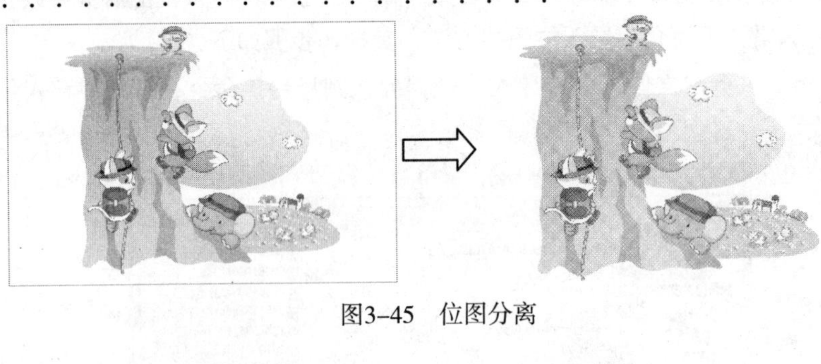

图3-45　位图分离

3.7.3 交换位图

在舞台或影片剪辑等影片实例中使用了位图后，如果需要将当前的位图换为另一张位图图像，可以通过“修改”→“位图”→“交换位图”命令来实现。

下面介绍交换位图的方法，其操作步骤如下。

01 在文档中选择要交换的位图，如图3-46所示，选择“修改”→“位图”→“交换位图”命令，打开“交换位图”对话框，如图3-47所示。

图3-46　选择位图

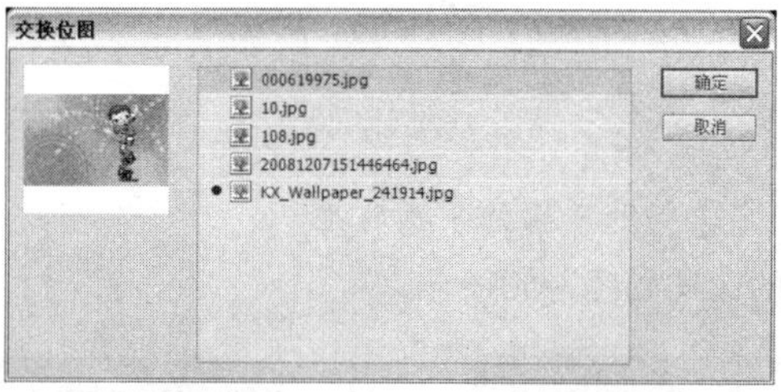

图3-47 “交换位图”对话框

02 在对话框的列表中选择要交换的位图，然后单击“确定”按钮，即可看到开始选中的位图已经替换为在“交换位图”对话框中选中的图形，如图3-48所示。

图3-48　交换位图后的效果

3.7.4 转换位图为矢量图

在Flash CS5中，可以将位图转换为矢量图，便于对图像处理，满足动画制作的需求。执行“修改”→“位图”→“转换位图为矢量图”命令。弹出“转换位图为矢量图”对话框，如图3-49所示，在对话框中设置好图形转换参数后，单击“确定”按钮，Flash将依据设置的数值对选中的位图进行转换。转换后的位图具有矢量图形的特性，这样可以很方便地取得漂亮的素材图形，提高动画制作的工作效率。对话框上各项的功能如下。

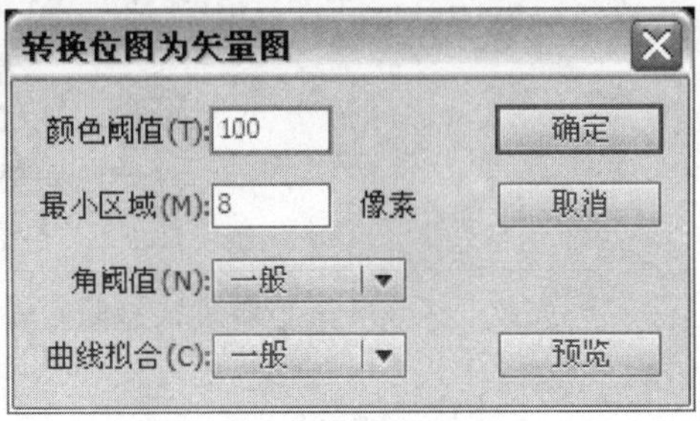

图3-49 “转换位图为矢量图”对话框

- 颜色阈值：在文本框中输入色彩容差值。
- 最小区域：色彩转换最小差别范围大小。
- 角阈值：图像转换折角效果。
- 曲线拟合：用于确定绘制的轮廓的平滑程度。

将位图转换为矢量图的效果如图3-50所示。

图3-50 转换位图为矢量图

提示

将位图转换成矢量图时，设置的颜色阈值越高，转角越多，则取得的矢量图形越清晰，文件越大；设置的色彩阈值越低，折角越少，则转换后图形中的颜色方块越少，文件越小。

3.7.5 实例训练——王子骑白马

在制作动画的过程中，导入的背景图像有时不适合作为卡通动画的背景，这就需要将其转换为矢量图，使背景更符合动画作品。而且大多数导入的位图图片有白色的背景，假如将其放在场景中的话，就会出现一个白色的底色，如何去除这个白色的底色呢？可以先将位图分离，然后使用魔术棒工具去除底色。本例就是用图形的编辑知识制作王子骑白马动画，完成的效果如图3-51所示。

01 运行Flash CS5，新建一个Flash空白文档。执行“修改”→“文档”命令，打开“文档设置”对话框，在对话框中将“尺寸”设置为481像素（宽）×385像素（高），如图3-52所示。设置完成后单击“确定”按钮。

图3-51　完成效果

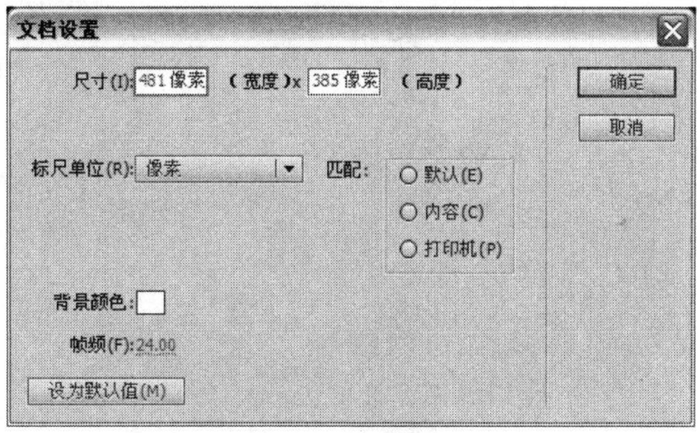

图3-52　“文档设置”对话框

02 执行“文件”→“导入”→“导入到舞台”命令，将一副背景图像导入到舞台上，如图3-53所示。

图3-53　导入背景图像

03 选中导入的背景图像，执行“修改”→“位图”→“转换位图为矢量图”命令，将图像转换为矢量图，如图3-54所示。

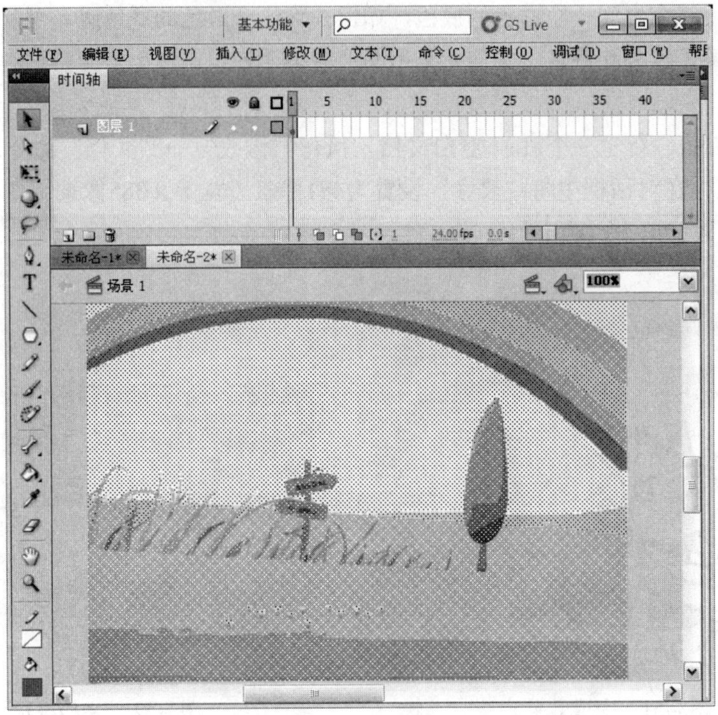

图3-54　将位图转换为矢量图

04 选中转换为矢量图的图像，执行“修改”→“组合”命令，将图像组合，如图3-55所示。

图3-55　组合图像

05 执行“文件”→“导入”→“导入到舞台”命令，将一副图像导入到舞台上，如图3-56所示。可以看到导入的图像有白色的底色，与背景格格不入。

图3-56　导入图像

06 选择导入的图像，执行“修改”→“分离”命令，将其分离。如图3-57所示。

> **提示**
>
> 这里将图像分离是为了方便将图像的白色底色去除，没有进行分离的位图是不能去除底色的。

07 在绘图工具箱中单击选择套索工具，在工具箱选项部分单击魔术棒设置按钮，弹出“魔术棒设置”对话框，在“阙值”文本框中输入20，在“平滑”下拉列表中选择“一般”选项，如图3-58所示。完成后单击“确定”按钮。

图3-57　分离图像

图3-58　“魔术棒设置”对话框

08 在工具箱的选项部分选择魔术棒工具，在图像中单击白色部分，并按下Delete键将其删除，如图3-59所示。

图3-59　删除底色的图形

09 执行“文件”→“保存”命令，打开“另存为”对话框，在“保存在”下拉列表中选择动画的保存位置，在“文件名”文本框中输入动画的名称，如图3-60所示。完成后单击“保存”按钮。

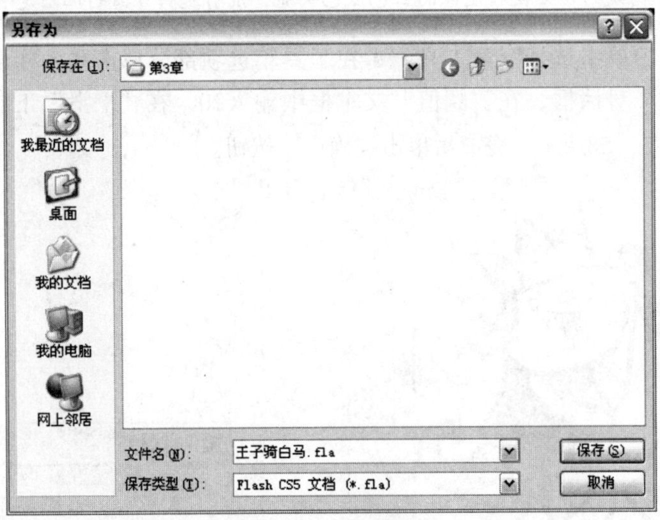

图3-60　保存文件

10 按下Ctrl+Enter组合键，欣赏本例的完成效果，如图3-51所示。

3.8 本章小结

本章介绍了图形编辑功能的使用以及将图像导入Flash的方法。需要注意的是，要编辑导入的位图，必须将位图打散，否则不能进行编辑。希望读者通过对本章内容的学习，能够与绘图工具相配合，编辑制作出个性十足、造型精美的动画作品。

3.9 本章习题

1. 填空题

（1）__________主要用于对各种对象进行缩放、旋转、倾斜扭曲和封套等操作。

（2）使用橡皮擦工具擦除图形时，可以选择__________、__________、__________、__________和__________5种图形擦除模式

（3）要将多个单独的对象组合起来，只需要选中要组合的对象，然后执行__________命令即可。

2. 判断题

（1）单击任意变形工具后，按下“选项”面板中的扭曲按钮可以对选取的图形作水平、垂直缩放或等比的大小缩放。（　　）

（2）渐变变形工具可以对使用了颜色填充的对象进行渐变调整，改变填充的渐变距离和渐变方向等属性。（　　）

（3）将选中的边框线条转换成填充区域后，可以对线条的色彩范围作细致的造型编辑并填色。（　　）

3. 操作题

（1）绘制两个矩形并将它们组合，然后将组合后的图形进行分离。

（2）在Flash CS5中导入一副位图，然后将其转换为矢量图。

第4章

Flash中的文本编辑

本章主要讲述Flash CS5中文本工具的使用，并介绍如何将文本对象转变为矢量图形，通过这样的转变对文本进行更复杂、更自由的编辑，使文本呈现出更加丰富多彩的效果。

本章学习要点

- 了解标签输入方式与文本块输入方式的不同
- 掌握文本属性的设置方法
- 掌握文本对象的编辑方法
- 掌握可选文本的制作方法

4.1 文本工具

Flash CS5拥有的强大功能不仅使其在绘图上得心应手，而且在文字创作上也非同凡响。运用它不仅可以创作出如浮雕、金属等效果的静态文字，并且还可以赋予文字交互性。虽然它的文字处理能力不能与一些图形处理软件相比，但是对于一个动画软件来说，其文字处理功能已不可小视。在Flash加入文字时，需要使用“文本工具”来完成。

选择绘图工具箱中的文本工具T，将鼠标移到舞台中，鼠标变成十字光标并出现字母T，如图4-1所示。

图4-1　选取文本工具后的光标外形

文本工具的功能是输入和编辑文字。在制作影片时，没有特殊需要一般将文字单独放入一个图层便于对其进行编辑。文字和图形如果在同一图层，则以输入的先后顺序来决定其在舞台中显示的上下关系；在不同图层，则以图层的顺序来决定上下关系。

4.2 输入文字

要在Flash中输入文字，只需要在工具面板中选择文本工具T，当鼠标光标变成十形状后，移动鼠标到绘图工作区中适当的位置，按下鼠标左键创建文本输入框，然后输入文字内容即可，如图4-2所示。

图4-2　输入文字

Flash CS5中文本工具的输入方式分为两种：标签输入方式和文本块输入。

1. 标签输入方式

选择文本工具后，回到编辑区单击空白区域，出现矩形框加圆形的图标，这便是标签输入方式，用户可直接输入文本，标签输入方式可随着用户输入文本的增多而自动横向延长，拖动圆形标志可增加文本框的长度，按下Enter键则是纵向增加行数。

2. 文本块输入方式

选择文本工具后，将文本工具的光标移动到所需的区域，按下鼠标左键不放，横向拖曳到一定位置松开左键，就会出现矩形框加正方形的图标，这便是文本块输入方式。用户在输入文本时，其文本框的宽度是固定的，不会因为输入的增多而横向延伸，但是文本框会自动换行。

提示

在文本输入过程中，标签输入方式和文本块输入方式可自由变换。当处于标签输入方式要转换成文本块输入方式时，可通过左右拖曳圆形图标来达到转换的目的。如果处于文本块输入方式向标签输入方式转变时，用户可双击正方形图标切换到标签输入方式。

4.3 设置文本属性

当文本创建完成后，选中该文本，根据设计的需要，可再通过“属性”面板对文本的字体、颜色、对齐方式等项目进行修改，如图4-3所示。

1. 文本类型

Flash中的文本可以分为静态文本、动态文本和输入文本3种类型，可以通过在“属性”面板中的设置来转换文本类型，如图4-4所示。

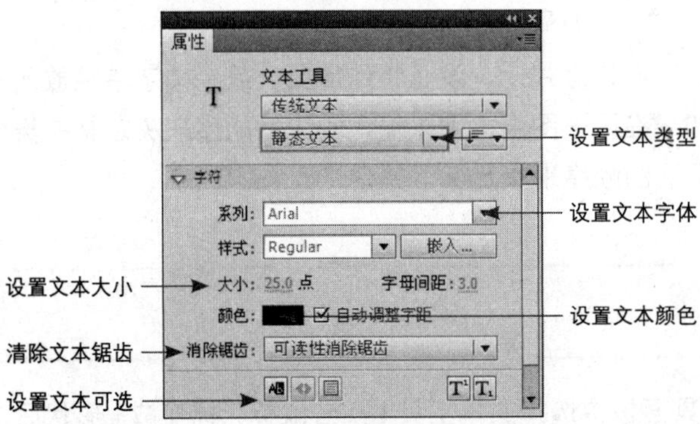

图4-3　文本工具“属性”面板

图4-4　文本类型

- **静态文本：一般的文字，用于显示影片中的文本内容。**
- **动态文本：动态显示文字内容的范围，常用在互动电影中获取并显示指定的信息。**
- **输入文本：互动电影在播放时可以输入文字的范围，主要用于获取用户信息。**

2. 字体

设置文本字体，在文本“属性”面板中，单击“字符”选项下的“系列”右侧的下拉按钮，在弹出的下拉列表框中选择某个字体作为文本的字体，如图4-5所示。也可以通过执行“文本”→“字体”命令，在弹出的快捷菜单中选择一种字体。

3. 字体大小

改变字体大小有三种方式：

- 在文本“属性”面板中，单击“字符”选项下“大小”右侧的数字区，此时将数字区变成可以输入的文本框，直接输入想要的字号，如图4-6所示。

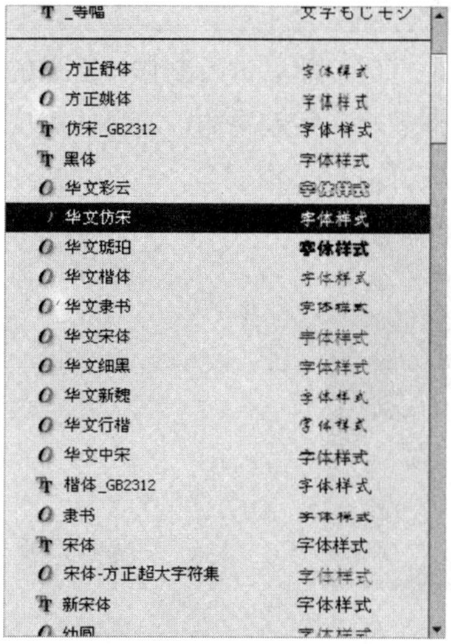

图4-5 “字体”下拉列表

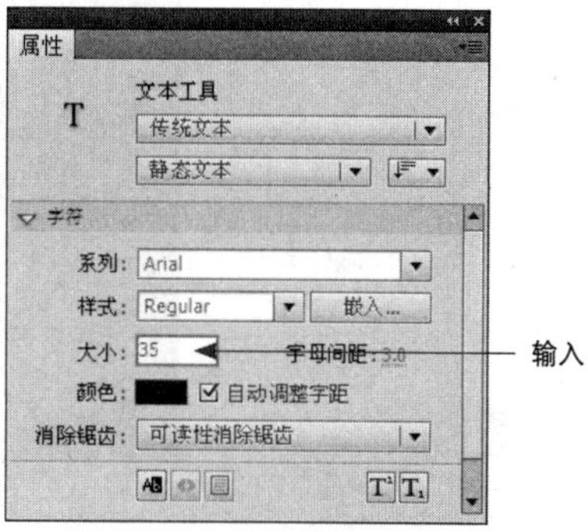

图4-6 输入字体大小

- 执行“文本”→“大小”命令，在弹出的快捷菜单中来选择当前文字的字体大小。
- 用鼠标左键按住属性面板“字符”选项下的“大小”右侧的数字不放，然后向上或者向下拖动鼠标来改变文字的大小。

4. 文本颜色

要设置或改变当前文本的颜色，可以单击颜色按钮颜色：调出颜色样板，如图4-7所示。在颜色样板中即可为当前文本选择一种颜色。

5. 对齐方式

使用文本“属性”面板中“段落”选项下的“格式”按钮，可以为当前段落选择文本的对齐方式。这四个按钮分别对应“左对齐”、“居中对齐”、“右对齐”、“两端对齐”四种对齐方式，如图4-8所示。

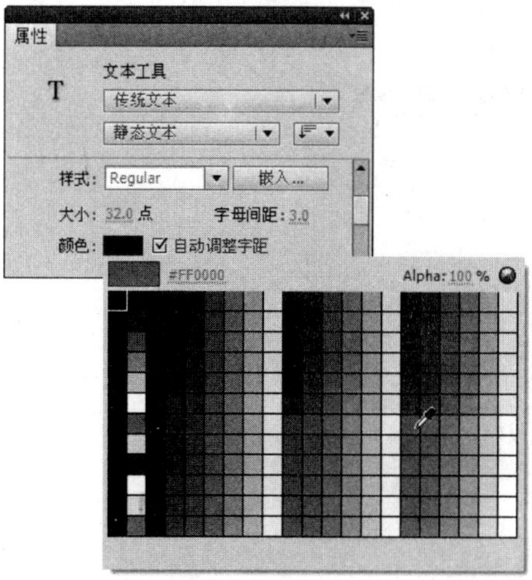

图4-7 设置文本颜色

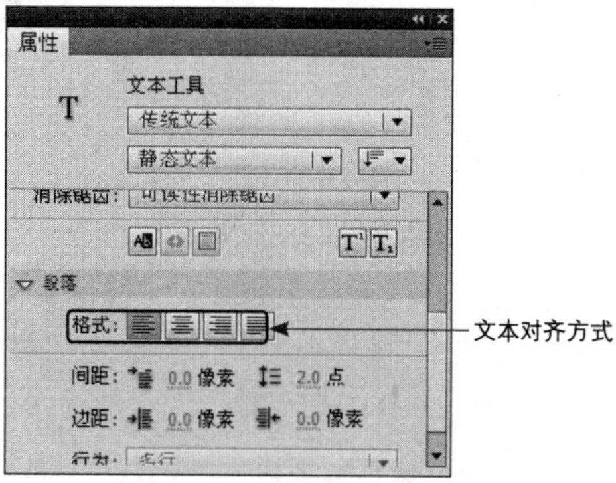

图4-8 文本对齐方式

4.3.1 实例训练——制作多彩文字

要制作多彩文字，必须先将输入的文字分离，也就是打散，然后进行制作。普通的输入文字只能将输入的文本看当作一个整体来编辑，是不能制作多彩文字效果的。本例的完成效果如图4-9所示。

图4–9　完成效果

01 运行Flash CS5，新建一个Flash空白文档。执行“修改”→“文档”命令，打开“文档设置”对话框，在对话框中将“尺寸”设置为580像素（宽）×410像素（高），如图4–10所示。设置完成后单击“确定”按钮。

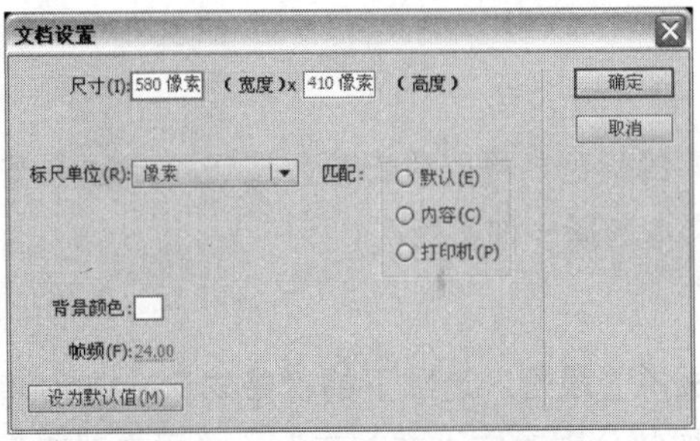

图4–10　“文档设置”对话框

02 单击文本工具T，在舞台中输入文字“星空下的小熊”，文字的字体为“微软简粗黑”，字体大小为“53”，文字颜色为黑色，如图4–11所示。

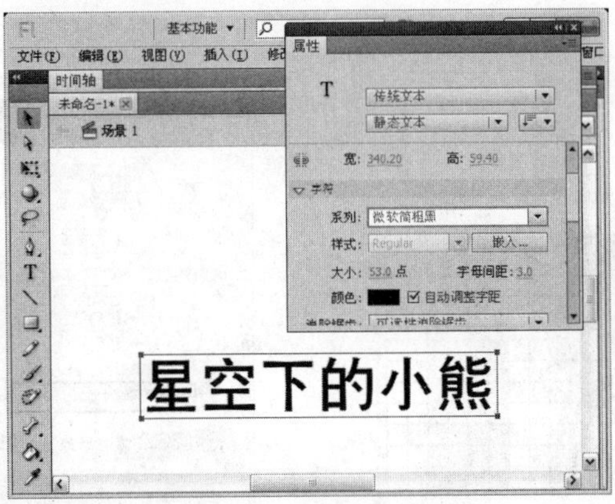

图4–11　输入文字

03 选中文字，按下两次Ctrl+B组合键，将文字打散，如图4–12所示。

图4–12　打散文字

> **提示**
>
> 选中文字后，执行两次“修改”→“分离”命令，也可以将文字彻底打散。

04 选中“星”字，单击“属性”面板上的填充颜色按钮，在弹出的“颜色”面板中选择“红色”，如图4–13所示。

05 使用同样的方法将剩余的文字颜色设置为绿色、灰色、黄色、蓝色与橙黄色，如图4–14所示。

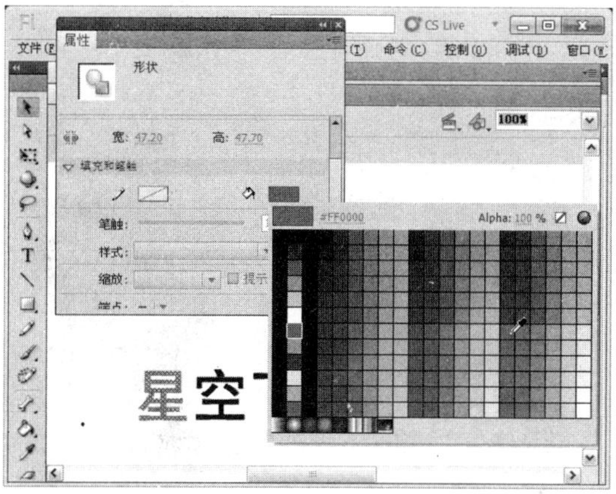

图4–13　设置颜色

图4–14　设置颜色

06 单击绘图工具箱中的笔触颜色按钮，在弹出的“颜色”面板中选择“绿色”，如图4–15所示。

07 选择“星”字，单击墨水瓶工具，然后在“星”字的边缘按下鼠标左键，为文字描边，如图4–16所示。

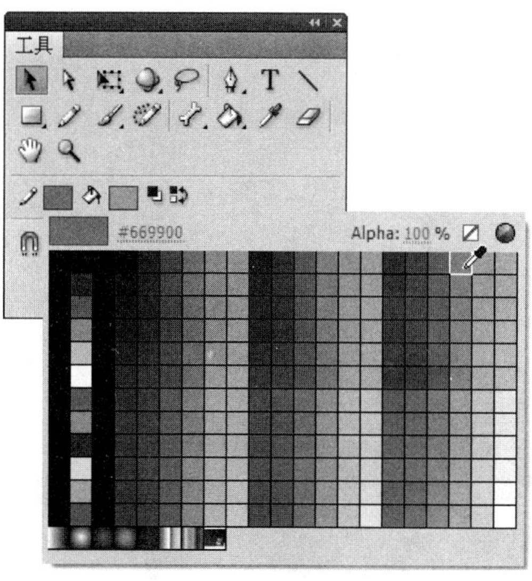

图4–15　选择笔触颜色

图4–16　为文字描边

08 使用同样的方法将剩余的文字的描边颜色设置为粉色、黄色、红色、白色与紫色，如图4-17所示。

图4-17　设置描边颜色

09 选择所有文字，执行“修改”→“组合”命令将文字组合。然后执行“文件”→“导入”→“导入到舞台”命令，将一副图像导入到舞台上，如图4-18所示。

10 在导入的图像上单击鼠标右键，在弹出的快捷菜单中选择“排列”→“移至底层”命令，如图4-19所示。

图4-18　导入背景图像

图4-19　右键菜单命令

11 执行“文件”→“保存”命令，打开“另存为”对话框，在“保存在”下拉列表中选择动画的保存位置，在“文件名”文本框中输入动画的名称，如图4-20所示。完成后单击“保存”按钮。

图4-20　保存文件

12 按下Ctrl+Enter组合键，欣赏本例完成效果，如图4-9所示。

4.4 文本对象的编辑

对文本进行编辑可以将输入的文本看作一个整体来编辑，也可以将文本中的每个字作为独立的编辑对象。需要改变整体的文本，一般是对文本的字体、大小、颜色、整体的倾斜度等进行调整。对文本中独立的字进行编辑，则多为剪切、复制、粘贴某个文字。

对文本对象作为一个整体进行编辑的具体方法如下：

01 使用文本工具T在编辑区中输入文本。

02 单击工具箱中的选择工具，选择编辑区中的文本块，文本块的周围出现蓝色边框，表示文本块已选中，如图4–21所示。

图4–21　选中文本块

03 单击工具箱中的任意变形工具，文本四周出现调整手柄，并显示出文本的中心点，通过对手柄的拖曳，调整文本的大小、倾斜度、旋转角度，如图4–22所示。

图4–22　使用了任意变形工具后的文本

04 如果要编辑文本的字体、颜色、字号、样式等属性，只需选中要编辑的文本，执行“窗口”→“属性”命令，打开“属性”面板，在“属性”面板里设置相应的属性即可。

如要编辑文本对象中部分文字，可以使用选取工具双击输入的文本，文本变为可编辑状态，用光标选择需要编辑的文字，选中的文字底色会变为黑色，表示已选中，如图4-23所示。

图4-23　选中某些文字

- 这时可以对文字进行各种编辑操作，如删除、剪切、复制、粘贴。
- 删除文本：选择要删除的文字，按下Delete键或BackSpace键。
- 复制文本：选择要复制的文字，执行“编辑”→“复制”命令（快捷键Ctrl+C）。
- 粘贴文本：复制文字后，执行“编辑”→“粘贴到当前位置”命令（快捷键Ctrl+Shift+V）。
- 剪切文本：选择要剪切的文字，执行“编辑”→“剪切”命令（快捷键Ctrl+X）。

4.4.1 实例训练——制作立体文字

本例将利用文字工具和文字的各种操作来制作立体效果文字，完成后的效果如图4-24所示。

图4-24　完成效果

01 运行Flash CS5，新建一个Flash空白文档。执行“修改”→“文档”命令，打开“文档设置”对话框，在对话框中将“尺寸”设置为500像素（宽）×200像素（高），如图4-25所示。设置完成后单击“确定”按钮。

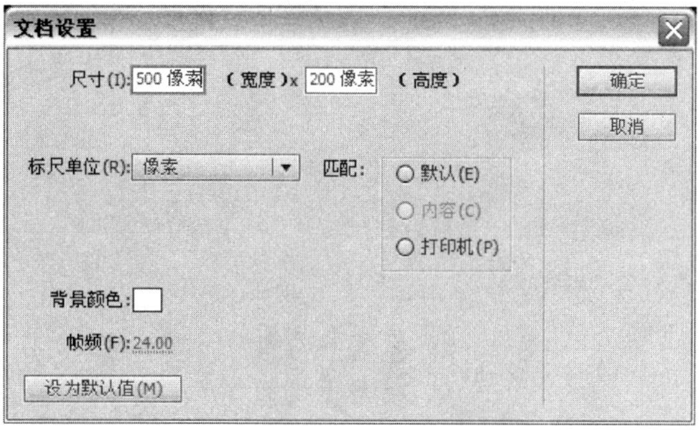

图4-25 “文档设置”对话框

02 单击文本工具T，在舞台中输入英文“FISH”，字体为“Impact”，字体大小为“68”，颜色为红色，如图4-26所示。

图4-26 输入英文

03 选中文字，按下Ctrl+C组合键，再按下Ctrl+Shift+V组合键，将文字粘贴到当前位置，并将粘贴的文字颜色设置为灰色，如图4-27所示。

图4-27　复制粘贴文字

04 在灰色的文字上单击鼠标右键，在弹出的快捷菜单中选择“排列”→“下移一层”命令，如图4-28所示。

图4-28　执行右键菜单命令

05 可以看到，红色的文字排在了上面，选择红色的文字，将其向左上方稍微移动一点距离，如图4-29所示。

图4-29　移动文字

06 执行“文件”→“导入”→“导入到舞台”命令，将一副图像导入到舞台上，如图4-30所示。

图4-30　导入图像

07 在导入的图像上单击鼠标右键，在弹出的快捷菜单中选择“排列”→“移至底层”命令，如图4-31所示。

08 保存文件，按下Ctrl+Enter组合键，欣赏本例完成效果，如图4-24所示。

图4-31　执行右键菜单命令

4.5 制作可选文本

在Flash中可以很轻松地将文本制作成可选文本效果，也就是用户可以使用鼠标来选择这些输入的文本。

制作可选文本的操作方法如下。

01 新建一个文档，打开文本“属性”面板，并设置字体和大小，然后使用使用文本工具输入文本，如图4-32所示。

02 默认状态下输入文本时，“属性”面板上的“可选”选项总是关闭的，单击“可选”选项即可，如图4-33所示。

03 完成后按下Ctrl + Enter键，预览效果，此时用户可以使用鼠标来选择动画中的文本，还可以进行复制、全选等操作，如图4-34所示。

图4-32　输入文本

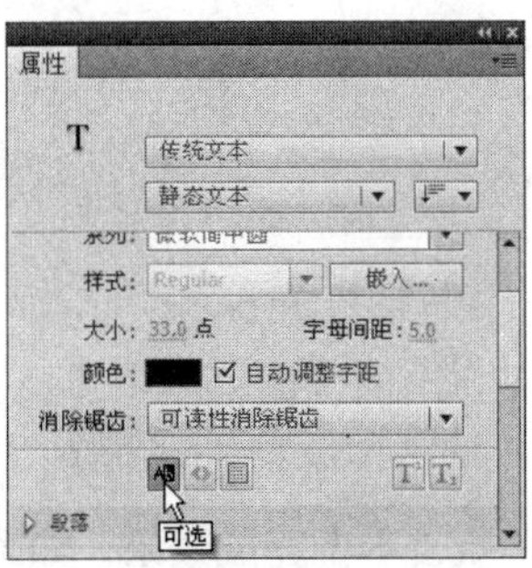

图4-33　单击“可选”选项

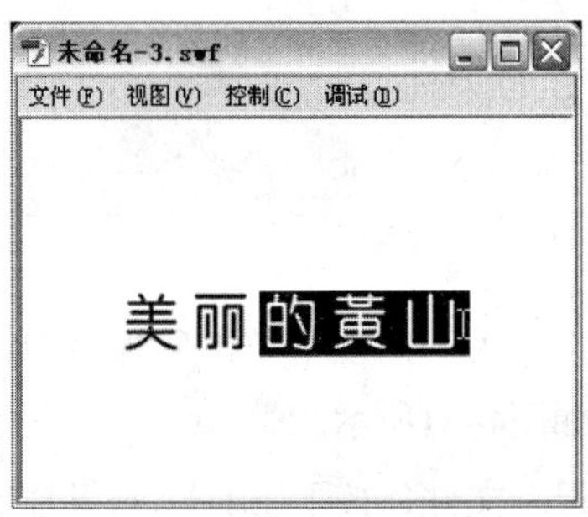

图4-34　选择动画中的文本

提示

制作的可选文本，在影片输出后，按下鼠标右键弹出文本的快捷菜单，如图4-35所示；没有选择此项，影片输出后，不能对文本进行选取，并且按下鼠标右键弹出的菜单内容也有所不同，如图4-36所示。

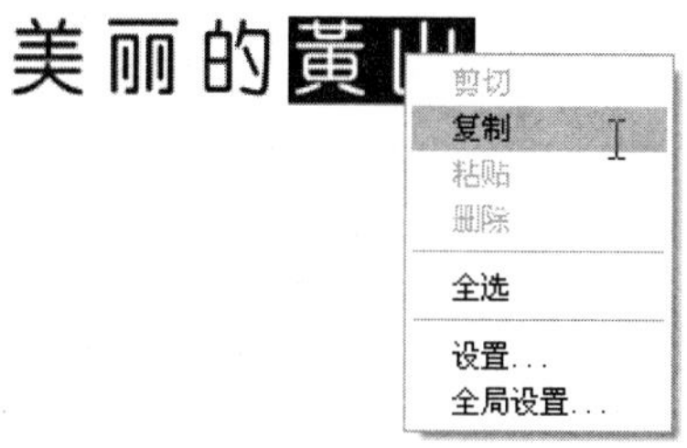

图4-35　使用可选时的快捷菜单

图4-36　没有使用可选时的快捷菜单

4.6 本章小结

通过本章的学习，可以掌握文本的一些常用处理方法和编辑技巧。不仅掌握设置文本的类型、文本字体、大小、颜色等基本属性，以及文本的选择、复制、粘贴、倾斜、变形等基本操作，还掌握了文本框的创建、可选文本以及文本特效等制作方法与技巧。

4.7 本章习题

1. 填空题

（1）Flash CS5中文本工具的输入方式分为两种：________与________。

（2）文本“属性”面板中“段落”选项下的“格式”按钮分别对应________、________、________、________四种对齐方式。

（3）复制文字后，按下________组合键可以将文字粘贴到当前位置。

2. 判断题

（1）Flash中的文本可以分为静态文本、动态文本和输入文本3种类型。（　　）

（2）在文本输入过程中，标签输入方式和文本块输入方式不能自由变换。（　　）

（3）按下Ctrl+X组合键可以快速剪切文字对象。（　　）

3. 操作题

（1）在文档中输入“可爱的小狗”五个字，然后将文字的字体设置为“黑体”，文字大小设置为“38”，颜色为“黄色”。

（2）在文档中输入“爱笑的小女孩”六个字，然后将这六个字的字体颜色分别设置为红色、蓝色、绿色、紫色、粉色与橙色。

第5章

时间轴、帧与图层

本章主要介绍Flash动画的基础知识，包括时间轴、帧的图层的操作。通过对这些知识的学习，可以了解帧的类型、模式和属性，掌握帧的各种操作方法与图层的编辑方法。掌握时间轴的操作方法是制作动画的基本要求，在以后绝大多数复杂动画的制作中，时间轴的使用是至关重要的。

本章学习要点

- 认识时间轴
- 认识帧的类型与模式
- 编辑帧
- 掌握洋葱皮工具的使用方法
- 了解图层的分类知识
- 掌握图层的编辑操作方法

5.1 认识时间轴与帧

在Flash 动画制作中使用时间轴来安排动画播放的时间，通过时间轴对应的舞台动画表现动画播放进度。在Flash中，“时间轴”面板是创建动画的基本面板，Flash中的“帧”其实就是时间轴上的一个小格，是舞台内容中的一个片断。

5.1.1 认识时间轴

“时间轴”面板位于工具栏的下面，也可以根据使用习惯拖移到舞台上的任意位置，成为浮动面板。如果时间轴目前不可见，可以执行“窗口”→“时间轴”命令或按下Ctrl+Alt+T组合键将其显示出来，如图5-1所示。

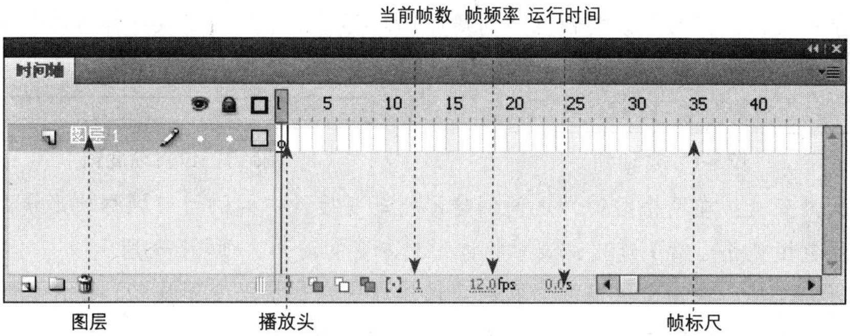

图5-1 “时间轴”面板

所有的图层排列于“时间轴”面板的左侧，每个层排一行，每一个层都由帧组成。时间轴的状态显示在时间轴的底部，包括“当前帧数”、“帧频率”与“运行时间”。需要注意的是，当动画播放的时候，实际显示的帧频率与设定的帧频率不一定相同，这与计算机的性能有关。

帧频用每秒帧数（fps）来度量，表示每秒播放多少个帧，它是动画的播放速度。网页动画的最佳播放速率是12 fps，表示每秒播放12个帧。

5.1.2 认识帧

Flash中的动画都是通过对时间轴中的帧进行编辑而制作完成的，因此，制作动画之前必须熟练掌握帧的一些操作技巧和方法。

在Flash CS5的时间轴上设置不同的帧，会以不同的图标来显示，如图5-2所示。

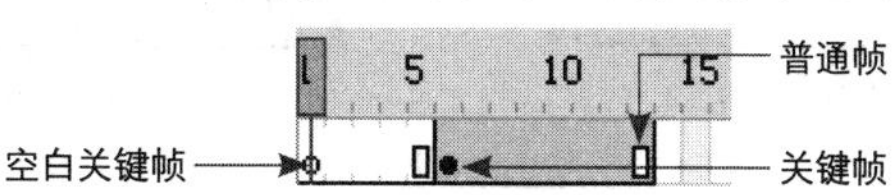

图5-2 帧的类型

1. 帧的类型

下面介绍帧的类型及其所对应的图标和用法。

- 空白帧：帧中不包含任何对象（如图形、声音和影片剪辑等），相当于一张空白的影片，表示什么内容都没有，如图5-3所示。

图5-3　空白帧

- 关键帧：关键帧中的内容是可编辑的，黑色实心圆点表示关键帧，如图5-4所示。
- 空白关键帧：空白关键帧与关键帧的性质和行为完全相同，但不包含任何内容，空心圆点表示空白关键帧。当新建一个层时，会自动新建一个空白关键帧，如图5-5所示。

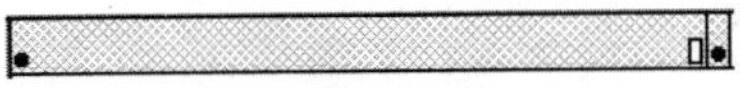

图5-4　关键帧

图5-5　空白关键帧

- 普通帧：普通帧一般是为了延长影片播放的时间而使用，在关键帧后出现的普通帧为灰色，如图5-6所示，在空白关键帧后出现的普通帧为白色。
- 动作渐变帧：在两个关键帧之间创建动作渐变后，中间的过渡帧称为动作渐变帧，用浅蓝色填充并用箭头连接，表示物体动作渐变的动画，如图5-7所示。

图5-6　普通帧

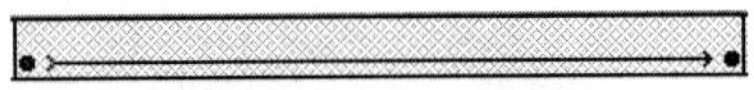

图5-7　位置渐变帧

- 形状渐变帧：在两个关键帧之间创建形状渐变后，中间的过渡帧称为形状渐变帧，用浅绿色填充并由箭头连接，表示物体形状渐变的动画，如图5-8所示。
- 不可渐变帧：在两个关键帧之间创建动作渐变或形状渐变不成功，用浅蓝色填充并由虚线连接的帧，或用浅绿色填充并由虚线连接的帧，如图5-9所示。

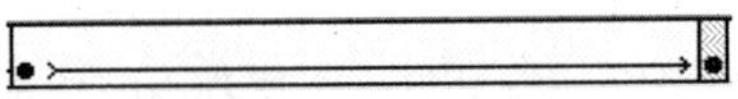

图5-8　形状渐变帧

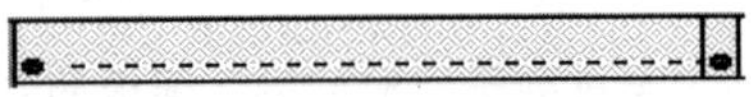

图5-9　不可渐变帧

- 动作帧：为关键帧或空白关键帧添加脚本后，帧上出现字母“α”，表示该帧为动作帧，如图5-10所示。
- 标签帧：以一面小红旗开头，后面标有文字的帧，表示帧的标签，也可以将其理解为帧的名字，如图5-11所示。

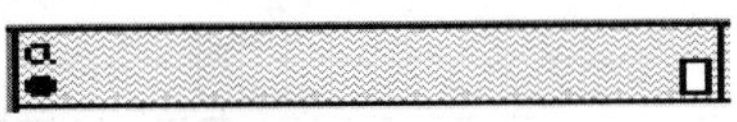

图5-10　动作帧

图5-11 标签帧

- 注释帧：以双斜杠为起始符，后面标有文字的帧，表示帧的注释。在制作多帧动画时，为了避免混淆，可以在帧中添加注释，如图5-12所示。
- 锚记帧：以锚形图案开头，后面可以标有文字，如图5-13所示。

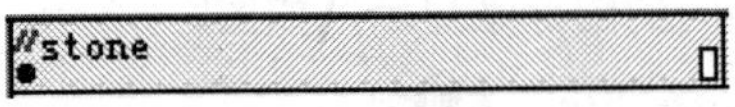

图5-12　注释帧

图5-13　锚记帧

2. 帧的模式

在时间轴标尺的末端，有一个按钮，如图5-14所示。单击此按钮，将弹出如图5-15所示的快捷菜单，通过此菜单可以设置控制区中帧的显示状态。

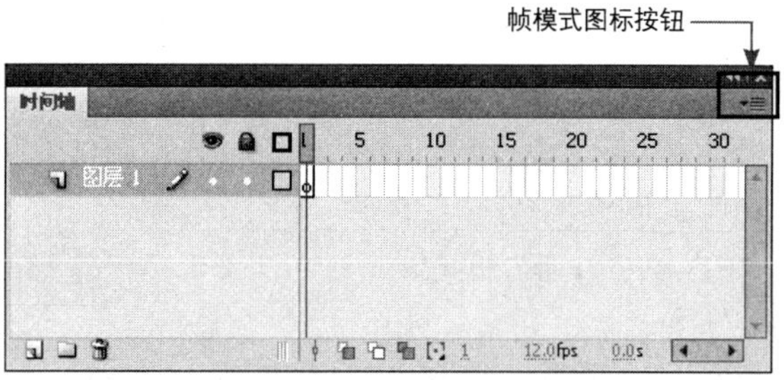

图5-14 帧模式图标按钮

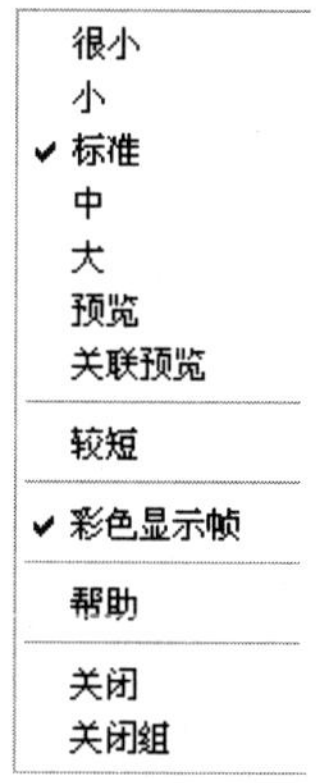

图5-15 帧模式

下面分别介绍菜单中各选项的含义和用法。

- 很小：为了显示更多的帧，使时间轴上的帧以最窄的方式显示，如图5-16所示。

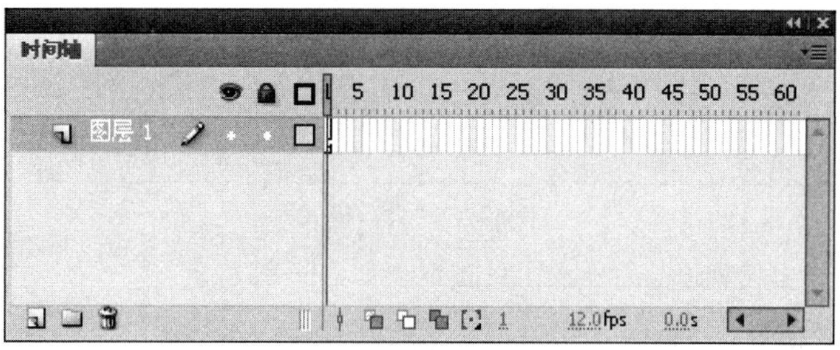

图5-16 “很小”模式

- 小：使时间轴上的帧以较窄的方式显示，如图5-17所示。

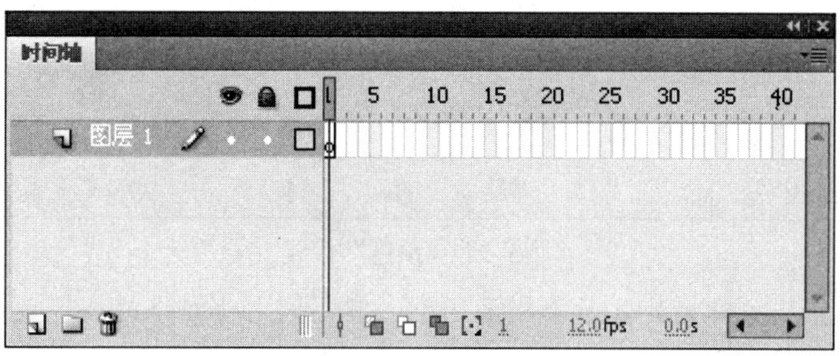

图5-17 “小”模式

- 标准：使时间轴上的帧以默认宽度显示，如图5-18所示。

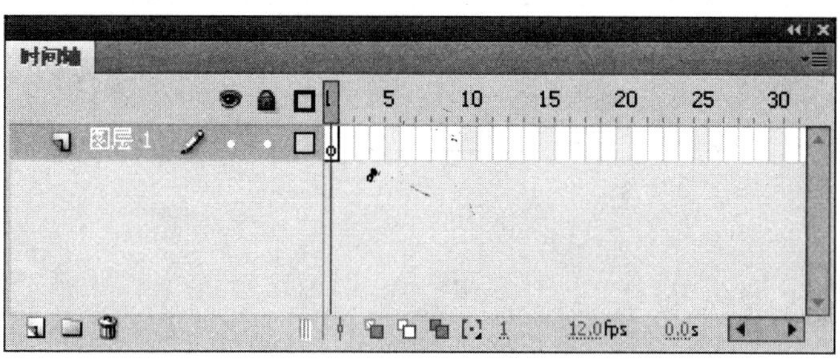

图5-18 “标准”模式

- 中：使时间轴上的帧以较宽的方式显示，如图5-19所示。

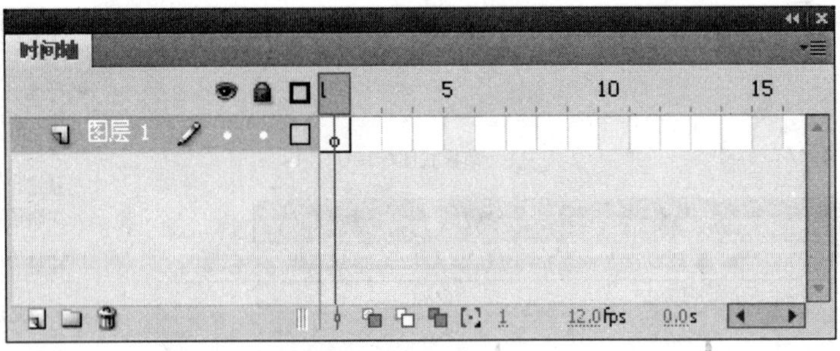

图5-19 “中等”模式

- 大：使时间轴上的帧以最宽的方式显示，如图5-20所示。

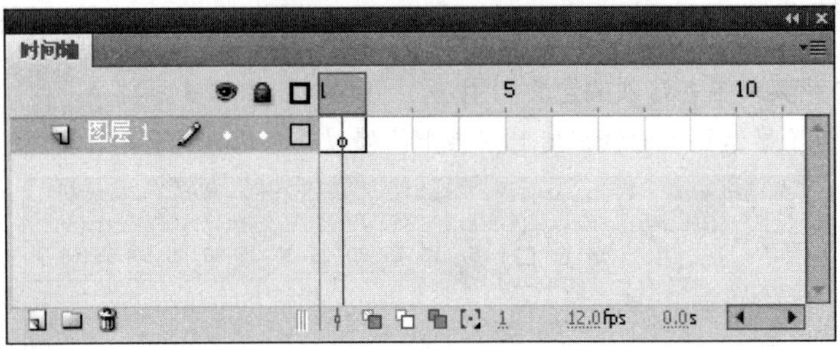

图5-20 “大”模式

- 预览：在帧中模糊地显示场景上的图案，如图5-21所示。

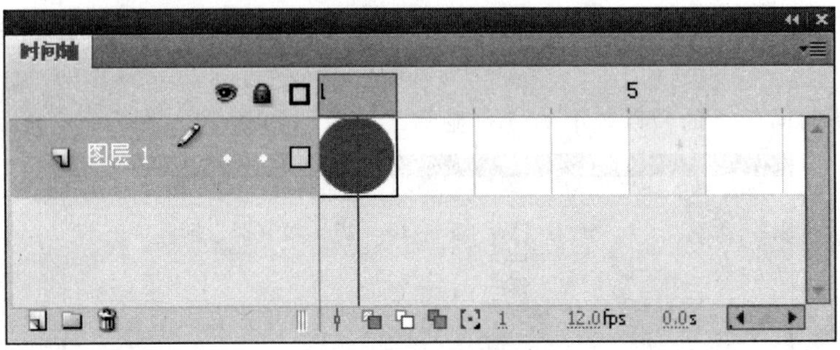

图5-21 “预览”模式

- 关联预览：在关键帧处显示模糊的图案，其不同之处在于将全部范围的场景都显示在帧中，如图5-22所示。

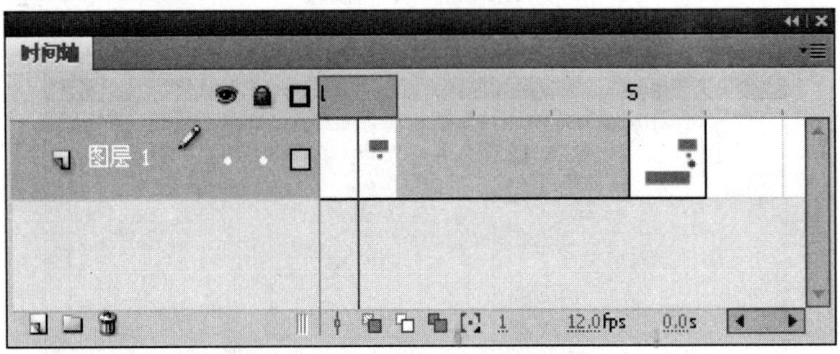

图5-22 “关联预览”模式

- 较短：为了显示更多的图层，使时间轴上帧的高度减小，如图5-23所示。

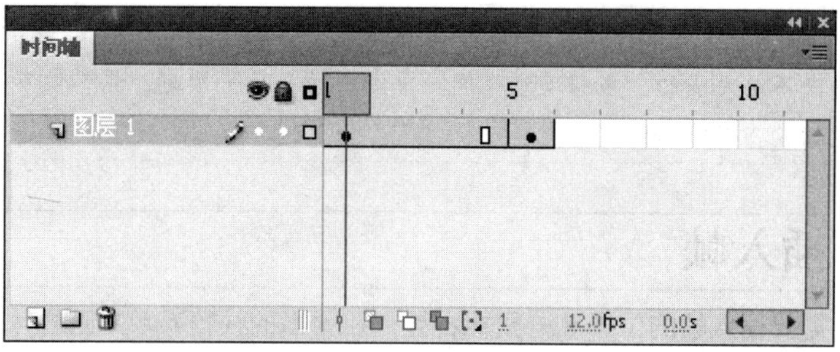

图5-23 “较短”模式

- 彩色显示帧：用不同颜色来标识时间轴上不同类型的帧，如图5-24所示。

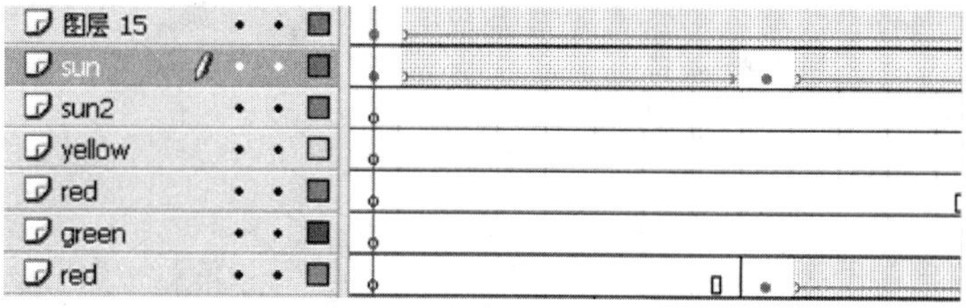

图5-24 “彩色显示帧”模式

5.2 编辑帧

编辑帧的操作方法是Flash CS5制作动画的基础知识，下面我们就来学习帧的编辑操作。

5.2.1 移动播放指针

播放指针用来指定当前舞台显示内容所在的帧。在创建了动画的时间轴上，随着播放指针的移动，舞台中的内容也会发生变化，如图5-25所示。当播放指针分别在第1帧和在第48帧时，舞台中的动画元素发生了变化。

（a）播放指针在第1帧上

（b）播放指针在第48帧上

图5-25 播放指针位置不同窗口的图形也不同

提示

指针的移动并不是无限的，当移动到时间轴中定义的最后一帧时，指针便不能再拖曳，没有进行定义的帧是播放指针无法到达的。

5.2.2 插入帧

在时间轴上需要插入帧的位置单击鼠标右键，在弹出的快捷菜单中选择“插入帧”命令，或在选择该帧后按下“F5”键，即可在该帧处插入过渡帧，其作用是延长关键帧的作用和时间，如图5-26所示。

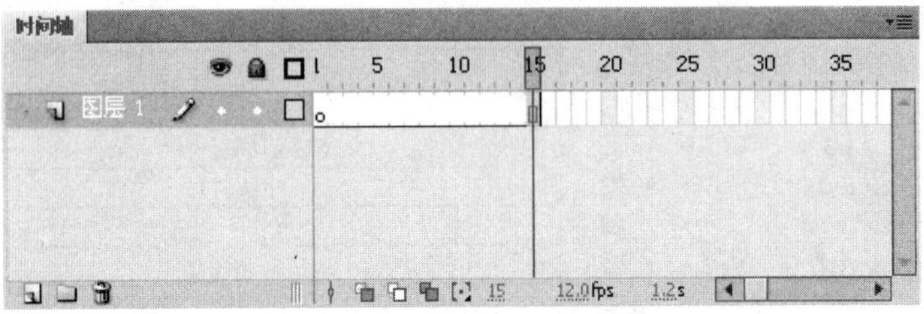

图5-26　插入帧

5.2.3 插入关键帧

在时间轴上需要插入关键帧的位置单击鼠标右键，在弹出的快捷菜单中选择“插入关键帧”命令，或选择该帧后按下“F6“键，如图5-27所示。

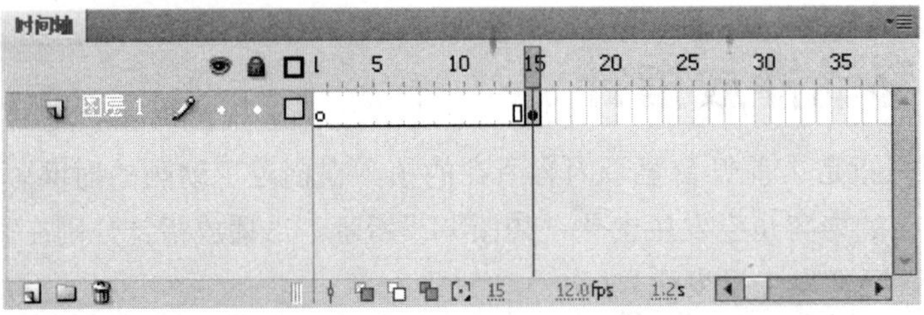

图5-27　插入关键帧

5.2.4 插入空白关键帧

在时间轴上需要插入空白关键帧的位置单击鼠标右键，在弹出的快捷菜单中选择“插入空白关键帧”命令或按下“F7”键，即可在指定位置创建空白关键帧，其作用是将关键帧的作用时间延长至指定位置，如图5-28所示。

图5-28　插入空白关键帧

5.2.5 选取帧

帧的选取可分为：单个帧的选取和多个帧的选取。

对单个帧的选取有以下几种方法：

- 单击要选取的帧。
- 选取该帧在舞台中的内容来选中帧。
- 若某图层只有一个关键帧，可以通过单击图层名来选取该帧。

被选中的帧显示为灰色，如图5-29所示。

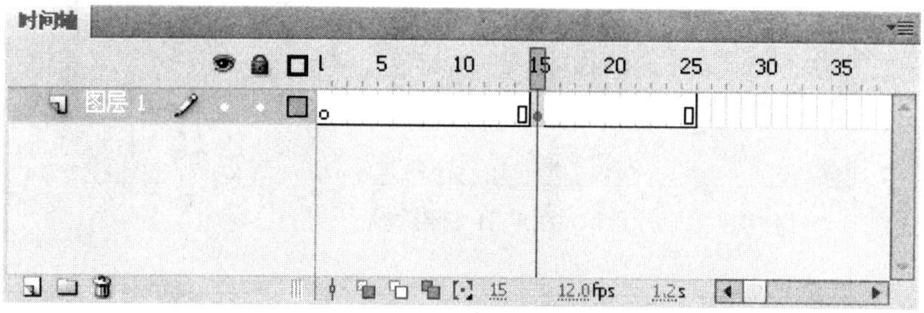

图5-29 选取第10帧

对多个帧的选取有以下几种方法：

- 在所要选择的帧的头帧或尾帧按下鼠标左键不放，拖曳鼠标到所要选的帧的另一端，从而选中多个连续的帧。
- 在所要选择的帧的头帧或尾帧，按下Shift键，再单击所选多个帧的另一端，从而选中多个连续的帧。
- 单击图层，选中该图层所有定义了的帧，如图5-30所示。

图5-30 选取多个连续的帧

5.2.6 删除帧

在编辑动画过程中，我们如果不需要某帧，就可以将其删除。删除帧的操作方法如下。

01 在时间轴上选择需要删除的一个或多个帧。

02 单击鼠标右键，在弹出的快捷菜单中选择“删除帧”命令，如图5-31所示，即可删除被选择的帧。

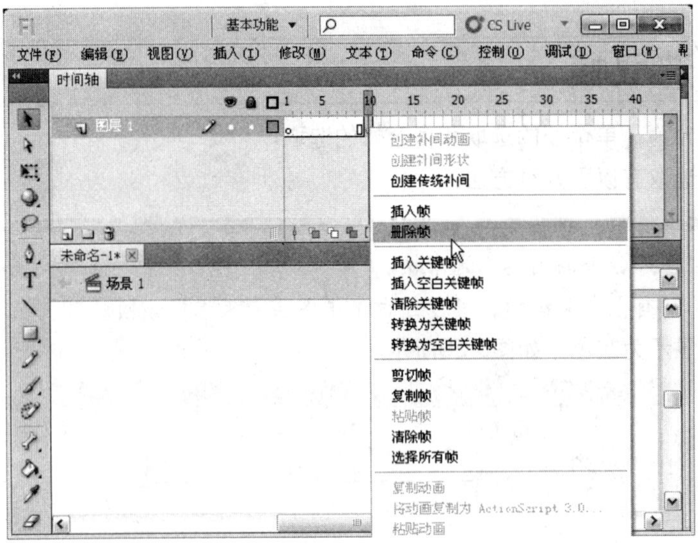

图5-31　删除帧

5.2.7 剪切帧

剪切帧的操作方法如下。

01 在时间轴上选择需要剪切的一个或多个帧。

02 然后单击鼠标右键，在弹出的快捷菜单中选择“剪切帧”命令，即可剪切掉所选择的帧，如图5-32所示。被剪切后的帧保存在Flash的剪切板中，可以在需要时将其重新使用。

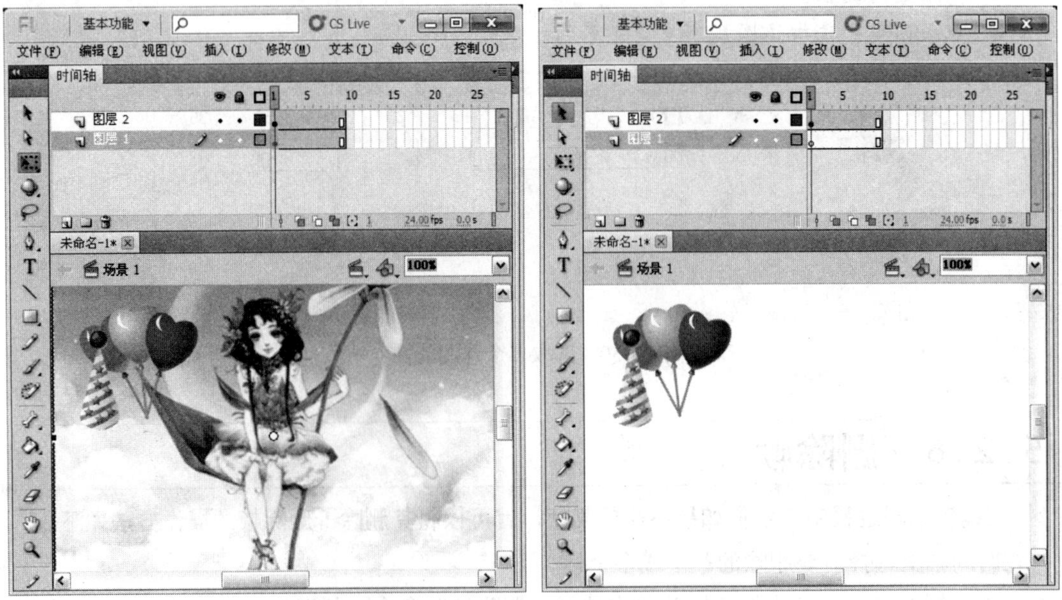

（a）帧剪切前　　（b）帧剪切后

图5-32　帧剪切前后舞台的比较

5.2.8 复制与粘贴帧

复制与粘贴帧的方法如下。

01 用鼠标选择需要复制的一个或多个帧。

02 单击鼠标右键，在弹出的快捷菜单中选择“复制帧”命令，如图5-33所示，即可复制所选择的帧。

图5-33 复制帧

03 然后在时间轴上单击选择需要粘贴帧的位置。

04 单击鼠标右键，在弹出的快捷菜单中选择“粘贴帧”命令，如图5-34所示，即可将复制或者被剪切的帧粘贴到当前位置。

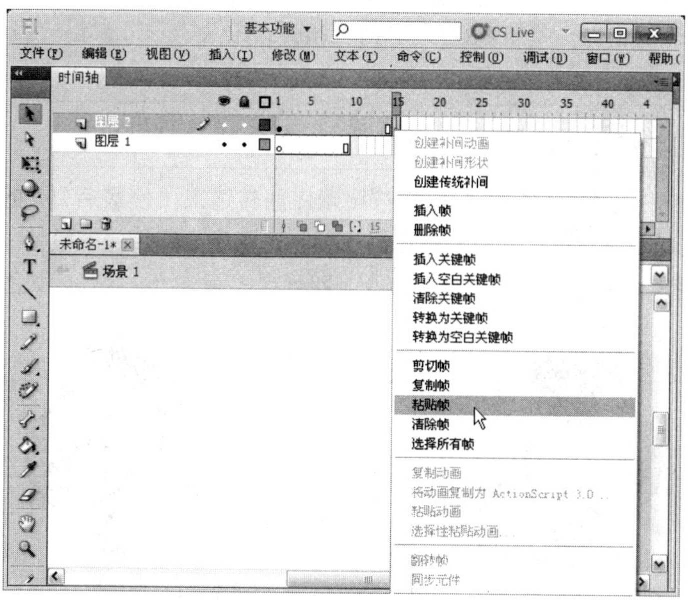

图5-34 粘贴帧

> **提示**
>
> 可以用鼠标选择一个或者多个帧后，按住Alt键不放，拖动选择的帧到指定的位置，这种方法也可以把所选择的帧复制粘贴到指定位置。

5.2.9 移动帧

用户可以将已经存在的帧和帧序列移动到新的位置，以便对时间轴上的帧进行调整和重新分配。

如果要移动单个帧，可以先选中此帧，然后在此帧上按下鼠标左键不放，并进行拖动。用户可以在本图层的时间轴上进行拖动，也可以移动到其他时间轴上的任意位置。

如果需要移动多个帧，同样在选中要移动的所有帧后，使用鼠标对其拖动，移动到新的位置释放鼠标即可，如图5-35所示。

（a）移动多个帧前　　（b）移动多个帧后

图5-35　移动多个帧前后比较

5.2.10 翻转帧

翻转帧的功能可以使所选定的一组帧按照顺序翻转过来，使最后1帧变为第1帧，第1帧变为最后1帧，反向播放动画。其方法是在时间轴上选择需要翻转的一段帧，然后单击鼠标右键，在弹出的快捷菜单中选择“翻转帧”命令，即可完成翻转帧的操作，如图5-36所示。

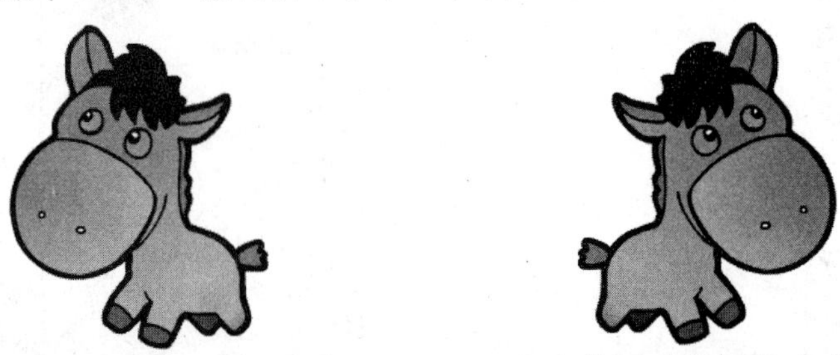

（a）使用“翻转帧”命令之前　　（b）使用“翻转帧”命令之后

图5-36　使用“翻转帧”命令前后比较

5.2.11 实例训练——制作字母变换效果

本例制作一个字母变换的动画效果。在时间轴上插入关键帧与空白关键帧，通过文本工具在舞台上输入不同颜色的字母，使字母与颜色的变换自然有序的执行。完成效果如图5-37所示。

图5-37　完成效果

01 运行Flash CS5，新建一个Flash空白文档。执行“修改”→“文档”命令，打开“文档设置”对话框，在对话框中将“尺寸”设置为400像素（宽）×280像素（高），如图5-38所示。设置完成后单击“确定”按钮。

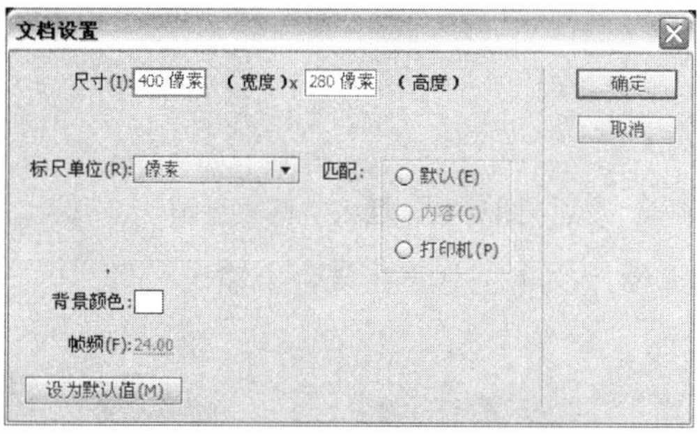

图5-38　“文档设置”对话框

02 单击文本工具T，在舞台上输入字母“A”，并在“属性”面板上将字母“A”的字体设置为“Arial”，大小设置为“170”，颜色设置为红色，如图5-39所示。

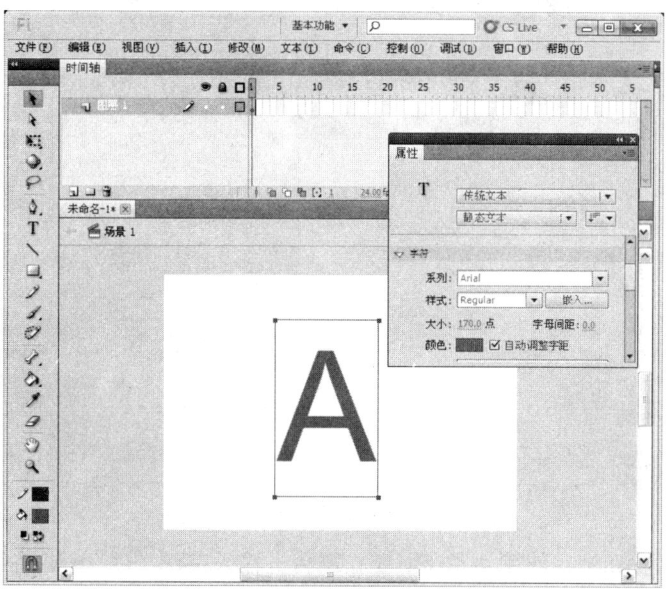

图5-39　输入并设置文本

03 在时间轴上的第20帧处按下“F6”键，插入关键帧，如图5-40所示。

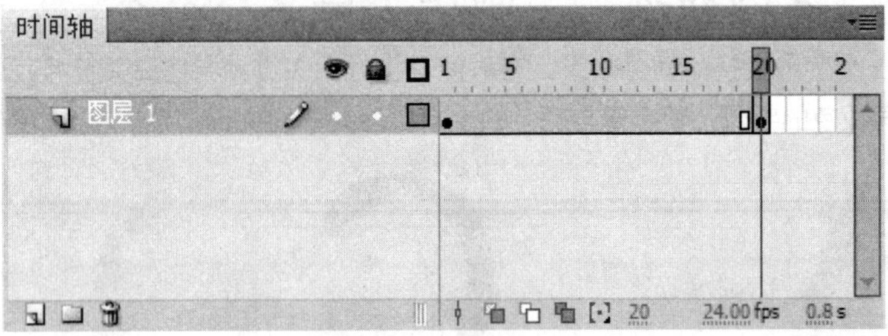

图5-40　插入关键帧

04 分别在时间轴上的第4帧、第8帧、第12帧、第16帧处插入空白关键帧，如图5-41所示。

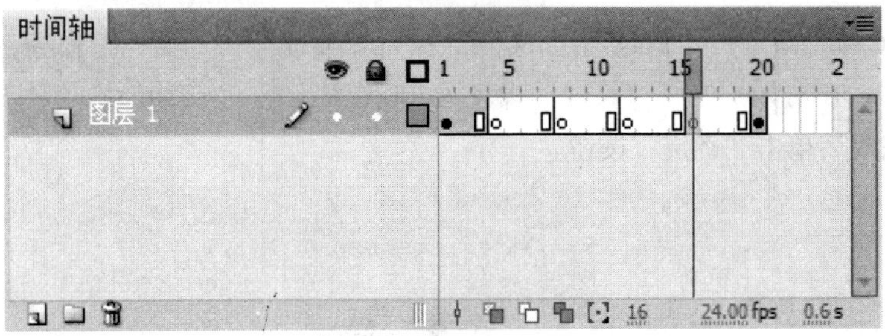

图5-41　插入空白关键帧

05 选择时间轴上的第4帧，使用文本工具**T**在舞台上输入字母“B”，并将字母的颜色设置为黄色，如图5-42所示。

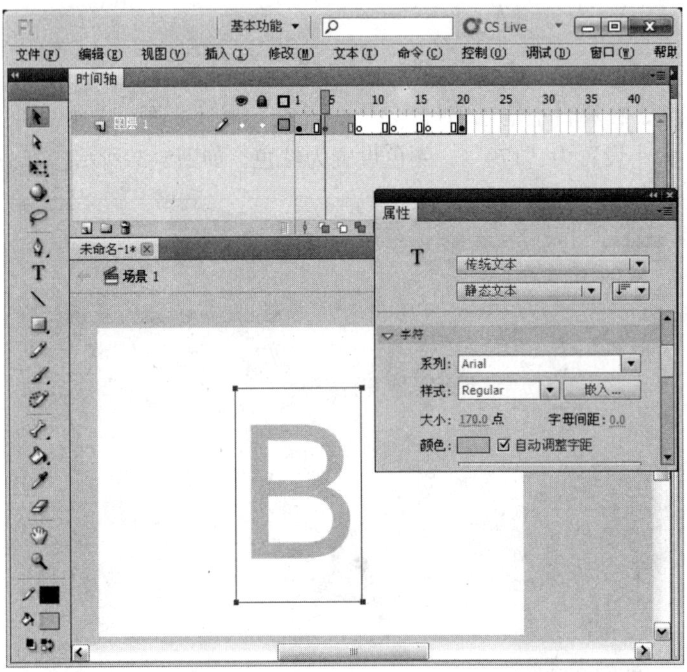

图5-42　输入字母并设置颜色

06 选择时间轴上的第8帧，使用文本工具**T**在舞台上输入字母“C”，并将字母的颜色设置为紫色，如图5-43所示。

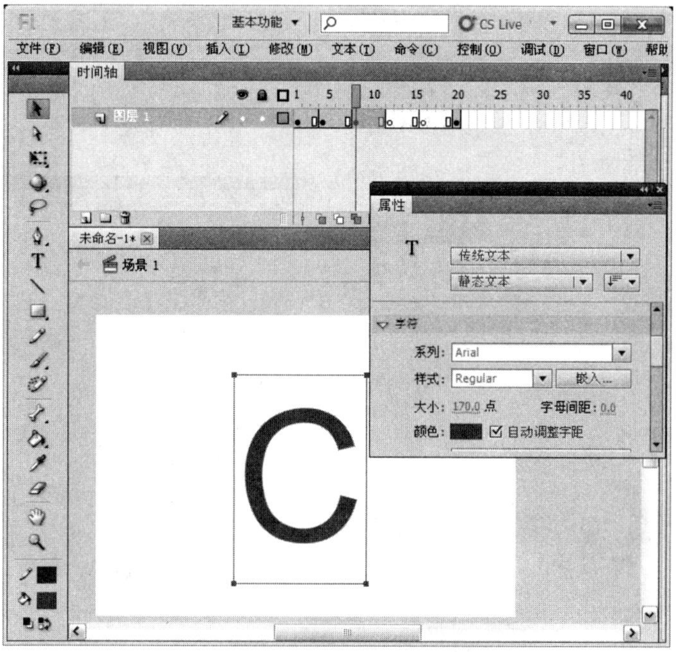

图5-43　输入字母并设置颜色

07 选择时间轴上的第12帧，使用文本工具T在舞台上输入字母“D”，并将字母的颜色设置为绿色，如图5-44所示。

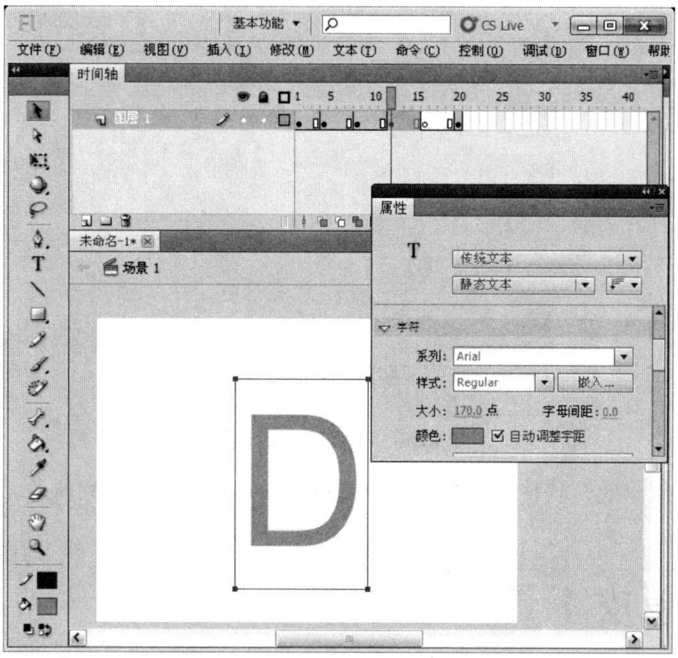

图5-44　输入字母并设置颜色

08 选择时间轴上的第16帧，使用文本工具T 在舞台上输入字母E，并将字母的颜色设置为蓝色，如图5-45所示。

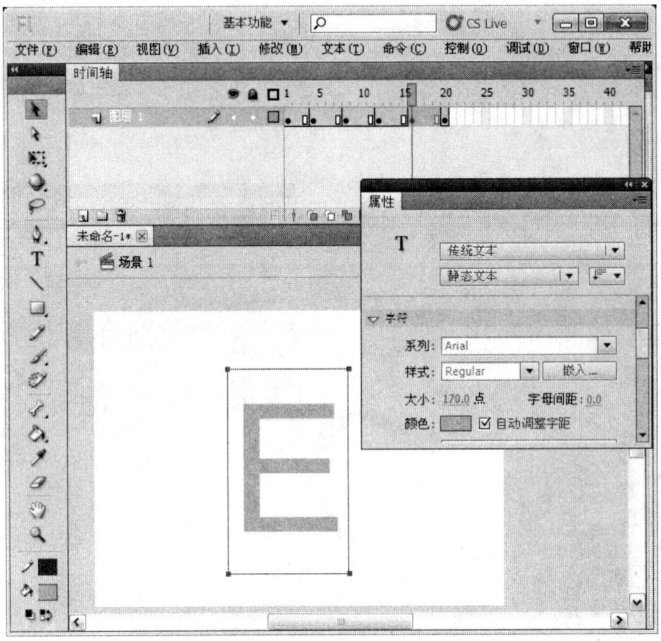

图5-45　输入字母并设置颜色

09 执行“文件”→“保存”命令，打开“另存为”对话框，在“保存在”下拉列表中选择动画的保存位置，在“文件名”文本框中输入动画的名称，如图5-46所示。完成后单击“保存”按钮。

图5-46　“另存为”对话框

10 按下Ctrl+Enter组合键，欣赏制作字母变换动画完成效果，如图5-37所示。

5.3 洋葱皮工具

在时间轴的下方有一工具条，统称洋葱皮工具，使用洋葱皮工具按钮可以改变帧的显示方式，方便动画设计者观察动画的细节，如图5-47所示。

图5-47　帧工具

下面分别介绍工具条上各图形工具按钮的含义和用法。

- 帧居中：使选中的帧居中显示。
- 绘图纸外观：当按下此按钮，就会显示当前帧的前后几帧，此时只有当前帧是正常显示的，其他帧显示为比较淡的彩色，如图5-48所示。按下这个按钮，可以调整当前帧的图像，而其他帧是不可修改的，要修改其他帧，要将需要修改的帧选中。这种模式也称为“洋葱皮模式”。

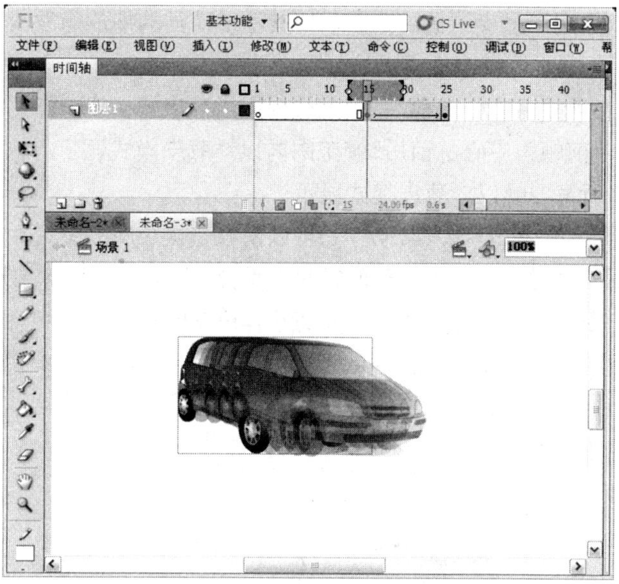

图5-48 使用绘图纸外观

- 绘图纸外观轮廓：按下该按钮同样会以洋葱皮的方式显示前后几帧，不同的是，当前帧正常显示，非当前帧是以轮廓线形式显示的，如图5-49所示。在图案比较复杂的时候，仅显示外轮廓线有助于正确地定位。

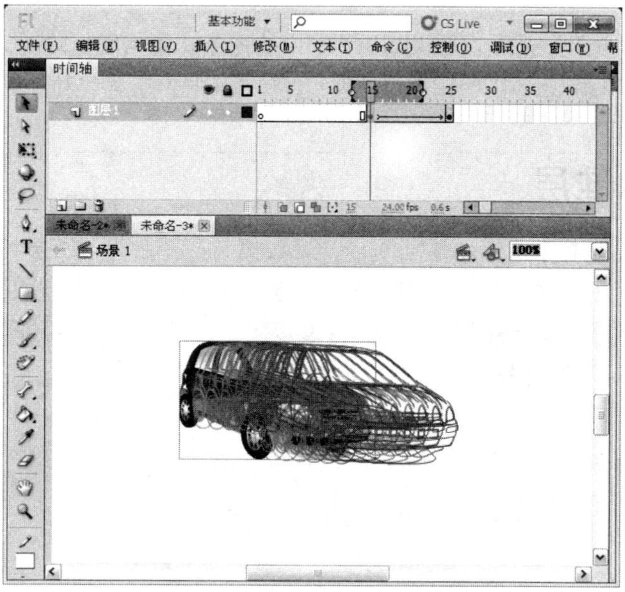

图5-49 使用绘图纸外观轮廓辑

- 编辑多个帧：对各帧的编辑对象都进行修改时需要用这个按钮，按下洋葱皮模式或洋葱皮轮廓模式显示按钮的时候，再按下这个按钮，就可以对整个序列中的对象进行修改了。
- 修改绘图纸标记：这个按钮决定了进行洋葱皮显示的方式。该按钮包括一个下拉工具条，其中有5个选项。

①总是显示标记：开启或隐藏洋葱皮模式。

②锚定绘图纸：固定洋葱皮的显示范围，使其不随动画的播放而改变以洋葱皮模式显示的范围。

③绘图纸2：以当前帧为中心的前后2帧范围内以洋葱皮模式显示。

④绘图纸5：以当前帧为中心的前后5帧范围内以洋葱皮模式显示。

⑤绘图全部：将所有的帧以洋葱皮模式显示。

洋葱皮模式对于制作动画有很大帮助，它可以使帧与帧之间的位置关系一目了然。选择了以上任何一个选项后，在时间轴上方的时间标尺上都会出现两个标记，在这两个标记中间的帧都会显示出来，也可以拖动这两个标记来扩大或缩小洋葱皮模式所显示的范围，如图5-50所示。

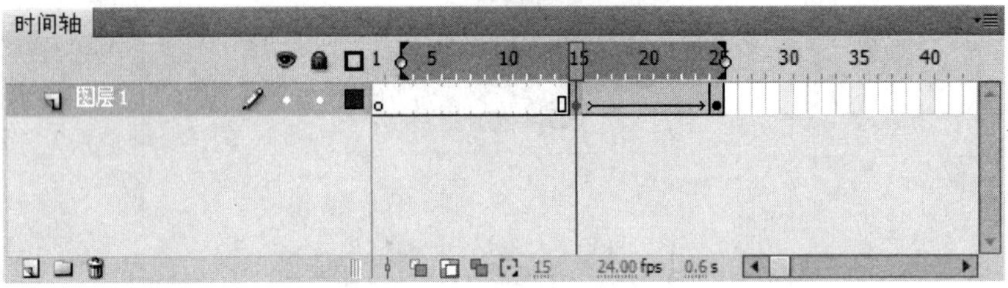

图5-50　洋葱皮显示模式

5.4 图层的分类

Flash中的图层与图形处理软件Photoshop中的图层功能相同，均为了方便对图形及图形动画进行处理。在Flash CS5中，图层的类型主要有普通层、引导层和遮罩层三种。

5.4.1 标准层

系统默认的层即是标准层，新建Flash文档后，默认一个名为“图层1”的图层存在。该图层中自带一个空白关键帧位于图层1的第1帧，并且该图层初始为激活状态，如图5-51所示。

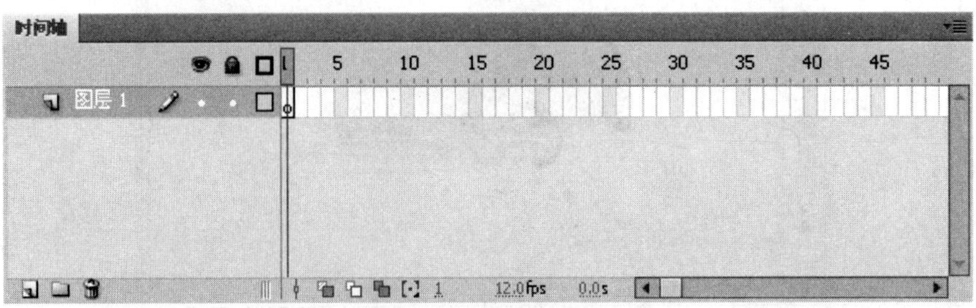

图5-51　标准层

5.4.2 引导层

引导图层的图标为形状，它下面的图层中的对象则被引导。选中要做为引导层的图层，单击鼠标右键，在弹出的快捷菜单中选择“引导层”命令，如图5-52所示。引导层中的所有内容只是用于在制作动画时作为参考线，并不出现在作品的最终效果中。如果引导层没有被引导的对象，它的图层会由图标变为图标。

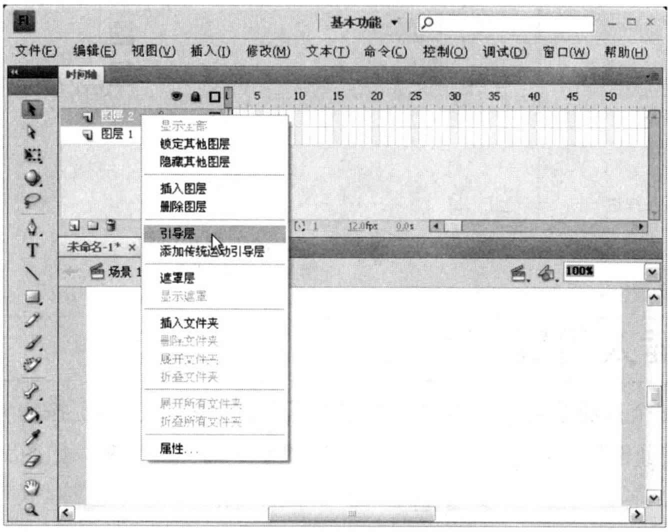

图5-52　新建引导层

5.4.3 遮罩层

遮罩层图标为，被遮罩图层的图标表示为，如图5-53所示的图层12是遮罩层，图层2是被遮罩层。在遮罩层中创建的对象具有透明效果，如果遮罩层中的某一位置有对象，那么被遮罩层中相同位置的内容将显露出来，被遮罩层的其他部分则被遮住。

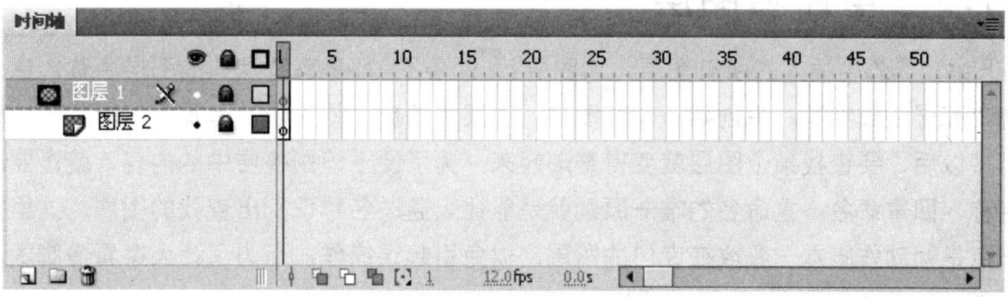

图5-53　遮罩层

5.5 图层的编辑

利用图层控制区可以对图层进行插入、删除、命名以及调整图层顺序等操作。另外，还可以显示/隐藏所有图层。

图层控制区位于“时间轴”面板的左侧，如图5-54所示。在图层的左下侧是图层控制按钮，包括“插入图层”、“插入图层文件夹”和“删除图层”等按钮，图层的右上角是显示/隐藏图层、锁定图层按钮等，下面分别进行介绍。

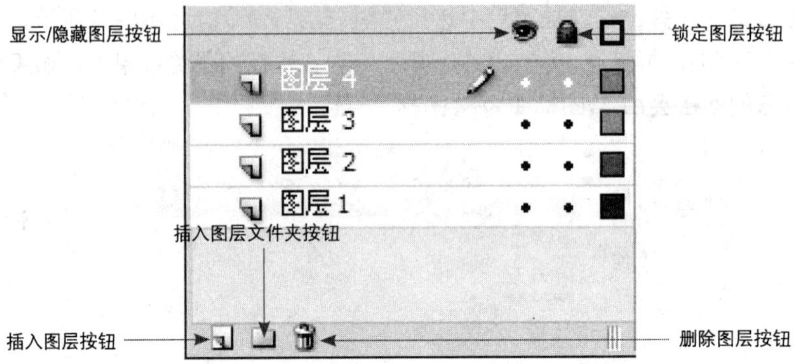

图5-54 “时间轴”面板上的图层控制区

5.5.1 插入图层

如果要新建一个普通图层，只需单击图层区下方的“插入图层”按钮，即可在当前图层上方新建一个普通图层，且会自动按照“图层+数字”的方式命名，如图5-55所示。

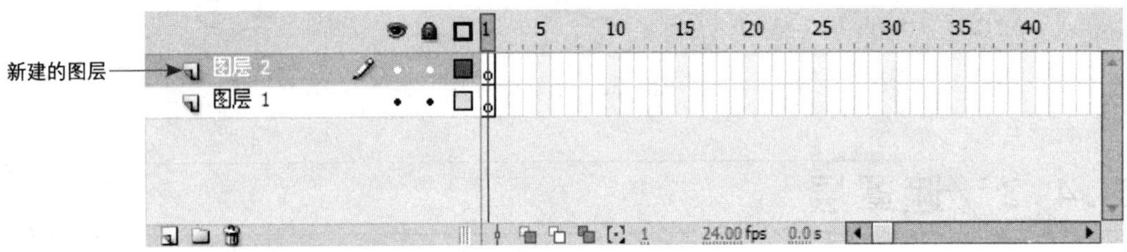

图5-55 插入图层

5.5.2 重命名图层

在Flash CS5中插入的所有图层，如图层1、图层2等都是系统默认的图层名称，这个名称通常为“图层＋数字”。每创建一个新图层，图层名的数字就在依次递加。当时间轴中的图层越来越多以后，要查找某个图层就变得繁琐起来，为了便于识别各层中的内容，就需要改变图层的名称，即重命名。重命名的唯一原则就是能让人通过名称识别出查找的图层。这里需要注意的一点是帧动作脚本一般放在专门的图层，以免引起误操作，而为了让大家看懂脚本，将放置动作脚本的图层命名为“AS”，即Action Script的缩写。

使用下列方法之一可以重命名图层。

- 在要重命名图层的图层名称上双击，图层名称进入编辑状态，在文本框中输入新名称即可，如图5-56所示。
- 在图层中双击图层图标或在图层上单击鼠标右键，在弹出的快捷菜单中选择“属性”命令，打开“图层属性”对话框，如图5-57所示。在“名称”文本框中输入新的名称，单击“确定”按钮即可。

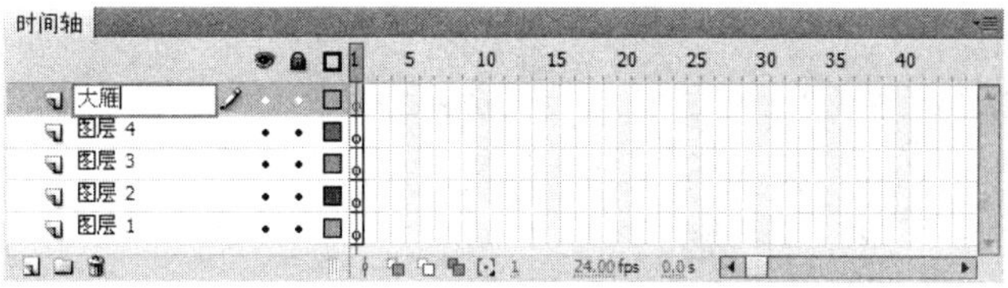

图5-56　重命名

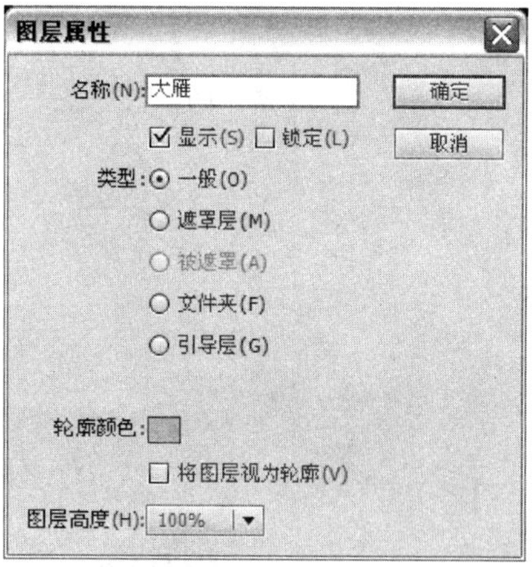

图5-57　"图层属性"对话框

5.5.3 调整图层的顺序

在编辑动画时常遇到所建立的图层顺序不能达到动画的预期效果，此时需要对图层的顺序进行调整，其操作步骤如下。

01 选中需要移动的图层。

02 按住鼠标左键不放，此时图层以一条粗横线表示，如图5-58所示。

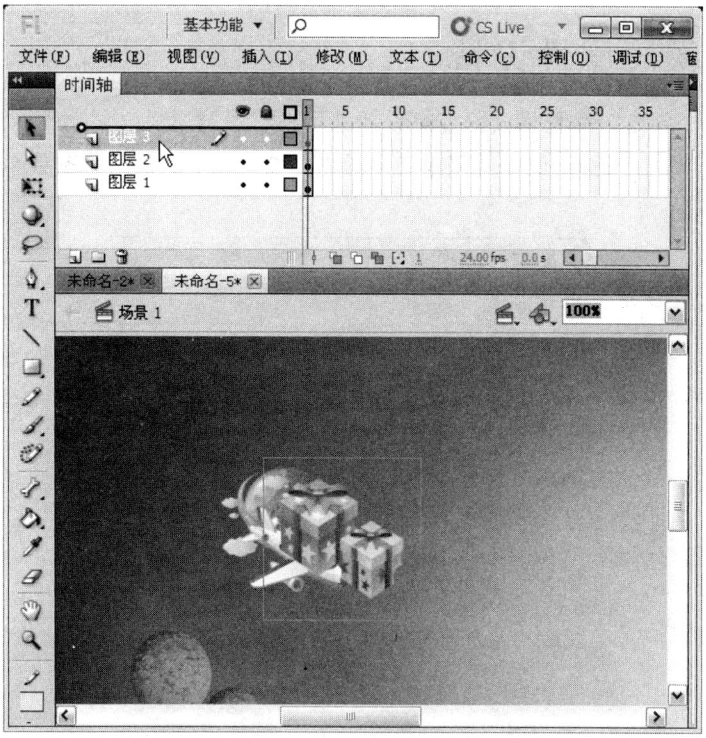

图5-58　调整图层顺序

03 拖动图层到需要放置的位置释放鼠标左键即可，如图5-59所示。

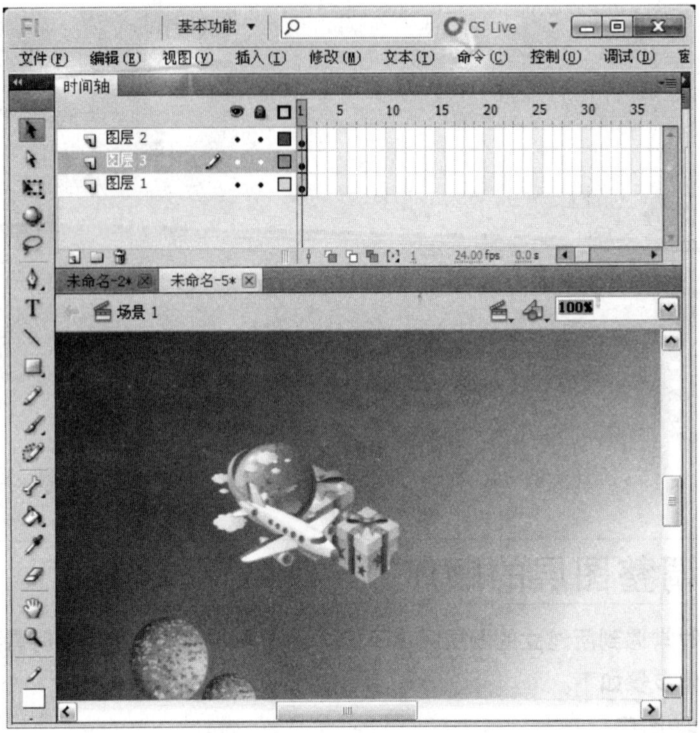

图5-59　调整图层顺序后

5.5.4 图层属性设置

图层的显示、锁定、线框模式颜色等设置都可在“图层属性”对话框中进行编辑。选中图层，单击鼠标右键，在弹出的快捷菜单中选择“属性”命令，打开“图层属性”对话框，如图5-60所示。

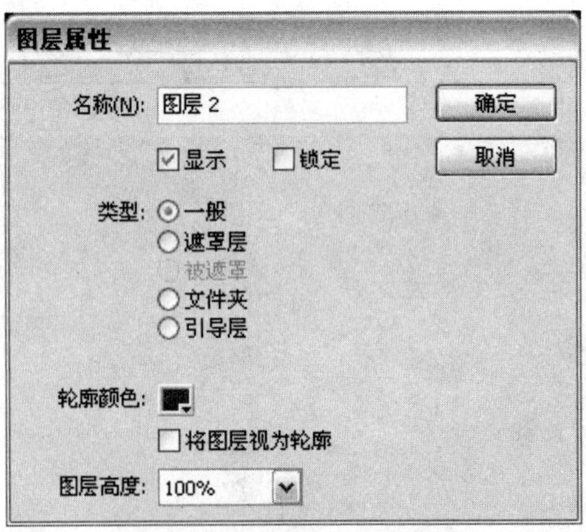

图5-60 “图层属性”对话框

提示

双击图层图标也可以打开“图层属性”对话框。

该对话框各选项的功能如下。

- 名称：设置图层的名称。
- 显示：用于设置图层的显示与隐藏。选取“显示”复选框，图层处于显示状态；反之，图层处于隐藏状态。
- 锁定：用于设置图层的锁定与解锁。选取“锁定”复选框，图层处于锁定状态；反之，图层处于解锁状态。
- 类型：指定图层的类型，其中包括6个选项。
    - 一般：选取该项则指定当前图层为普通图层。
    - 遮罩层：将当前层设置为遮罩层。用户可以将多个正常图层链接到一个遮罩层上。遮罩层前出现图标。
    - 被遮罩：该图层仍是正常图层，只是与遮蔽图层存在链接关系并有图标。
    - 文件夹：将正常层转换为图层文件夹用于管理其下的图层。
    - 引导层：将该图层设定为辅助绘图用的引导层，用户可以将多个标准图层链接到一个引导线图层上。
- 轮廓颜色：设定该图层对象的边框线颜色。为不同的图层设定不同的边框线颜色，有助于用户区分不同的图层。在时间轴中的轮廓颜色显示区如图5-61所示。

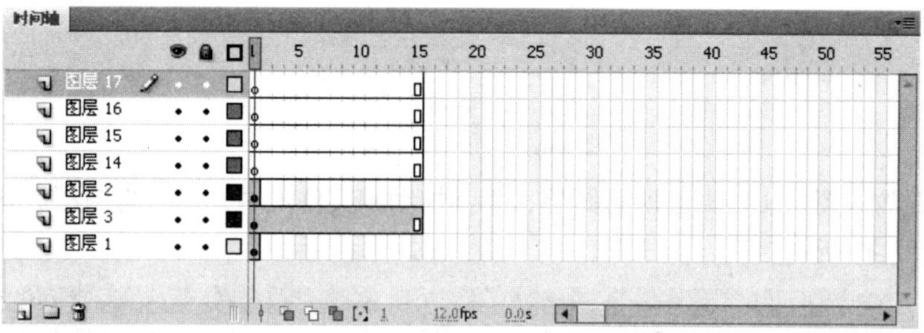

图5-61　轮廓颜色显示区

- 将图层视为轮廓：勾选该复选框即可使该图层内的对象以线框模式显示，其线框颜色为在“属性”面板中设置的轮廓颜色。若要取消图层的线框模式可直接单击时间轴上的□按钮，如果只需要让某个图层以轮廓方式显示，可单击图层上相对应的色块。
- 图层高度：从下拉列表中选取不同的值可以调整图层的高度，这在处理插入了声音的图层时很实用，有100%、200%、300%三种高度。将图层2的高度设置为300%后，如图5-62所示。

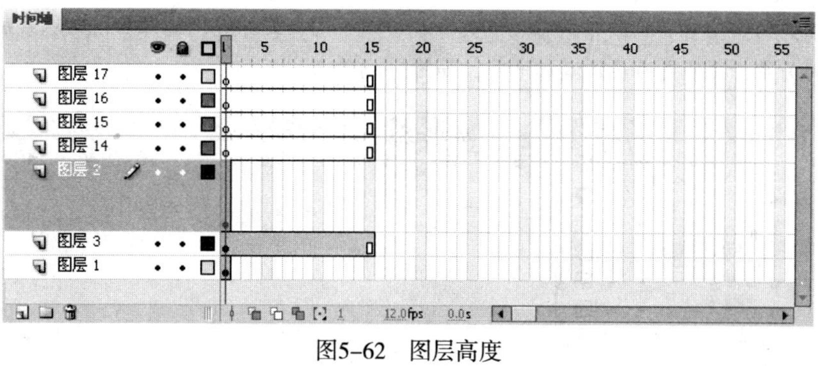

图5-62　图层高度

5.5.5 插入图层文件夹

在Flash CS5中，可以插入图层文件夹，所有的图层都可以被收拢到图层文件夹中，方便用户管理。插入图层文件夹的操作步骤如下。

01 单击图层区左下角的“新建文件夹”按钮，即可在当前图层上建立一个图层文件夹，如图5-63所示。

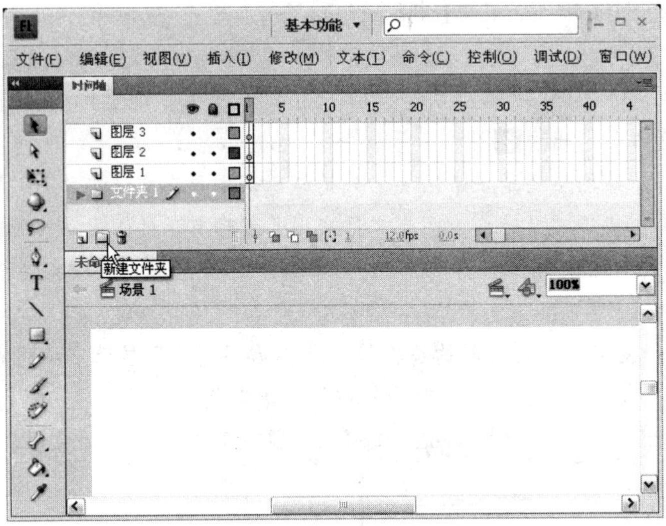

图5-63 插入图层文件夹

02 选中将要放入图层文件夹的所有图层，将其拖动到文件夹中，即可将图层放置于图层文件夹，如图5-64所示。

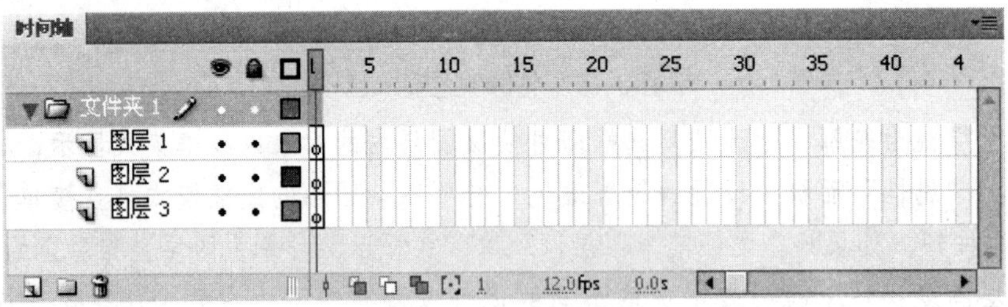

图5-64 拖动图层

提示

当文件夹的数量增多后，可以为文件夹再添加一个上级文件夹，就像Windows系统中的目录和子目录的关系，文件夹的层数没有限制，如图5-65所示。

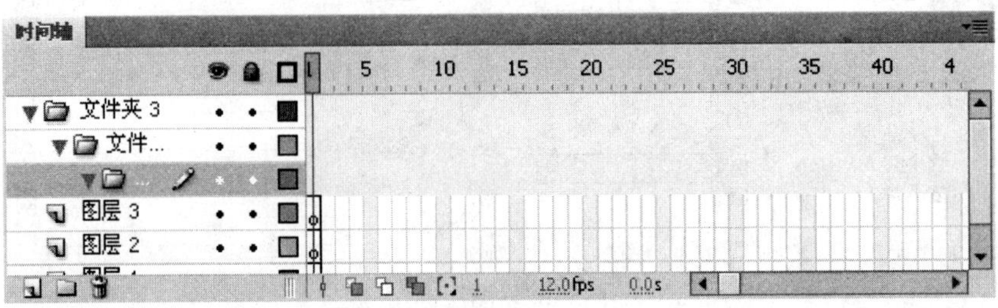

图5-65 多级图层文件夹

5.5.6 选取图层

选取图层包括选取单个图层、选取相邻图层和选取不相邻图层三种。

1. 选取单个图层

选取单个图层方法有以下三种。

- 在图层控制区中单击需要编辑的图层即可。
- 单击时间轴中需编辑图层的任意一个帧格即可。
- 在绘图工作区中选取要编辑的对象也可选中图层。

2. 选取相邻图层

选取相邻图层操作步骤如下。

01 单击要选取的第一个图层。

02 按住Shift键，单击要选取的最后一个图层即可选取两个图层间的所有图层，如图5-66所示。

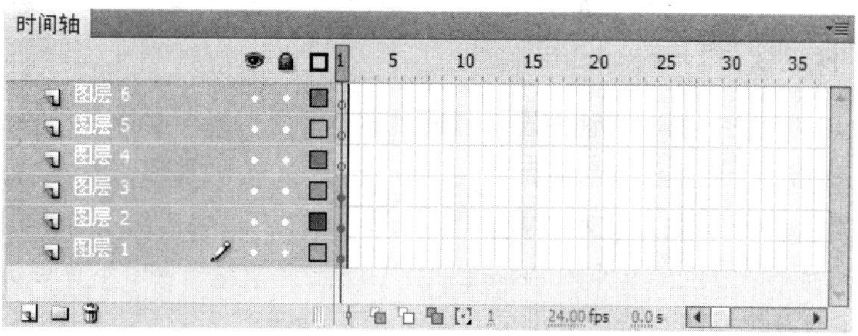

图5-66　选择相邻的多个图层

3. 选取不相邻图层

选取不相邻图层操作步骤如下。

01 单击要选取的图层。

02 按住Ctrl键，再单击需要选取的其他图层即可选取不相邻图层，如图5-67所示。

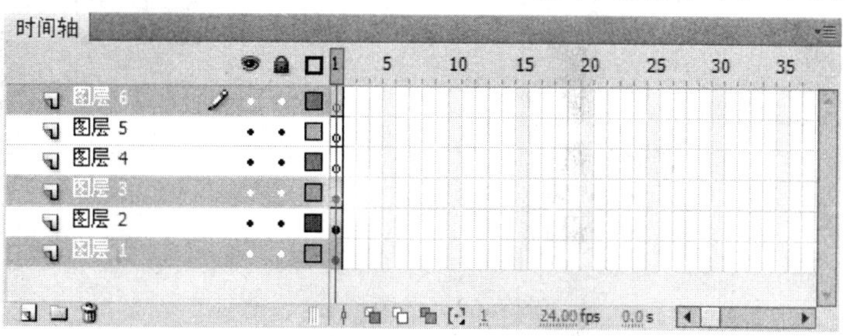

图5-67　选择不相邻图层

5.5.7 删除图层

图层的删除方法包括拖动法删除图层、利用按钮删除和利用快捷菜单删除3种。

1. 拖动法删除图层

拖动法删除图层操作步骤如下。

01 选取要删除的图层。

02 按住鼠标左键不放，将选取的图层拖到图标上释放鼠标即可。被删除图层的下一个图层将变为当前层。

2. 利用按钮删除

利用按钮删除操作步骤如下。

01 选取要删除的图层。

02 单击按钮，即可把选取的图层删除。

3. 利用右键菜单删除图层

利用右键菜单删除图层操作步骤如下。

01 选取要删除的图层。

02 单击鼠标右键,在弹出的快捷菜单中选择“删除图层”命令即可删除图层。

5.5.8 隐藏图层

在编辑对象时为了防止影响其他图层，可通过隐藏图层来进行控制。处于隐藏状态的图层不能进行编辑。图层的隐藏方法有以下两种。

- 单击图层区的按钮下方要隐藏图层上的·图标，当·图标变为✕图标时该图层就处于隐藏状态。并且当选取该图层时，图层上出现图标表示不可编辑，如图5-68所示。如要恢复显示图层，则再次单击✕图标即可。
- 单击图层区的按钮，则图层区的所有图层都被隐藏，如图5-69所示。如要恢复显示所有图层，可以再次单击按钮。

隐藏图层后编辑区中该图层的对象也随之隐藏。如果隐藏图层文件夹，文件夹里的所有图层都自动隐藏。

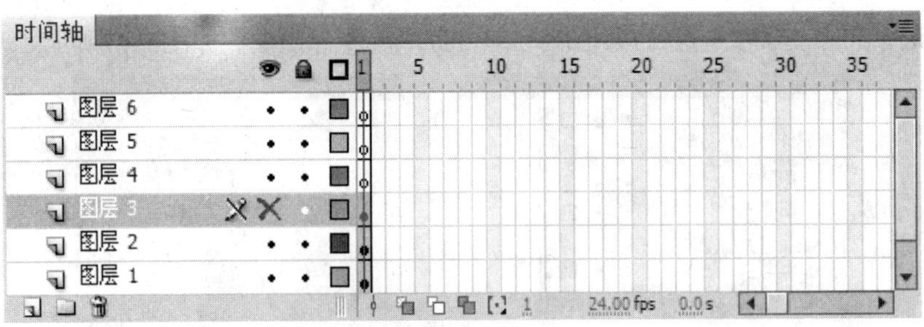

图5-68　隐藏图层

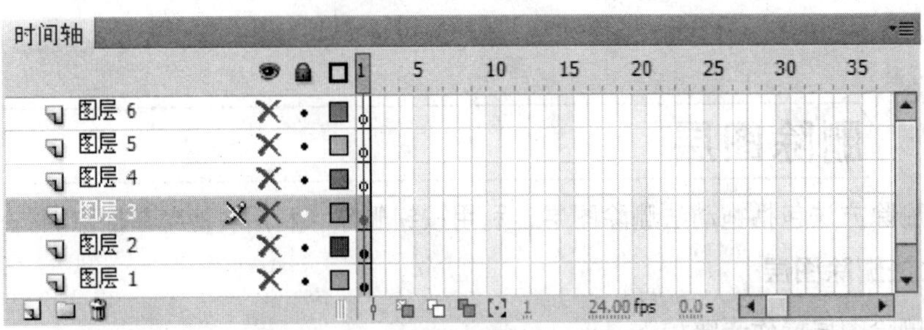

图5-69　隐藏所有图层

5.5.9 图层的锁定和解锁

在编辑对象时，要使其他图层中的对象正常显示在编辑区中，又要防止不小心修改到其中的对象，此时可以将该图层锁定。若要编辑锁定的图层需要对图层解锁。

单击锁定图标正下方要锁定的图层上的·图标，当·图标变为图标时，表示该图层已被锁定。再次单击图标即可解锁。

5.5.10 实例训练——制作浮雕文字效果

本例制作浮雕特效文字效果，可以通过输入文字与调整Flash中的图层来完成。完成后的效果如图5-70所示。

图5-70 完成效果

01 新建一个Flash文档，执行“修改”→“文档”命令，打开“文档设置”对话框，在对话框中在对话框中将“尺寸”设置为650像素（宽）×300像素（高），将“背景颜色”设置为紫色（#660099），如图5-71所示。设置完成后单击“确定”按钮。

02 在工具箱中单击文本工具T，执行“窗口”→“属性”命令打开“属性”面板，在面板中设置字体为“Arial”，字号为“100”，文本颜色为紫色（#660099），如图5-72所示。

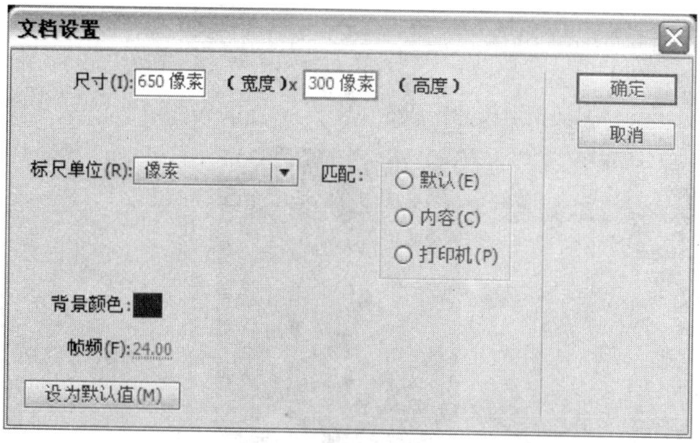

图5-71 “文档设置”对话框

图5-72 设置文字属性

03 在舞台中输入文本“BEAUTIFUL”，执行“窗口”→“对齐”命令或按下Ctrl+K组合键，打开“对齐”面板并在面板中单击水平中齐按钮，垂直中齐按钮，将文本放置于舞台中央，如图5-73所示。

图5–73　输入文本

04 新建一个图层2，选择图层1的第1帧，执行“编辑”→“复制帧”命令，然后选择图层2的第1帧，单击鼠标右键，选择“粘贴帧”命令，如图5–74所示。将图层1第1帧中的内容粘贴到图层2第1帧中。

图5–74　粘贴帧

05 选择图层2第1帧中的文字，在“属性”面板中将文本颜色设置为黑色，如图5–75所示。

图5–75　改变文字颜色

06 选择图层2，按下鼠标左键不放，将其拖曳到图层1的下方，然后分别按下键盘上的“←”键和“↑”键各一次，这就表示将文字向左方与下方各移动了一次，如图5–76所示。

图5–76　移动文字

07 插入图层3，选择图层2的第1帧，执行“编辑”→“复制”命令，然后选择图层3的第1帧，执行“编辑”→“粘贴到当前位置”命令，如图5–77所示。

图5–77　复制帧

08 选择图层3的第1帧，执行“修改”→“分离”命令两次或按下Ctrl+B组合键两次，将文本打散。如图5–78所示。

图5–78　打散文本

09 选择颜料桶工具，执行“窗口”→“颜色”命令，打开“颜色”面板，将填充样式设置为线性渐变，调整填充色为白色（#FFFFFF）到黄色的渐变（#FFFF00），如图5–79所示。

图5–79　调整颜色

10 选择图层3，分别在键盘上按下“←”键和“↓”键各两次，然后将图层3拖曳到图层1的下方，如图5-80所示。

图5-80　拖动图层

11 保存文件，按下　Ctrl+Enter组合键欣赏完成效果，如图5-70所示。

5.6 本章小结

本章讲述了时间轴、帧与图层的知识，在不同的图层上放置不同的动画元素将会制作出许多不同的动画效果。在运用图层制作动画时，一定要注意，当所建立的图层顺序不能达到动画的预期效果时，需要对图层的顺序进行调整，也就是在图层区中拖动图层来改变图层的顺序。

5.7 本章习题

1. 选择题

（1）帧频用每秒帧数，也就是用（　　）来度量，表示每秒播放多少个帧，它是动画的播放速度。

A. fps　　B. fks　　C. fts　　D. fes

（2）不包含任何对象，相当于一张空白的影片，表示什么内容都没有的帧是（　　）。

A. 空白关键帧　　B. 空白帧　　C. 普通帧　　D. 空白普通帧

（3）单击（　　）按钮，可以将图层区的所有图层都隐藏。

A. 　　B. 　　C. 　　D. 

2. 填空题

（1）在Flash中，“时间轴”面板是创建动画的基本面板，而时间轴中的每一个方格称为一个帧，帧是Flash中计算________的基本单位。

（2）在制作多帧动画时，为了避免混淆，这就需要添加________帧。

（3）新建Flash文档后，默认一个名为________的图层存在。

3. 操作题

（1）在Flash CS5中练习帧的各种操作方法。

（2）应用本章所讲述图层的知识，为文字“FASHION”创建浮雕文字效果。

第6章

Flash中的基础动画

一个完整、精彩的Flash动画作品是由一种或几种动画类型结合而成的。在Flash CS5中，用户可以创建逐帧动画、动作补间动画、形状补间动画、遮罩层动画和引导层动画，本章将详细讲解这几种动画的创建方法。

本章学习要点

- 掌握逐帧动画的制作方法
- 掌握动作补间动画的制作方法
- 掌握形状补间动画的制作方法
- 掌握遮罩动画的制作方法
- 掌握引导动画的制作方法

6.1 逐帧动画

逐帧动画就是在时间轴中逐个建立具有不同内容属性的关键帧，在这些关键帧中的图形将保持大小、形状、位置、色彩的连续变化，可以在播放过程中形成连续变化的动画效果，这是传统动画制作中最常见的动画编辑方式，如图6-1所示。

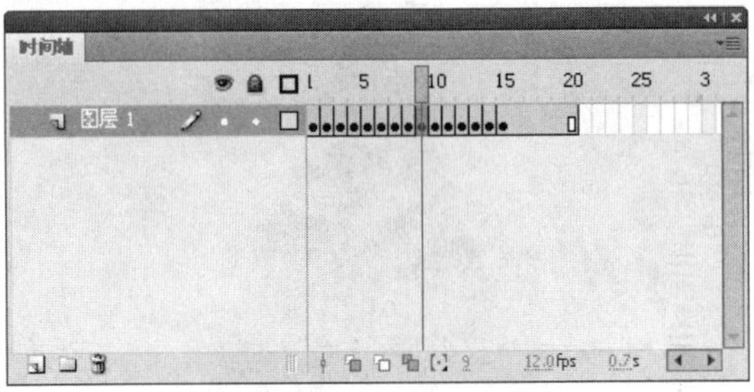

图6-1 逐帧动画

逐帧动画的制作原理非常简单，但是需要一帧一帧依次绘制图形，并要注意每帧间图形的变化，否则就不能达到自然、流畅的动画效果。

提示

在进行逐帧动画的编辑时，用户可以采用将之前的关键帧复制、粘贴并作适当修改的方法，来保持动画内容的连贯，有效地进行动画编辑工作。

6.1.1 实例训练——制作白鹤飞翔动画

本例制作一个白鹤飞翔的动画，而且白鹤的动作要连贯自然。使用动作补间动画无法实现这种动画效果，使用逐帧动画来制作则可以使白鹤的动作不生硬，产生流畅细腻的动画效果。完成后的效果如图6-2所示。

图6-2 完成效果

01 运行Flash CS5，新建一个Flash空白文档。执行“修改”→“文档”命令，打开“文档设置”对话框，在对话框中将“背景颜色”设置为灰色（#666666），将“帧频”设置为“12”，如图6-3所示，完成后单击“确定”按钮。

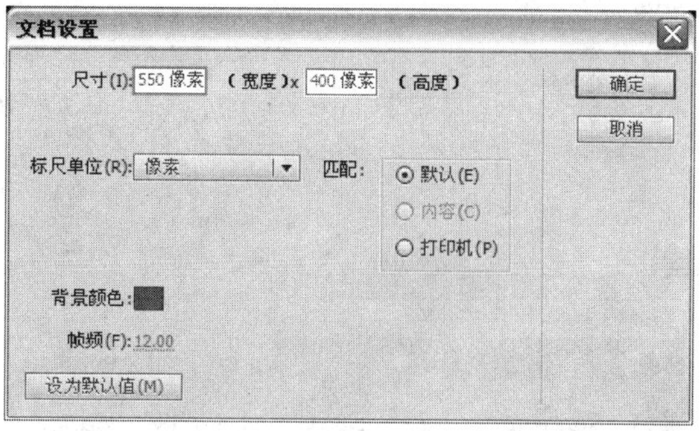

图6-3 “文档设置”对话框

02 分别选中时间轴上的第2～10帧，插入空白关键帧，如图6-4所示。

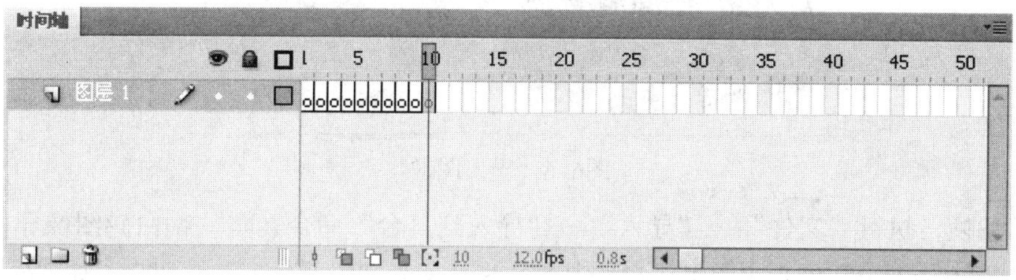

图6-4 插入空白关键帧

03 选中第1帧，执行“文件”→“导入”→“导入到舞台”命令，将一幅白鹤图像导入到舞台中。并按下Ctrl+K组合键打开“对齐”面板，单击“水平中齐”按钮与“底部分布”按钮，如图6-5所示。

图6-5 导入图像

04 选中第2帧，执行“文件”→“导入”→“导入到舞台”命令，将一幅白鹤图像导入到舞台中。然后在“对齐”面板中单击“水平中齐”按钮与“底部分布”按钮，如图6-6所示。

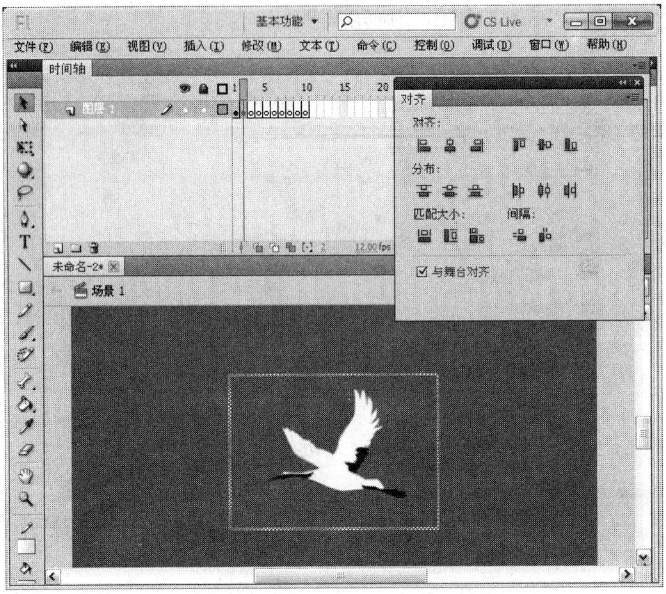

图6-6　导入图像

05 选中第3帧，执行“文件”→“导入”→“导入到舞台”命令，将一幅白鹤图像导入到舞台中。然后在“对齐”面板中单击“水平中齐”按钮与“底部分布”按钮，如图6-7所示。

图6-7　导入图像

06 按照同样的方法，再导入7幅图像到时间轴上剩余的空白关键帧所在的舞台上。并在“对齐”面板中设置图像相对于舞台水平居中和底部分布，如图6-8所示。

07 按下Ctrl+S组合键保存文件，然后按下Ctrl+Enter组合键观看白鹤飞舞的动画效果，如图6-2所示。

图6–8　导入图像

6.2 动作补间动画

补间动画的创建相对逐帧动画要简便。在一个图层的两个关键帧之间建立补间动画关系后，Flash会在两个关键帧之间自动生成补充动画图形的显示变化，达到更流畅的动画效果，这就是补间动画。

而动作补间动画则是指在时间轴的一个图层中，创建两个关键帧，分别为这两个关键帧设置不同的位置、大小、方向等参数，再在两关键帧之间创建动作补间动画效果，是Flash中比较常用的动画类型。

用鼠标选取要创建动画的关键帧后，单击鼠标右键，在弹出的快捷菜单中选择“创建传统补间”命令，或者执行“插入”→“传统补间”命令，如图6-9所示，即可快速地完成补间动画的创建。

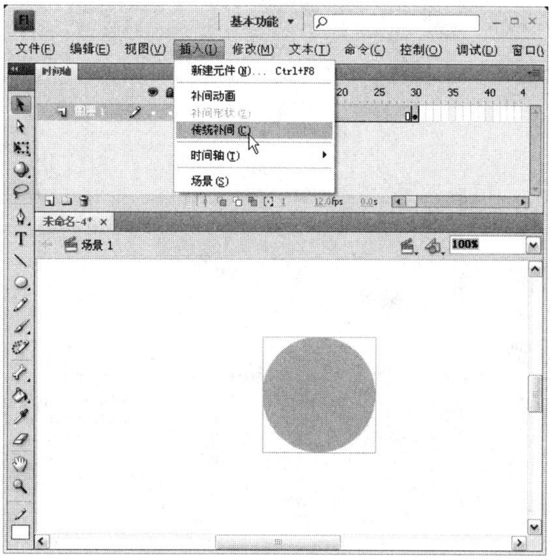

图6–9　执行“传统补间”命令

6.2.1 水平动作补间

下面就来制作一个简单的水平动作补间动画，这是一艘小船由慢到快，由东向西航行的动画，具体操作步骤如下。

01 新建一个空白Flash文档。执行“修改”→“文档”命令，打开“文档属性”对话框，在对话框中将“尺寸”设置为650像素（宽）×400像素（高），将“帧频”设置为“12”，完成后单击“确定”按钮。

02 执行“文件”→“导入”→“导入到舞台”命令，将一幅背景图片导入到舞台上，如图6-10所示。

图6-10 导入背景图片

03 新建一个图层2，执行“文件”→“导入→导入到舞台”命令，将一幅小船图片导入到舞台上，并将其移动到背景图片的右侧，如图6-11所示。

图6-11 导入小船图片

04 在图层1的第70帧处插入帧，在图层2的第70帧处插入关键帧，然后选择图层2的第70帧处的小船图片，将其向左移动，如图6–12所示。

图6–12　移动小船图片

05 保持第70帧处小船图片的选中状态，使用任意变形工具将其缩小到原始大小的30%，如图6–13所示。

图6–13　缩小图片

06 选择图层2的第1帧～第70帧之间的任意一帧，执行“插入”→“传统补间”命令，如图6–14所示，即可为第1帧到第70帧创建补间动画。

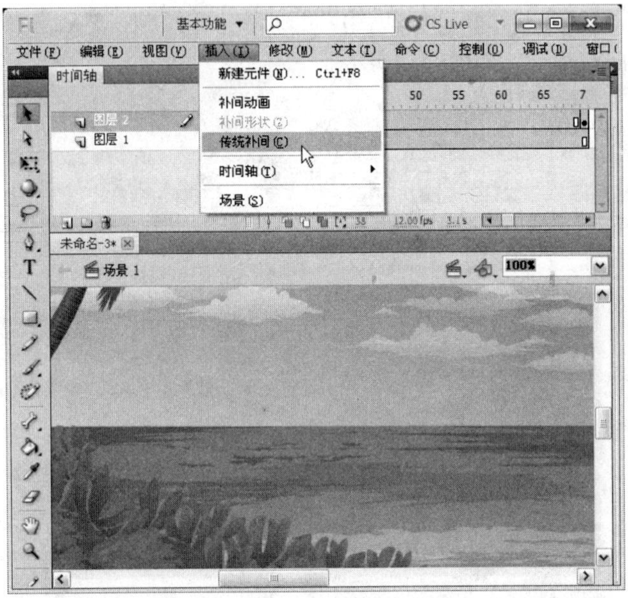

图6-14　创建动画

07 选择图层2的第1帧，打开“属性”面板，在“缓动”文本框中输入“-100”，如图6-15所示。

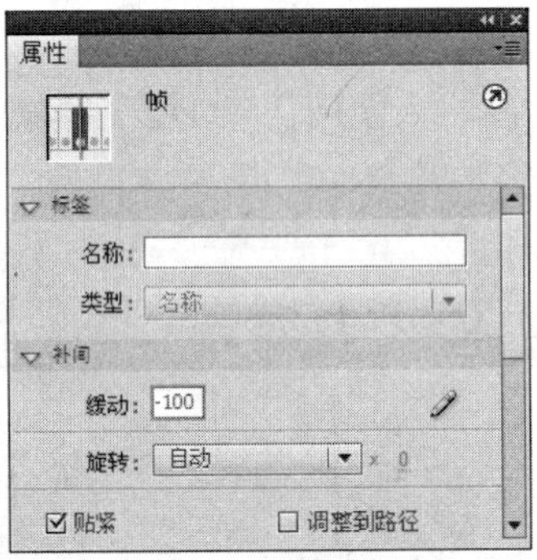

图6-15 “属性”面板

提示

缓动用来设置动画的快慢速度。其值为-100～100，可以在文本框中直接输入数字。设置为100时，动画先快后慢，-100时动画先慢后快，其间的数字按照-100到100的变化趋势逐渐变化。

08 按下Enter键或拖动播放头，即可看见舞台中的小船由慢到快，由东向西航行的动画了，如图6-16所示。

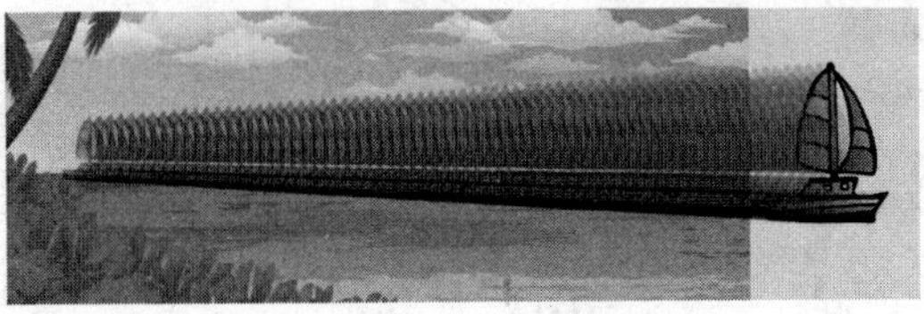

图6-16　在舞台中测试动画

09 保存文件，执行“控制”→“测试影片”命令或者按下Ctrl+Enter组合键，就可以使用Flash Player观看动画效果，如图6-17所示。

图6-17　动画的最终效果

在此动画中，我们对两个关键帧之间的小船图片进行了位置的变化、大小的缩放，从而得到了小船由慢到快，由东向西航行的动画效果。

提示

在创建动作补间动画时，可以先为关键帧创建动画属性后，再移动关键帧中的图形，进行动画编辑。在实际的编辑工作中也可以根据需要，随时对关键帧中图形的位置、大小、方向进行修改。

6.2.2 旋转动作补间

动作补间动画不仅可以得到图形的位置变化、大小缩放的效果，还可以得到图形方向变化及旋转的效果。

下面制作一架飞机在空中翻转的动画来学习动作补间动画中旋转的设置方法，具体操作步骤如下。

01 新建一个空白Flash文档，执行“文件”→“导入”→“导入到舞台”命令，将一幅背景图片导入到舞台上，如图6-18所示。

02 新建一个图层2，执行“文件”→“导入”→“导入到舞台”命令，将一幅飞机图片导入到舞台上，如图6-19所示。

图6-18　导入背景图片

图6-19　导入飞机图片

03 在图层1的第70帧处插入帧，在图层2的第35帧与第70帧处插入关键帧，然后选中第35帧处的飞机图片，将其向右移动一段距离，选中第70帧处的飞机图片，将其向右移动到舞台的右侧，如图6-20所示。

04 分别在图层2第1帧与第35帧之间，第35帧与第70帧之间创建动作补间动画，然后选择第1帧，打开“属性”面板，在“旋转”下拉列表中选择“顺时针”选项，如图6-21所示。

图6-20　移动图片

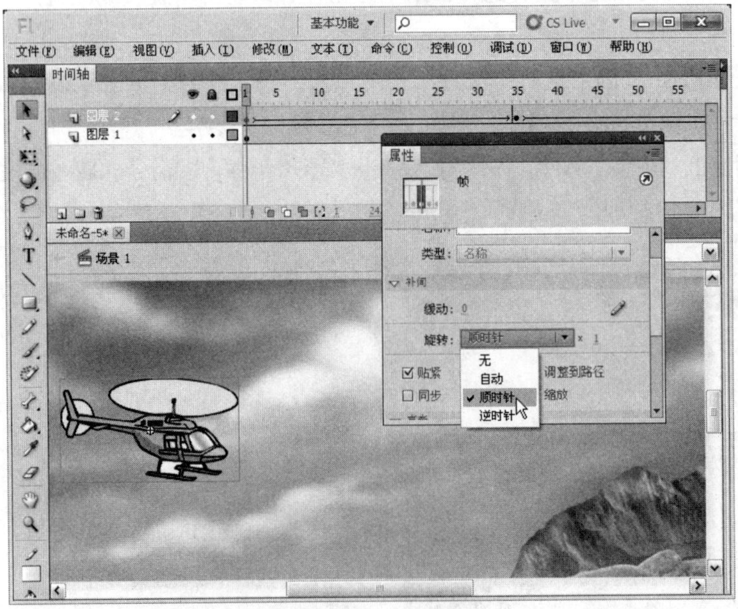

图6-21　选择“顺时针”选项

05 保存文件，按下Ctrl+Enter组合键测试动画，即可看到动画中的飞机先是在空中向右顺时针翻转一圈，然后向右飞行，如图6-22所示。

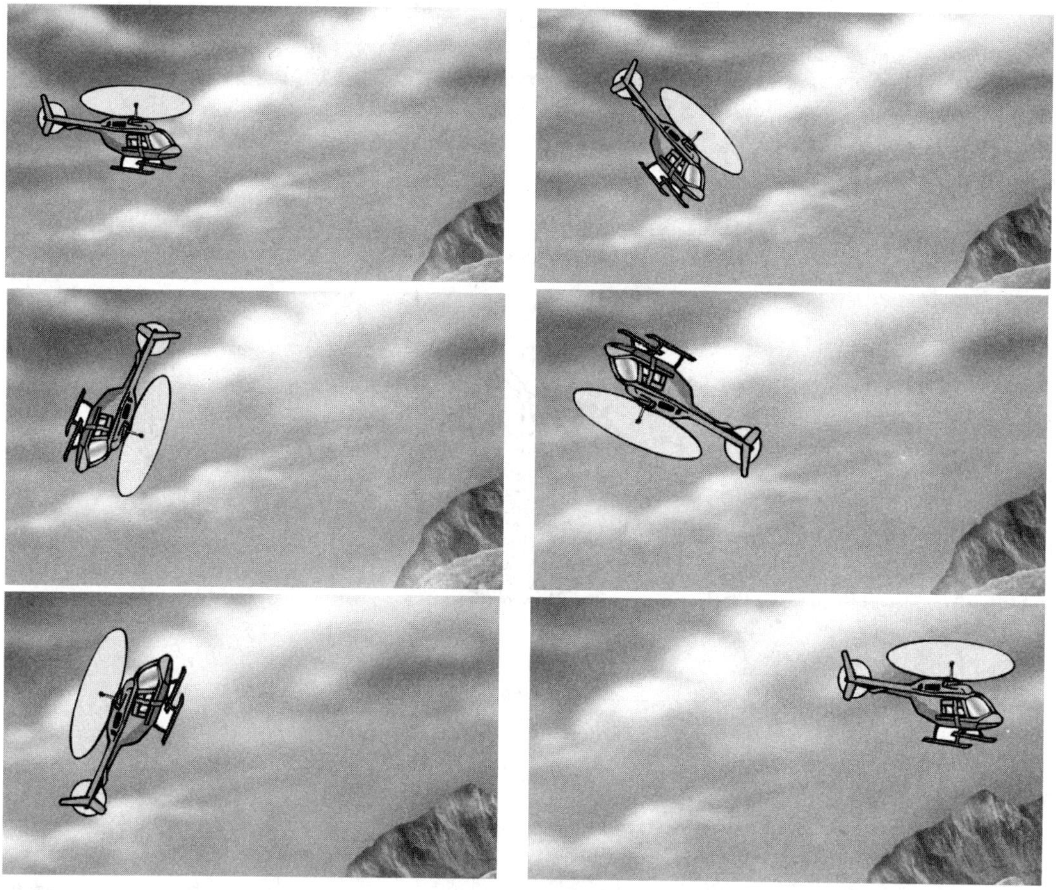

图6-22 测试动画

6.3 形状补间动画

动作补间动画主要针对的是同一图形在位置、大小、角度方面的变化效果；形状补间动画则是针对所选两个关键帧中的图形在形状、色彩等方面发生变化的动画效果，且它们可以是不同的图形。执行“插入”→“补间形状”命令可以创建形状补间动画。

6.3.1 形状补间动画的制作

下面介绍创建形状补间动画的方法，其操作步骤如下。

01 新建一个空白的影片文件，在舞台中绘制好一个苹果并将其放置到画面的中间，如图6-23所示。

02 在时间轴中选择当前图层的第20帧，按下“F7”键，插入一个空白关键帧，在舞台中绘制好西瓜的图形并将其放置到画面的中间，如图6-24所示。

图6-23　绘制苹果

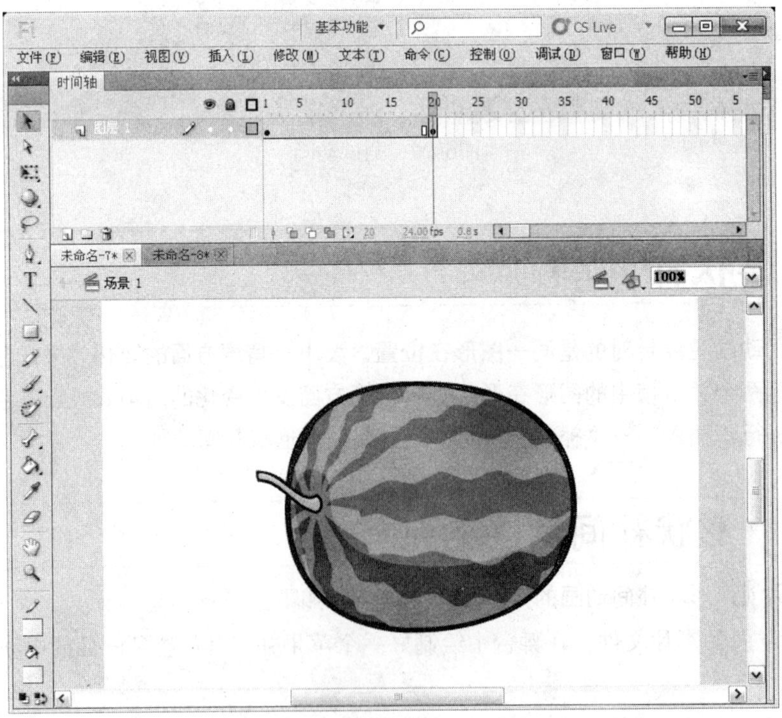

图6-24　绘制西瓜

03 在时间轴选择第1帧，执行“插入”→“补间形状”命令，即可以为选择的关键帧创建形状补间动画，如图6-25所示。

图6-25　创建形状补间动画

04 在“时间轴”面板中拖动播放头，即可看到苹果渐渐变成了西瓜，如图6-26所示。

图6-26　测试效果

6.3.2 添加形状提示

在使用形状补间动画制作变形动画的时候，如果动画比较复杂或特殊，一般不容易控制，系统自动生成的过渡动画不能令人满意，这时候，使用变形提示功能就可以让过渡动画按照自己设想的方式进行。其方法是分别在动画的起始帧和结束帧的图形上指定一些变形提示点。现在结合实例来介绍加入了变形提示的变形动画的制作。

1. 设置起始状态

01 新建一个Flash文档，选择工具箱中的文本工具**T**，然后在“属性”面板中设置文字的字体为“Lucida Sans”，字号为“100”，字体颜色为蓝色，如图6-27所示。

02 在舞台中用文本工具输入文字“R”，如图6–28所示。

03 用选择工具选择输入的文字对象，然后执行“修改”→“分离”命令，将该文字对象分离，如图6–29所示。

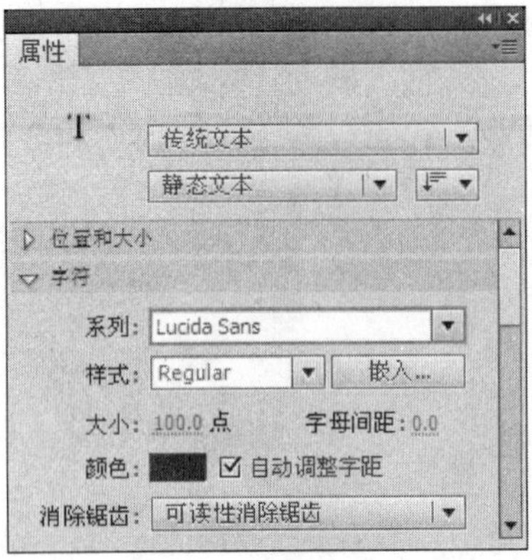

图6–27 “属性”面板

图6–28 输入文字

图6–29 分离文字对象

2. 设置结束帧的状态

01 在时间轴上的第20帧处单击鼠标右键，在弹出的快捷菜单中选择“插入空白关键帧”命令，在第20帧处插入一个空白关键帧。

02 在时间轴上选择第20帧，在舞台中以同样的字体和字号输入文字“T”，然后执行“修改”→“分离”命令，将输入的文字对象分离，如图6–30所示。

图6–30 分离文字对象

03 在时间轴上选择第1帧与第20帧之间的任意一帧，然后执行“插入”→“补间形状”命令。这样一个形状变形动画就基本制作完成了。

3. 添加形状显示

01 执行“修改”→“形状”→“添加形状提示”命令，或按下Ctrl+Shift+H组合键，这样就添加了一个形状提示符，在场景中会出现一个“ⓐ”，将其拖动至形体“R”的左上角。以同样的方法再添加一个形状提示符，相应的在场景中会增加一个形状提示符“ⓑ”，将其拖动至形体“R”的右下角，如图6–31所示。如果需要精确定义变形动画的变化还可以添加更多的形状提示符。

02 在时间轴上选中第20帧，在舞台中多出了和在第1帧中添加的提示符一样的形状提示符，这时拖动提示符“ⓑ”于形体“T”的左上角，拖动提示符“ⓐ”至形体“T”的右下角，这时第1帧“R”的提示符变为黄色，第20帧的提示符变为绿色，表示自定义的形状变形能够实现，如图6-32所示。

图6-31　定位形状提示符

图6-32 形状提示符

通过制作变形动画可以看到，变形动画的制作方法以及具体的操作步骤和移动动画的制作相似，都是通过设置关键帧的不同状态，然后由Flash根据两个关键帧的状态，在这两个关键帧之间自动生成形状变形动画的过渡帧。

4. 删除形状提示

（1）单个形状提示的删除

单个形状提示的删除方法有以下两种。

- 将形状提示拖到图形外即可。
- 在建立的形状提示符上单击鼠标右键，弹出如图6-33所示的菜单，选择“删除提示”命令即可。

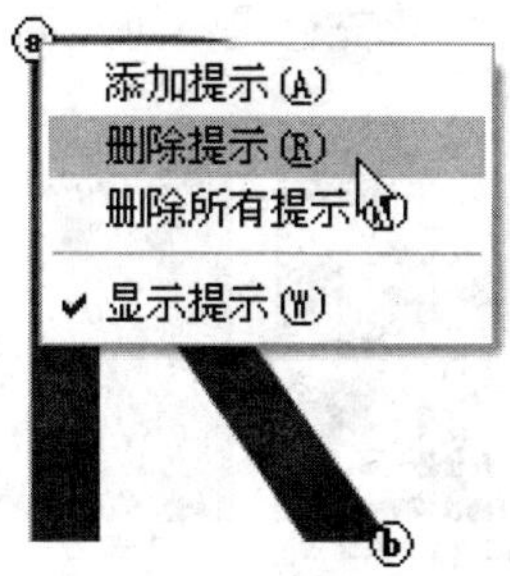

图6-33　删除形状提示

（2）多个形状提示的删除

多个形状提示的删除方法有以下两种。

- 执行“修改”→“外形→删除所有提示”命令即可。
- 在建立的形状提示上单击鼠标右键，从弹出菜单中选择“删除所有提示”命令。

> **提示**
>
> 在制作加入了提示的形状变形动画时，应该注意以下问题：
>
> 形状变形动画的对象如果是位图或文字对象，只有被完全分离后才能创建形状变形动画，否则，动画将不能被创建。
>
> 在添加形状提示后，只有当起始关键帧的形状提示符从红色变为黄色，结束关键帧的形状提示符从红色变为绿色时，才能使形状变形得到控制，否则，添加的形状提示将被视为无效。

6.4 遮罩动画

在制作动画的过程中，有些效果用通常的方法很难实现，如手电筒、百叶窗、放大镜等效果以及一些文字特效。这时，就要用到遮罩动画了。

要创建遮罩动画，需要有两个图层，一个遮罩层，一个被遮罩层。要创建动态效果，可以让遮罩层动起来。对于用作遮罩的填充形状，可以使用补间形状；对于文字对象、图形实例或影片剪辑，可以使用补间动画。

要创建遮罩层，可以将遮罩项目放在要用作遮罩的层上。和填充或笔触不同，遮罩项目像是个窗口，透过它可以看到位于它下面的链接层区域。除了透过遮罩项目显示的内容之外，其余的所有内容都被遮罩层的其余部分隐藏起来。一个遮罩层只能包含一个遮罩项目。按钮内部不能有遮罩层，也不能将一个遮罩应用于另一个遮罩。

在Flash中，使用遮罩层可以制作出特殊的遮罩动画效果，例如聚光灯效果。如果将遮罩层比作聚光灯，当遮罩层移动时，它下面被遮罩的对象就像被灯光扫过一样，被灯光扫过的地方清晰可见，没有被扫过的地方将不可见。另外，一个遮罩层可以同时遮罩几个图层，从而产生出各种特殊的效果。

6.4.1 实例训练——制作电影海报文字效果

遮罩层就好像是一块不透明的布，它可以将自己下面的图层挡住。只有在遮罩层填充色下才可以看到下面的图层，而遮罩层中的填充色是不可见的。下面就通过遮罩动画制作电影海报文字效果，如图6-34所示。

图6-34 完成效果

01 新建一个Flash空白文档。执行“修改”→“文档”命令，打开“文档设置”对话框，如图6-20所示。在对话框中将“尺寸”设置为400像素（宽）×300像素（高），将“背景颜色”设置为黑色，如图6-35所示。

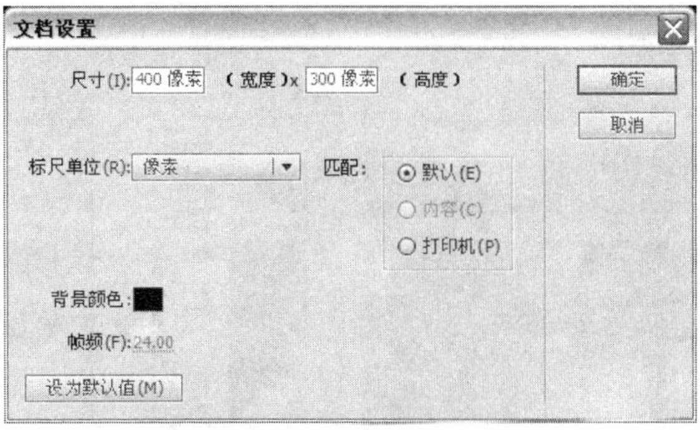

图6-35 “文档设置”对话框

02 在选择工具箱中的文本工具**T**，在“属性”面板中设置文字的字体为“Impact”，字号为“118”，字体颜色为白色，然后在文档中输入“MOVIE”，如图6-36所示。

03 新建图层2，将其拖动到图层1的下方，然后导入一副图像到舞台中，如图6-37所示。

图6-36 输入文字

图6-37 导入图像

04 在图层1的第50帧处插入帧，在图层2的第50帧处插入关键帧，如图6-38所示。

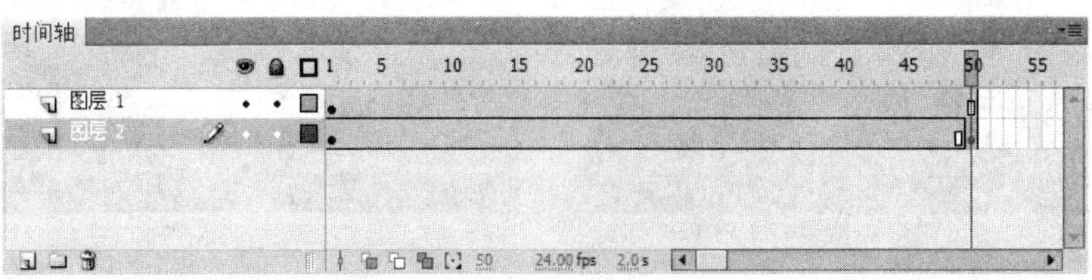

图6-38 插入帧与关键帧

05 将图层2的第50帧处的图像向左移动，然后在图层2的第1帧与第50帧之间创建动作补间动画，如图6-39所示。

06 **在图层1上单击鼠标右键，在弹出的快捷菜单中选择“遮罩层”命令，如图6-40所示。这样就创建了遮罩动画。**

07 保存文件并按下Ctrl+Enter组合键，欣赏遮罩动画完成效果，如图6-34所示。

图6-39 创建动画

图6-40 创建遮罩动画

6.5 引导动画

引导动画是指使用Flash里的运动引导层控制动画元素的运动而形成的动画。引导层作为一个特殊的图层，在Flash动画设计中的应用也十分广泛。在引导层的帮助下，可以实现对象沿着特定的路径运动。要创建引导层动画，需要两个图层。一个引导层一个被引导层。在创建引导层动画时，一条引导路径可以对多个对象同时作用，一个影片中可以存在多个引导图层，引导图层中的内容在最后输出的影片文件中不可见。

6.5.1 实例训练——制作小鱼游动动画

下面就使用引导层来制作小鱼在海底游来游去的动画，完成后的效果如图6-41所示。

图6-41 完成效果

01 新建一个Flash空白文档。执行“修改”→“文档”命令，打开“文档设置”对话框，如图6-20所示。在对话框中将“尺寸”设置为650像素（宽）×400像素（高），将“帧频”设置为“12”，如图6-42所示，完成后单击“确定”按钮。

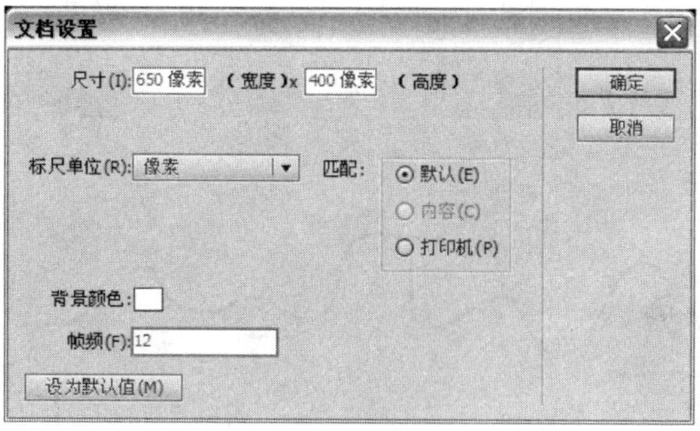

图6-42 “文档设置”对话框

02 执行“文件”→“导入”→“导入到舞台”命令，将一幅小鱼图像导入到舞台中，并移动到舞台的左侧，如图6-43所示。

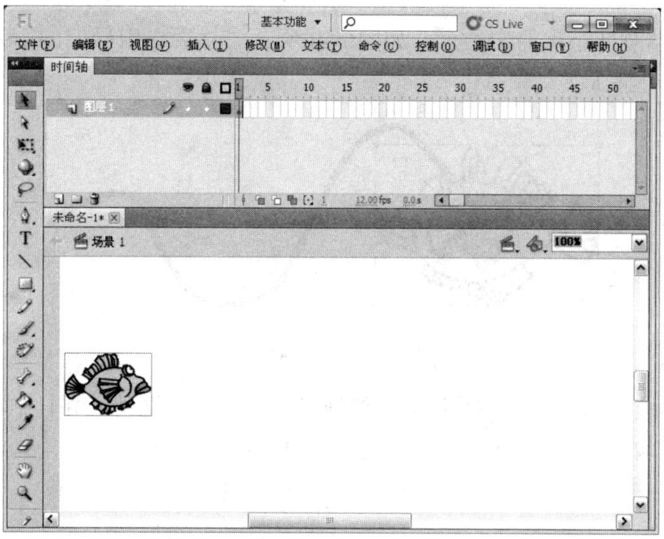

图6-43 导入小鱼图像

03 **选中图层1，单击鼠标右键，在弹出的快捷菜单中选择“添加传统运动引导层”命令，这样就会在图层1的上方新建一个引导层**，如图6-44所示。

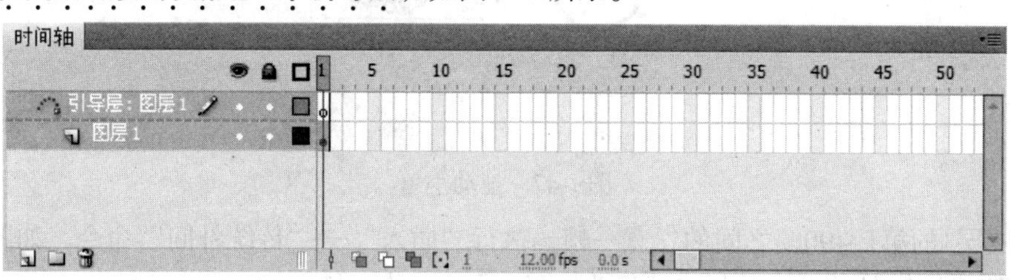

图6-44 添加引导层

04 选中引导层的第1帧，使用铅笔工具绘制一条曲线，如图6-45所示。这条曲线就是小鱼游动的路径。

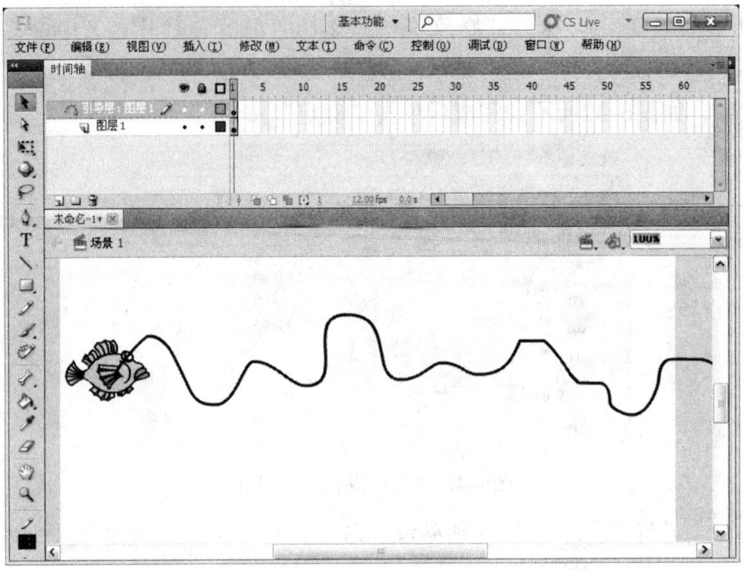

图6-45　绘制曲线

05 将曲线的起始端对准小鱼的中心点，如图6-46所示。然后在引导层的第90帧处插入帧，在图层1的第90帧处插入关键帧。

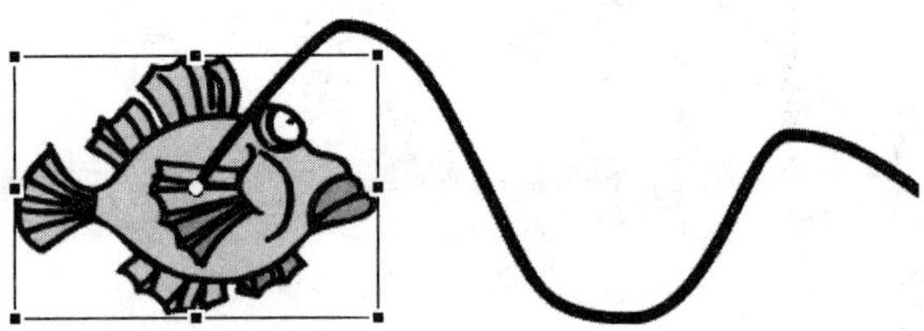

图6-46　对准中心点

06 选中图层1第90帧处的小鱼，将其沿着曲线拖曳到曲线的尾端处，并且中心点要与曲线的尾端对准，如图6-47所示。

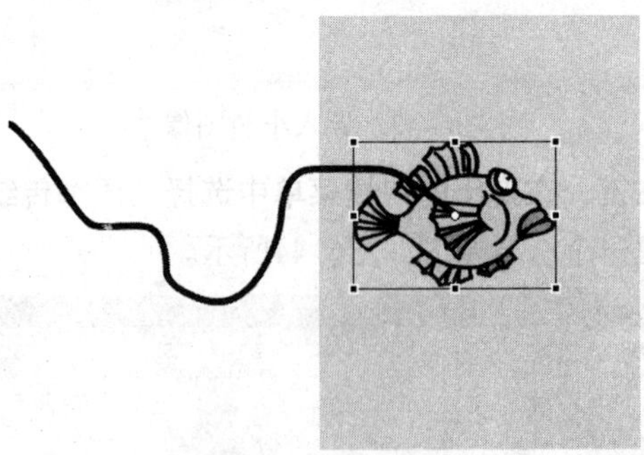

图6-47　拖动小鱼

07 选择图层1的第1～90帧之间的任意一帧，执行“插入”→“传统补间”命令，如图6-48所示，即可为第1帧到第90帧创建补间动画。

08 新建图层3，执行“文件”→“导入”→“导入到舞台”命令，将一幅背景图像导入到舞台中，然后将图层3拖动到图层1的下方，如图6-49所示。

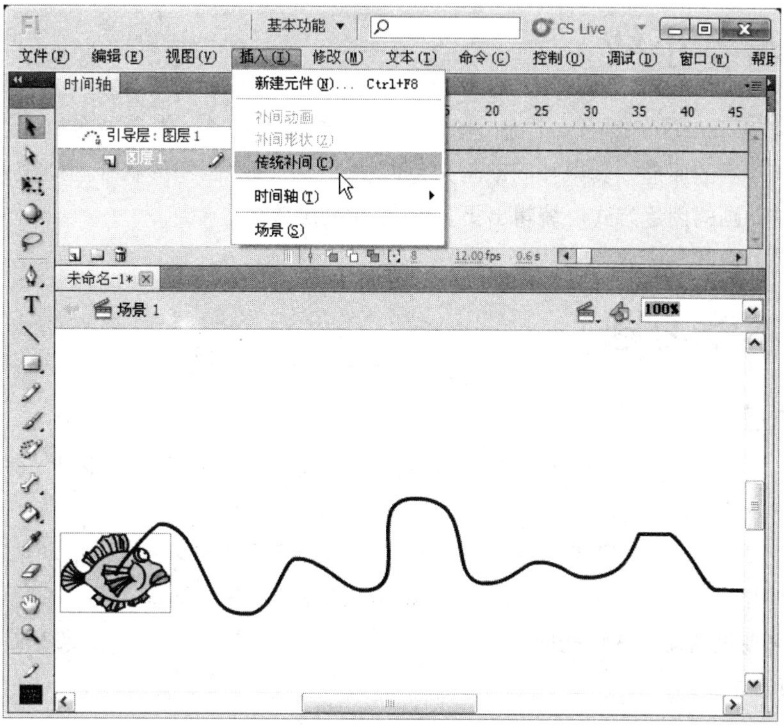

图6–48 创建动画

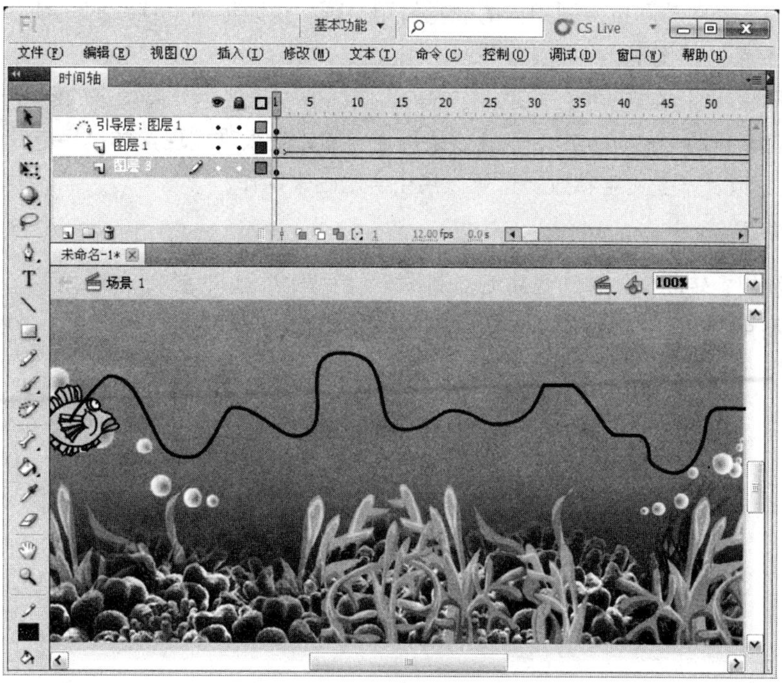

图6–49 导入背景图像

09 保存文件并按下Ctrl+Enter组合键，欣赏引导动画完成效果，可以看到，导出动画后，舞台中的引导线并不会显示出来，引导线只是在制作动画时起一个辅助的作用，如图6-41所示。

6.6 本章小结

本章介绍了Flash中几种简单动画的创建方法。希望读者通过本章内容的学习，能了解逐帧动画和补间动画的原理，其中补间动画又包含了动作补间动画和形状补间动画两大类，能够灵活运用个种动画的创建方式，编辑出更多的Flash动画效果。

6.7 本章习题

1. 填空题

（1）__________是根据对象在两个关键帧中位置、大小、旋转、倾斜、透明度等属性的差别计算生成的。

（2）_________是指Flash中的矢量图形或线条之间互相转化而形成的动画。

（3）使用_________可以使Flash中的对象沿着固定的轨迹运动。

（4）需要设置动画快慢的时候，可以在“属性”面板的__________文本框中设置数字来决定动画的速度。

2. 判断题

（1）动作补间动画技术利用人的视觉暂留原理，快速地播放连续的、具有细微差别的图像，使原来静止的图形运动起来。（　）

（2）形状补间动画中两个关键帧中的内容主体必须是处于分离状态的图形。（　）

（3）在制作动画的过程中，有些效果用通常的方法很难实现，如：手电筒、百叶窗、放大镜等效果以及一些文字特效。这可以用引导动画来制作。（　）

3. 操作题

（1）利用旋转动作补间动画功能，制作一个手表时针顺时针转动的动画。

（2）利用形状补间动画功能，制作文字颜色变化的动画，使字母“F”的颜色不停地变化，如图6-50所示。

图6-50　动画效果

第7章

元件和库

在Flash CS5中，对于需要重复使用的资源可以将其制作成元件，然后从“库”面板中拖曳到舞台上使其成为实例。合理地利用元件和库，对提高影片制作效率有很大的帮助。本章将介绍三大元件的创建和库的概念。希望读者通过本章内容的学习，从而掌握元件的创建、库的管理与使用等知识。

本章学习要点

- 掌握三大元件的创建方法
- 了解元件的属性与编辑操作方法
- 认识库面板
- 掌握在库中管理元件的方法

7.1 Flash中的元件

元件是Flash中的一种特殊组件，在一个动画中，有时需要一些特定的动画元素多次出现，在这种情况下，就可以将这些特定的动画元素作为元件来制作。这样就可以在动画中对其多次引用了。

元件包括图形元件、影片剪辑元件和按钮元件3种类型，且每个元件都有一个唯一的时间轴、舞台以及图层。在Flash中可以使用“新建元件”命令创建影片剪辑、按钮和图形3种类型的动画元件。使用“新建元件”命令打开“创建新元件”对话框后，在其中可以设置新元件的名称和类型等参数。

7.1.1 图形元件

在Flash电影中，一个元件可以被多次使用在不同位置。各个元件之间可以相互嵌套，不管元件的行为属于何种类型，都能以一个独立的部分存在于另一个元件中，使制作的Flash电影有更丰富的变化。**图形元件是Flash电影中最基本的元件，主要用于建立和储存独立的图形内容，也可以用来制作动画，但是当把图形元件拖曳到舞台中或其他元件中时，不能对其设置实例名称，也不能为其添加脚本。**

在Flash CS5中可将编辑好的对象转换为元件，也可以创建一个空白的元件，然后在元件编辑模式下制作和编辑元件。

1. 将对象转换为图形元件

在场景中，选中的任何对象都可以转换成为元件。下面就介绍转换的方法。

01 使用选择工具选中舞台中的对象，如图7-1所示。

图7-1 选中对象

02 执行“修改”→“转换为元件”命令或者按下“F8”键，打开“转换为元件”对话框，在“名称”文本框中输入元件的名称“圣诞树”，在“类型”下拉列表中选择“图形”选项，如图7-2所示。单击“确定”按钮后，位于舞台中的对象就转换为元件了。

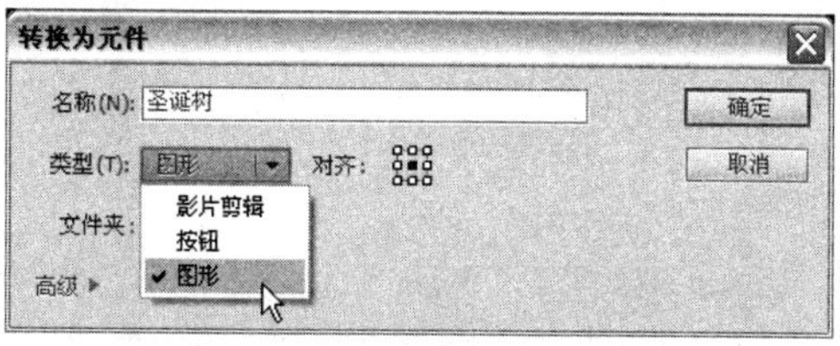

图7-2 “转换为元件”对话框

2. 创建新的图形元件

创建新的图形元件是指直接创建一个空白的图形元件，然后进入元件编辑模式创建和编辑图形元件的内容。

01 执行“插入”→“新建元件”命令，打开“创建新元件”对话框，在“名称”文本框中输入元件的名称“小男孩”，在“类型”下拉列表中选择“图形”选项，如图7-3所示。

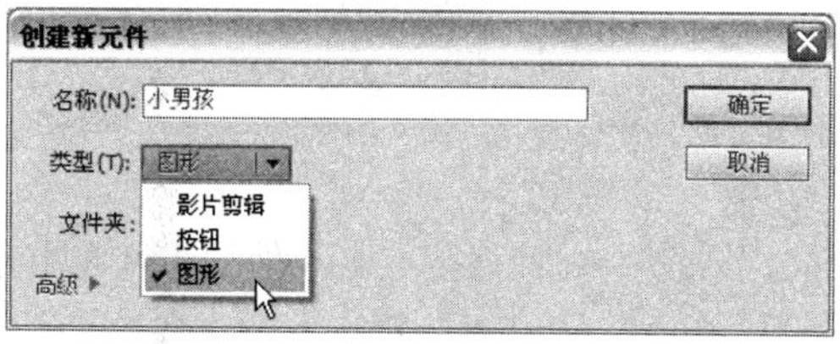

图7-3 “创建新元件”对话框

02 单击“确定”按钮后，工作区会自动从影片的场景转换到元件编辑模式。在元件的编辑区中心处有一个“+”光标，如图7-4所示，现在就可以在这个编辑区中编辑图形元件了。

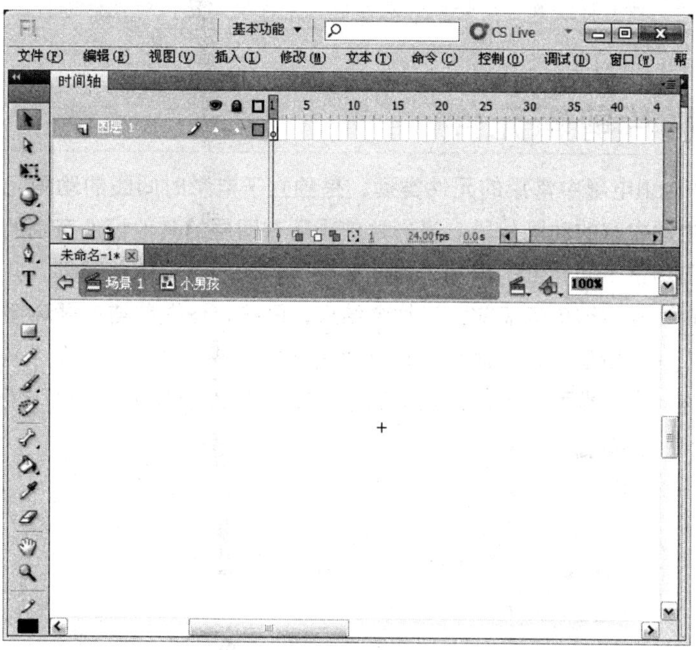

图7-4 图形元件编辑区

03 在元件编辑区中可以自行绘制图形或导入图形，如图7-5所示。

图7-5 导入图形

04 执行“编辑”→“编辑文档”命令或者直接点击元件编辑区左上角的场景名称，即可回到场景编辑区。

> **提示**
>
> 图形元件被放入其他场景或元件中后，不能对其进行编辑。如果对某图形元件不满意，可以双击“库”面板的元件图标或双击场景中的元件进入元件编辑区，对元件进行编辑。

7.1.2 影片剪辑元件

影片剪辑是Flash电影中常用的元件类型，是独立于电影时间线的动画元件，主要用于创建具有一段独立主题内容的动画片段。当影片剪辑所在图层的其他帧没有别的元件或空白关键帧时，它不受目前场景中帧长度的限制，作循环播放；如果有空白关键帧，并且空白关键帧所在位置比影片剪辑动画的结束帧靠前，影片会结束，同样也作提前结束循环播放。

执行“插入”→“新建元件”命令，打开“创建新元件”对话框。在“名称”文本框中输入影片剪辑的名称，在“类型”下拉列表中选中“影片剪辑”选项，如图7-6所示。

图7-6 创建影片剪辑

单击“确定”按钮，系统自动从影片的场景转换到影片剪辑编辑模式。此时在元件的编辑区的中心将会出现一个“+”光标，现在就可以在这个编辑区中编辑影片剪辑了。

7.1.3 按钮元件

按钮元件可以创建用于响应鼠标单击、滑过或其他动作的交互式按钮。可以定义与各种按钮状态关联的图形，然后将动作指定给按钮实例。创建按钮元件的操作步骤如下。

01 在Flash CS5中执行“插入”→“新建元件”命令，打开“创建新元件”对话框。

02 在对话框中的“名称”文本框中输入按钮的名称“按钮”，在“类型”下拉列表中选择“按钮”选项，如图7-7所示，完成后单击“确定”按钮。

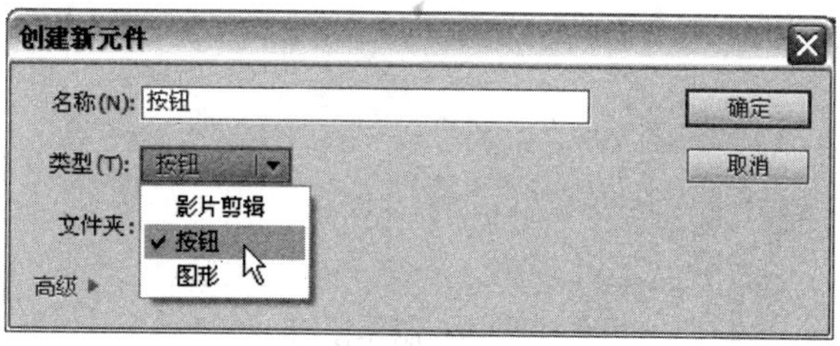

图7-7 “创建新元件”对话框

03 进入按钮编辑区，可以看到时间轴控制栏中已不再是我们所熟悉的带有时间标尺的时间栏，取代时间标尺的是4个空白帧，分别为“弹起”、“指针经过”、“按下”和“点击”，如图7-8所示。这4个状态分别代表了按钮的4个不同状态，其含义如下。

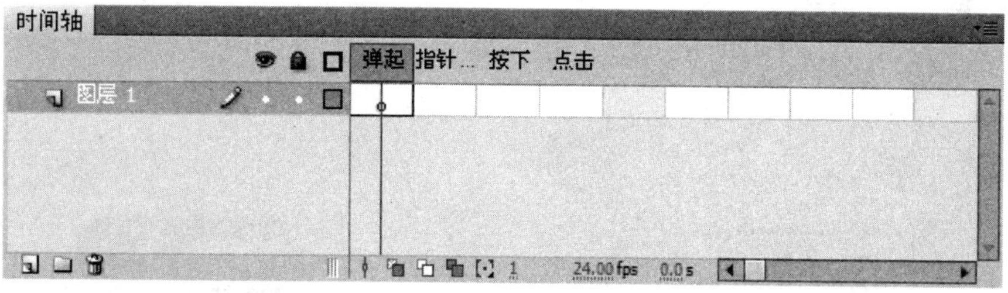

图7-8 按钮层的状态

- **弹起：按钮在通常情况下呈现的状态，即鼠标没有在此按钮上或者未单击此按钮时的状态。**
- **指针经过：鼠标指向状态，即当鼠标移动至该按钮上但没有按下此按钮时所处的状态。**
- **按下：鼠标按下该按钮时，按钮所处的状态。**
- **点击：这种状态下可以定义响应按钮事件的区域范围，只有当鼠标进入到这一区域时，按钮才开始响应鼠标的动作。另外，这一帧仅仅代表一个区域，并不会在动画选择时显示出来。通常，该范围不用特别设定，Flash会自动依照按钮的“弹起”或“指针经过”状态时的面积作为鼠标的反应范围。**

04 在工作区中绘制图形或导入图形，如图7-9所示，即可制作按钮元件。

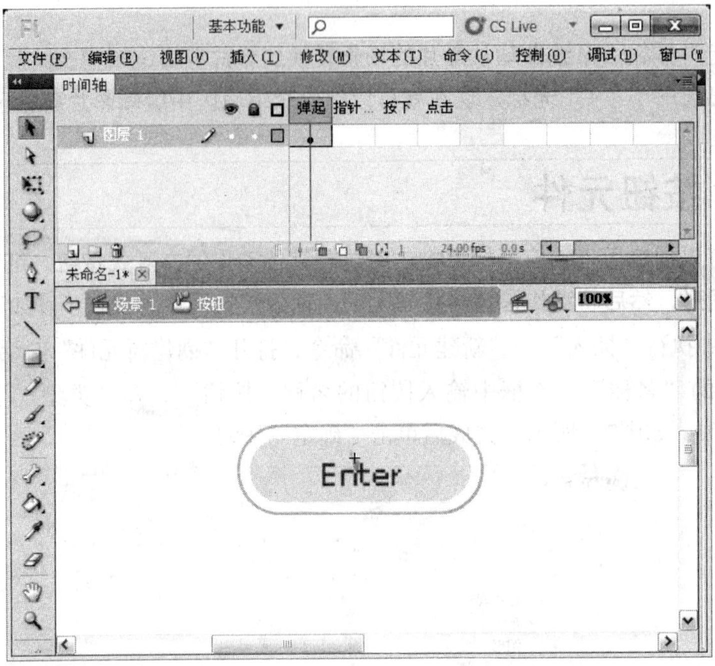

图7-9　制作按钮

7.1.4 实例训练——制作变色按钮

本例制作一个按钮变换颜色的动画效果，当鼠标未经过按钮与鼠标经过按钮时，按钮分别呈现出不同的颜色与状态，完成后的效果如图7-10所示。

图7-10　完成效果

01 运行Flash CS5，新建一个Flash空白文档。执行“修改”→“文档”命令，打开“文档设置”对话框，在对话框中将“尺寸”设置为400像素（宽）×300像素（高），如图7-11所示。设置完成后单击“确定”按钮。

02 执行“插入”→“新建元件”命令，打开“创建新元件”对话框。在对话框中的“名称”文本框中输入按钮的名称“变色按钮”，在“类型”下拉列表中选择“按钮”选项，如图7-12所示，完成后单击“确定”按钮进入按钮元件的编辑状态。

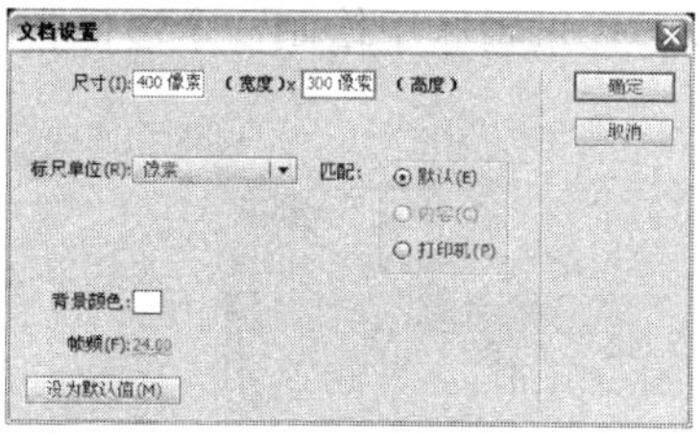

图7-11 “文档设置”对话框

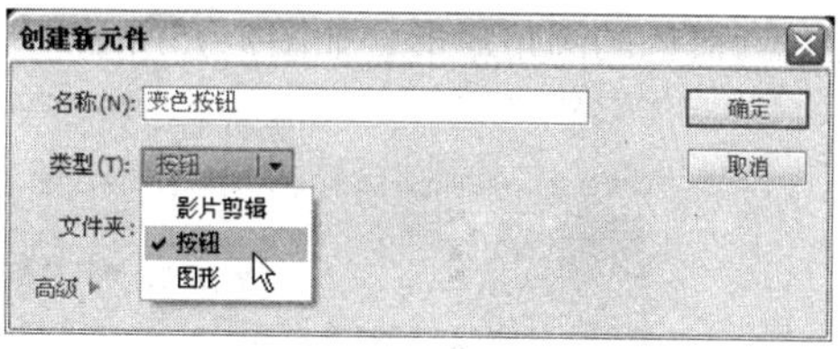

图7-12 “创建新元件”对话框

03 单击矩形工具，打开“属性”面板，在“矩形边角半径”文本框中输入“30”，在编辑区中绘制一个边框为紫色，填充色为黄色的圆角矩形，如图7-13所示。

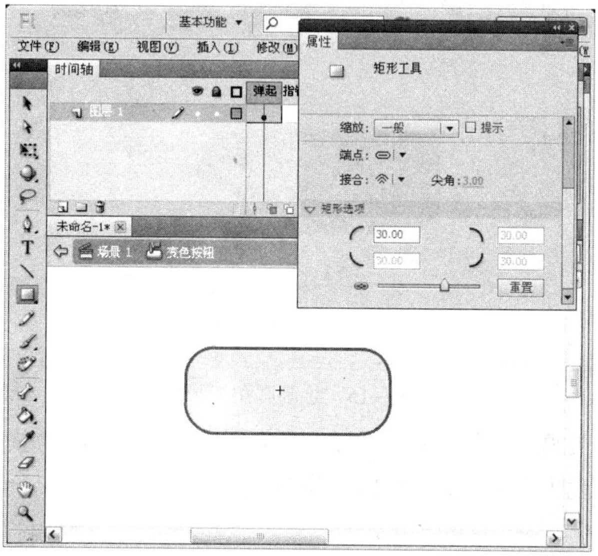

图7-13 绘制圆角矩形

04 单击文本工具T，在圆角矩形上输入文字“播放”，字体选择“微软简中圆”，字体大小为“55”，文字颜色为黑色，如图7-14所示。

图7-14 输入文字

05 在“指针经过”处插入空白关键帧，单击矩形工具，在编辑区中绘制一个边框为红色，填充色为蓝色的圆角矩形，如图7-15所示。

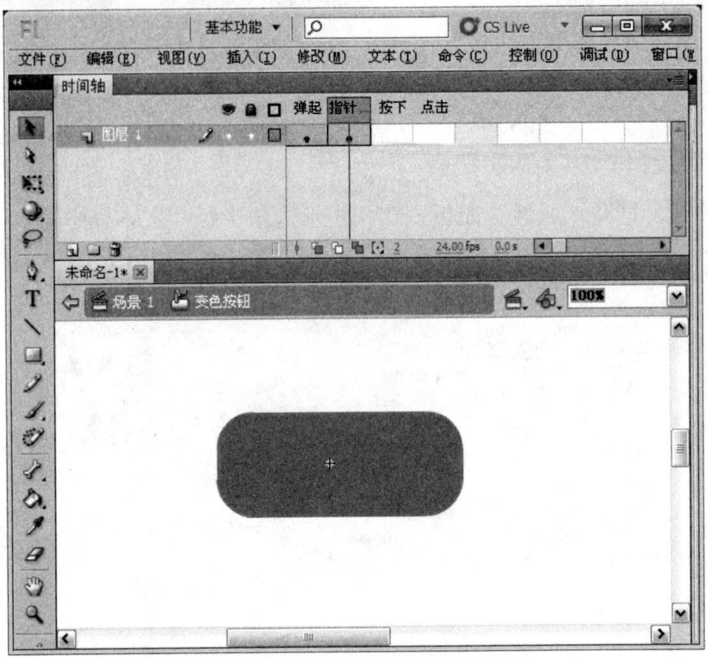

图7-15　绘制圆角矩形

06 单击文本工具，在圆角矩形上输入文字“停止”，字体选择“微软简中圆”，字体大小为“55”，文字颜色为白色，如图7-16所示。

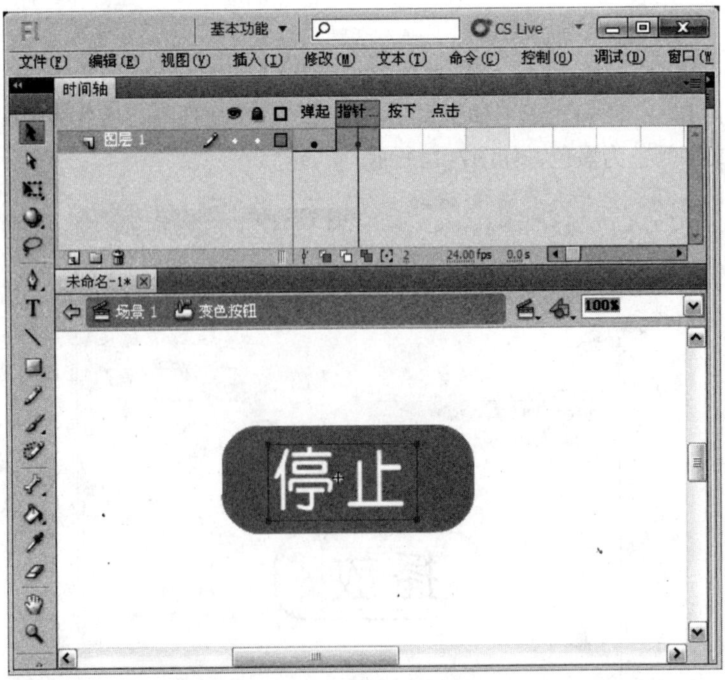

图7-16　输入文字

07 单击元件编辑区左上角的场景名称场景1，即可回到场景编辑区。执行“文件”→“导入”→“导入到舞台”命令，导入一幅图像到舞台中，如图7-17所示。

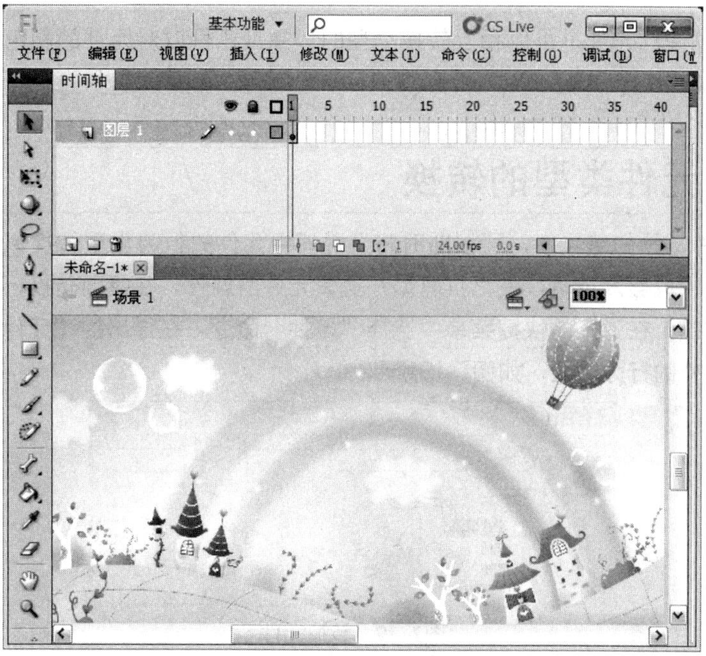

图7-17　导入图像

08 执行“窗口”→“库”命令，打开“库”面板，从“库”面板里将按钮元件“变色按钮”拖入到舞台上，如图7-18所示。

图7-18　拖入按钮元件

09 保存文件，按下Ctrl+Enter组合键，欣赏制作字母变换动画完成效果，如图7-10所示。

7.2 元件的属性与编辑

在Flash中创建的元件是可以相互转换类型的，并且还可以对元件的颜色混合模式等属性进行修改。

7.2.1 元件类型的转换

在Flash影片动画的编辑中，可以随时将元件库中元件的行为类型转换为需要的类型。例如将图形元件转换成影片剪辑，使之具有影片剪辑元件的属性。**在需要转换行为类型的图形元件上单击鼠标右键，在弹出的快捷菜单中选择“属性”命令，在弹出的“元件属性”对话框中即可为元件选择新的行为类型**，如图7-19所示。

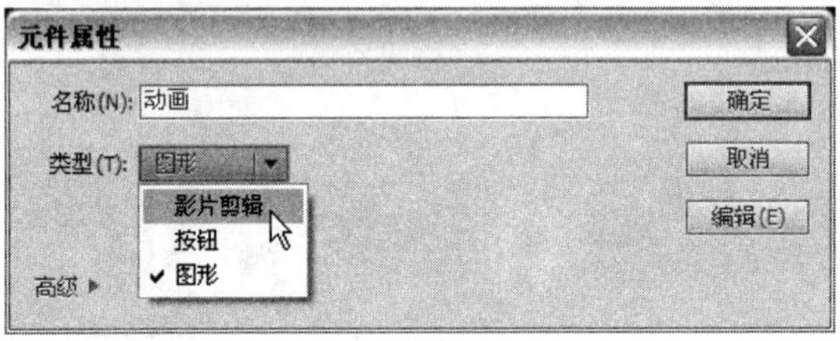

图7-19 转换元件

7.2.2 设置元件的“颜色样式”属性

Flash中的元件可以通过“颜色样式”功能来设置其元件的颜色、亮度、色调、高级和Alpha等属性。

选中元件后，在“属性”面板中的“样式”下拉列表中即可选中要应用的选项，如图7-20所示。

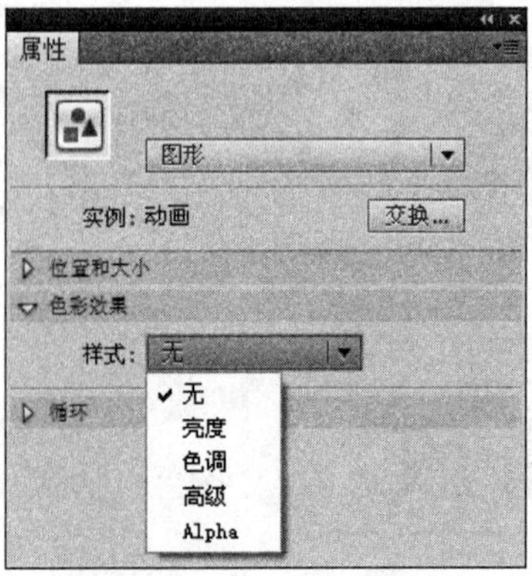

图7-20 “样式”下拉列表

下面分别介绍这几个选项的功能和用法。

- 亮度：调节图像的相对亮度或暗度，度量范围是从黑（-100%）到白（100%）。若要调整亮度，单击“亮度”后面的三角形滑块并拖动或者在框中输入一个值即可，如图7-21所示。

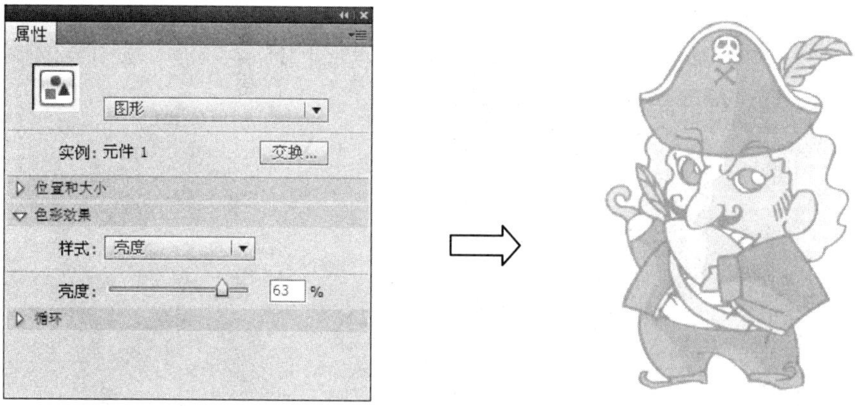

图7-21 “亮度”样式效果

- 色调：用相同的色相调整元件的色彩。要设置色调百分比（从透明(0%)到完全饱和(100%)），可使用属性检查器中的色调滑块；若要调整色调，则单击此三角形并拖动滑块或者在框中输入一个值。若要选择颜色，可以在各自的框中输入红、绿和蓝色的值或者单击颜色控件，然后从“颜色选择器”中选择一种颜色，如图7-22所示。

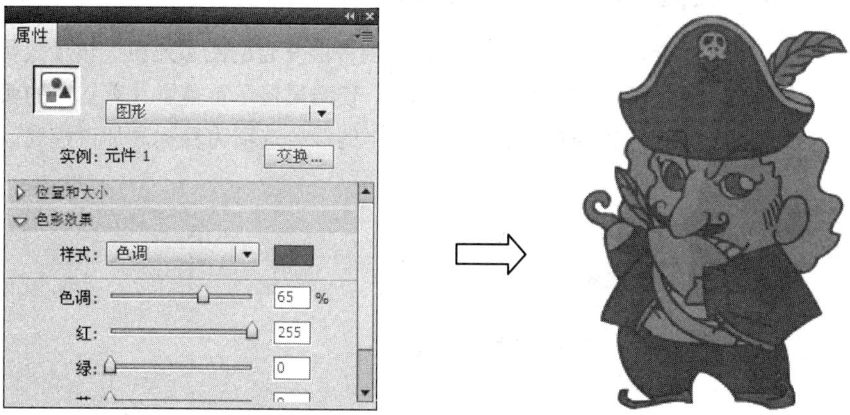

图7-22 “色调”样式效果

- 高级：分别调节实例的红色、绿色、蓝色和透明度值。Alpha控件可以按指定的百分比降低颜色或透明度的值。其他的控件可以按常数值降低或增大颜色或透明度的值，如图7-23所示。

图7-23 高级样式效果

- Alpha：调节元件的透明度，调节范围是从透明（0%）到完全不透明（100%）。若要调整Alpha值，可以单击此三角形并拖动滑块或者在框中输入一个值，如图7-24所示。

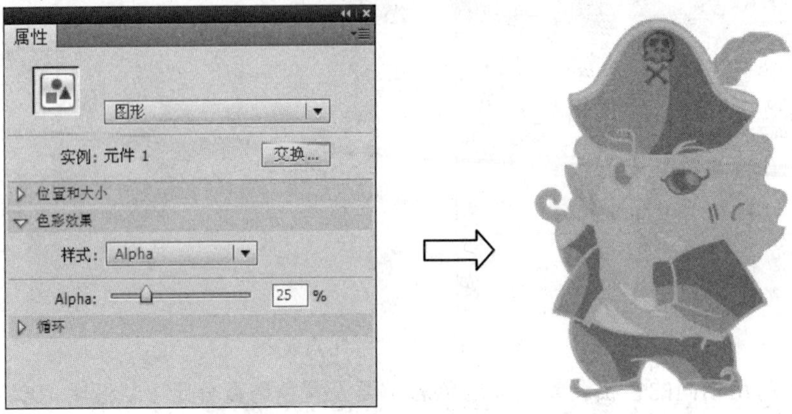

图7-24　Alpha样式效果

7.2.3 设置元件的混合模式

在Flash 动画制作中使用“混合”功能可以得到多层复合的图像效果。该模式将改变两个或两个以上重叠对象的透明度或者颜色的相互关系，使结果显示重叠影片剪辑中的颜色，从而创造独特的视觉效果。用户可以通过“属性”面板中的混合选项为目标添加该模式，如图7-25所示。

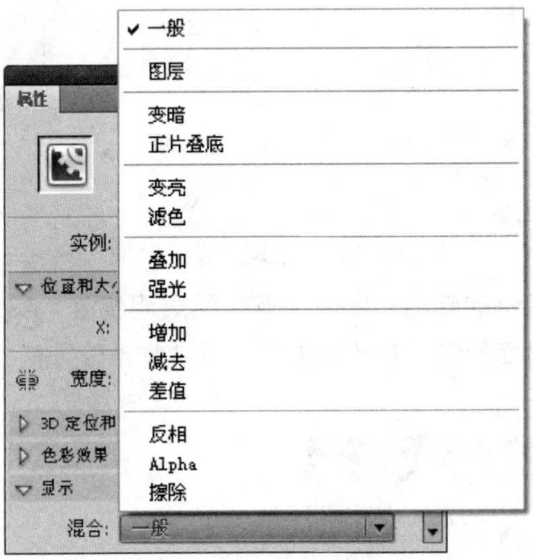

图7-25　“混合”功能

由于混合模式的效果取决于混合对象的混合颜色和基准颜色，因此在使用时应测试不同的颜色，以得到理想的效果。Flash CS5为用户提供了以下几种混合模式。

- 一般：正常应用颜色，不与基准颜色发生相互关系，如图7-26所示。
- 图层：可以层叠各个影片剪辑，而不影响其颜色，如图7-27所示。

图7-26　一般混合模式

图7-27　图层混合模式

● 变暗：只替换比混合颜色亮的区域，比混合颜色暗的区域不变，如图7-28所示。

图7-28　变暗混合模式

● 正片叠底：将基准颜色复合为混合颜色，从而产生较暗的颜色，与变暗的效果相似，如图7-29所示。

图7-29　正片叠底混合模式

● 变亮：只替换比混合颜色暗的像素，比混合颜色亮的区域不变，如图7-30所示。

图7-30　变亮混合模式

● 滤色：将混合颜色的反色复合为基准颜色，从而产生漂白效果，如图7-31所示。

图7-31　滤色混合模式

● 叠加：进行色彩增值或滤色，具体情况取决于基准颜色，如图7-32所示。

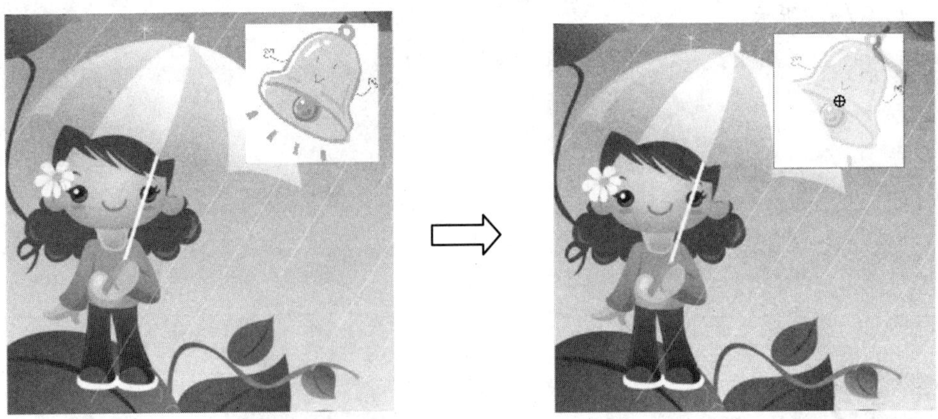

图7-32　叠加混合模式

● 强光：进行色彩增值或滤色，具体情况取决于混合模式颜色。该效果类似于用点光源照射对象，如图7-33所示。

图7-33　强光混合模式

● 增加：根据比较颜色的亮度，从基准颜色增加混合颜色，有类似变亮的效果，如图7-34 所示。

图7-34　增加混合模式

● 减去：根据比较颜色的亮度，从基准颜色减去混合颜色，如图7-35所示。

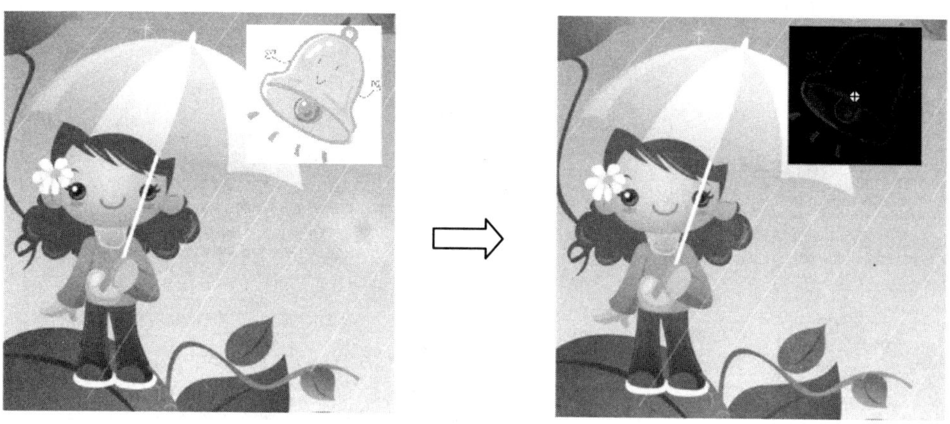

图7-35　减去混合模式

● 差值：从基准颜色减去混合颜色或者从混合颜色减去基准颜色，具体情况取决于哪个的亮度值较大，如图7-36所示。

图7-36 差值混合模式

● 反相：是取基准颜色的反色，该效果类似于彩色底片，如图7-37所示。

图7-37 反相混合模式

● Alpha：应用Alpha遮罩层。模式要求将图层混合模式应用于父级影片剪辑。不能将背景剪辑更改为“Alpha”并应用它，因为该对象将是不可见的，如图7-38所示。

图7-38 Alpha混合模式

● 擦除：删除所有基准颜色像素，包括背景图像中的基准颜色像素。混合模式要求将图层混合模式应用于父级影片剪辑。不能将背景剪辑更改为“擦除”并应用它，因为该对象将是不可见的，如图7–39所示。

图7–39　擦除混合模式

7.2.4 实例训练——制作古典诗词动画

本例使用图形元件与影片剪辑元件来制作一个古典诗词动画。完成后的效果如图7-40所示。

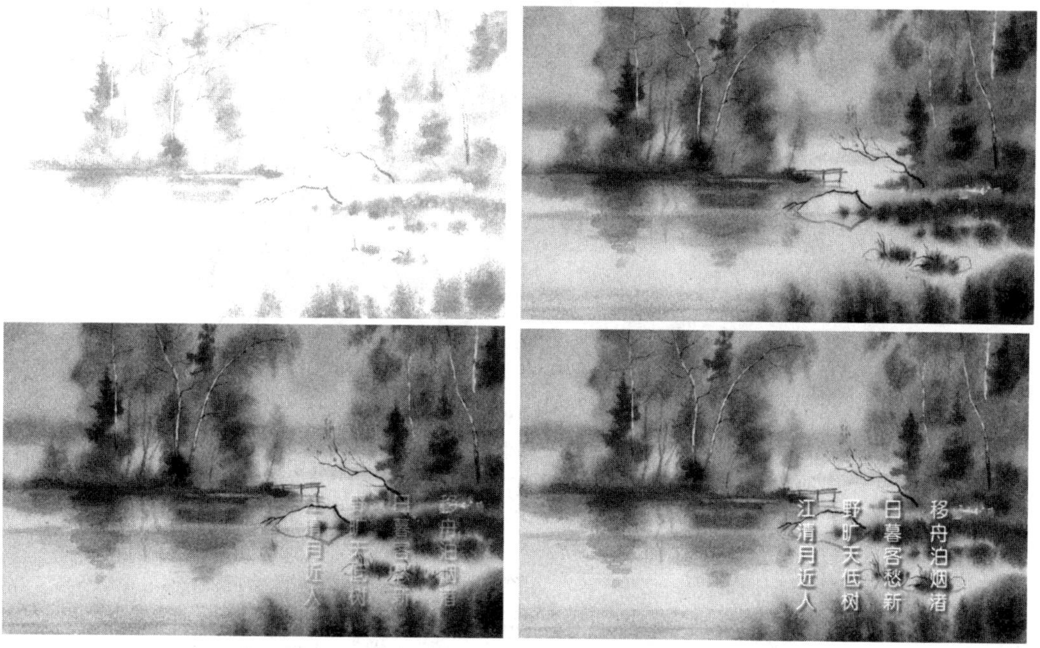

图7–40　完成效果

01 运行Flash CS5，新建一个Flash空白文档。执行“修改”→“文档”命令，打开“文档设置”对话框，在对话框中将“尺寸”设置为500像素（宽）×400像素（高），将“帧频”设置为“12”，如图7–41所示，完成后单击“确定”按钮。

02 执行“文件”→“导入”→“导入到舞台”命令，导入一幅图像到舞台中，如图7–42所示。

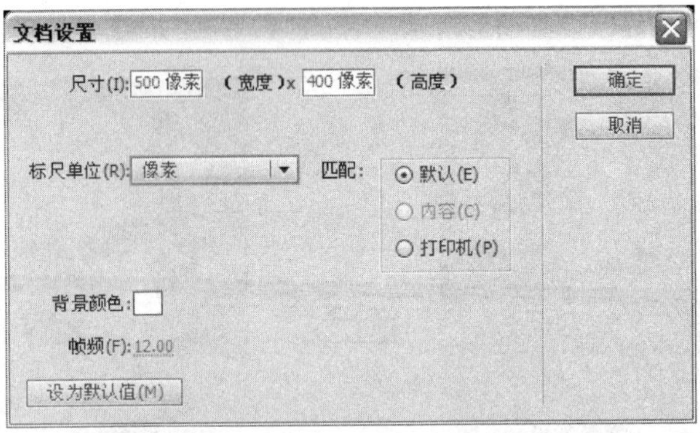

图7–41 “文档设置”对话框

图7–42 导入图像

03 选择导入的图片，按下“F8”键，打开“转换为元件”对话框，在“名称”文本框中输入元件的名称“背景”，在“类型”下拉列表中选择“图形”选项，如图7–43所示。完成后单击“确定”按钮。

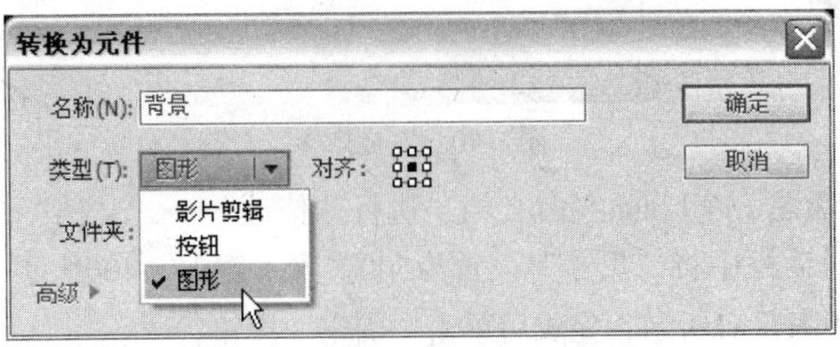

图7–43 “转换为元件”对话框

04 在第40帧处插入关键帧，然后选择第1帧处的图片，打开“属性”面板，在“样式”下拉列表中选择“高级”选项，然后进行如图7-44所示的设置。

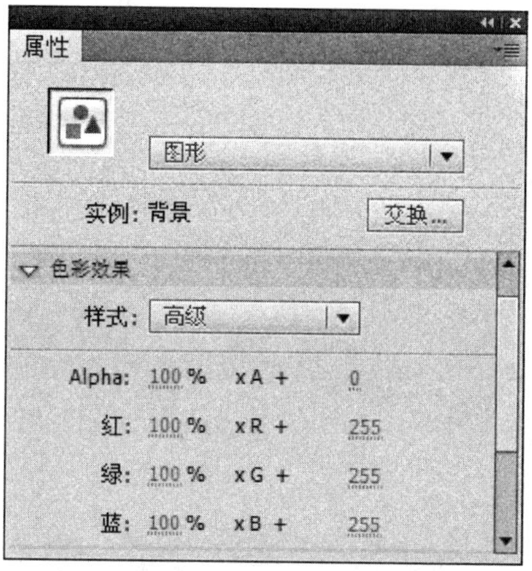

图7-44　设置“高级”选项

05 在第1帧与第40帧之间创建补间动画，然后在第220帧处插入帧。新建图层2，在第45帧处插入关键帧，单击文本工具T，在舞台上输入文字“移舟泊烟渚　日暮客愁新　野旷天低树　江清月近人”，如图7-45所示。

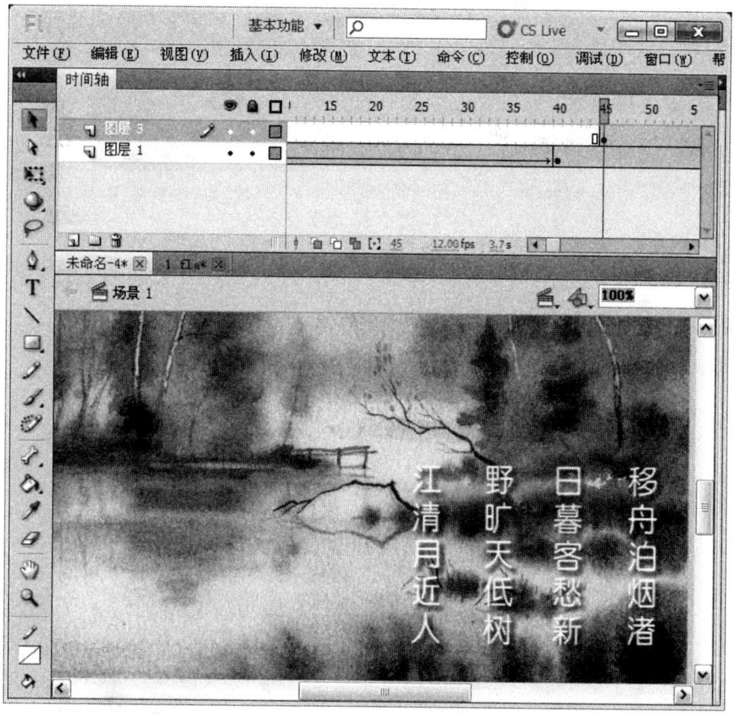

图7-45　输入文本

06 选择输入的文字，按下“F8”键，打开“转换为元件”对话框，在“名称”文本框中输入元件的名称“古诗”，在“类型”下拉列表中选择“影片剪辑”选项，如图7-46所示。完成后单击“确定”按钮。

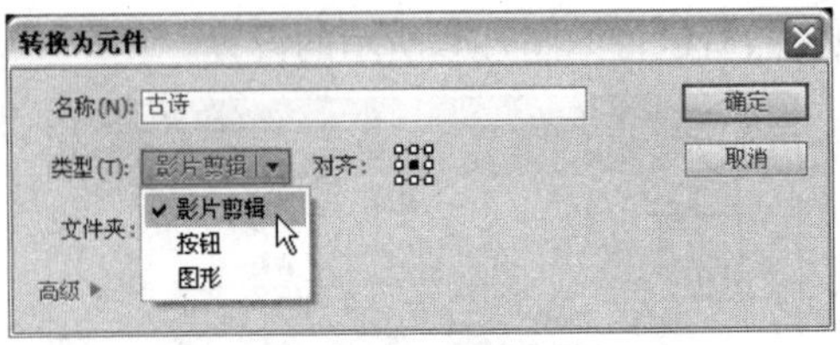

图7-46 “转换为元件”对话框

07 在第120帧处插入关键帧，将120帧处的文字向左移动一段距离，如图7-47所示。

图7-47 移动文字

08 选择第45帧处的文字，在“属性”面板上将其Alpha值设置为0，如图7-48所示。

图7-48 设置Alpha值

09 在图层2第45帧与第120帧之间创建补间动画。保存文件，按下Ctrl+Enter组合键，欣赏动画完成效果，如图7-40所示。

7.3 在元件库中管理元件

库是Flash动画中的一个重要设计工具，合理使用库进行设计可以简化设计过程，这也是进行复杂动画设计的重要设计技巧和手段。

7.3.1 库面板

执行“窗口”→“库”命令或按下“F11”键，打开“库”面板，如图7-49所示。每个Flash文件都对应一个用于存放元件、位图、声音和视频文件的图库。利用“库”面板可以查看和组织库中的元件。当选取库中的一个元件时，“库”面板上部的小窗口中将显示出来。

下面对“库”面板中各按钮的功能说明如下。

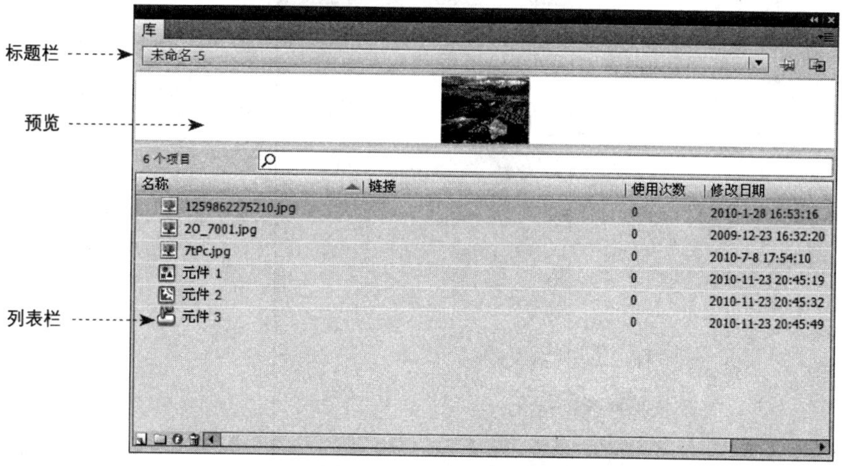

图7-49 “库”面板

1. 标题栏

标题栏中显示当前Flash文件的名称。在标题栏的最右端有一个下拉菜单按钮，单击此按钮后，可以在下拉菜单中选择并执行相关命令。另外收起或展开“库”面板，可以通过单击标题栏上的文件名称来完成。

2. 预览窗口

用于预览所选中的元件。如果被选中的元件是单帧，则在预览窗口中显示整个图形元件。如果被选中的元件是按钮元件，将显示按钮的普通状态。如果选定一个多帧动画文件，预览窗口右上角会出现按钮，单击按钮可以播放动画或声音，单击按钮停止动画或声音的播放。

3. 列表栏

在列表栏中，列出了库中包含的所有元素及它们的各种属性，其中包括：名次、文件类型、使用次数统计、链接情况、修改日期。列表中的内容既可以是单个文件，也可以是文件夹。

7.3.2 库的管理

在“库”面板中可以对文件进行重命名或删除，并可以对元件的类型进行转换。

1. 文件的重命名

对库中的文件或文件夹重命名的方法有以下几种方法。

- 双击要重命名的文件的名称。
- 在需要重命名的文件上单击右键，在弹出菜单中选择“重命名”命令。
- 选择重命名的文件，在“库”面板标题栏右端的下拉菜单按钮，在弹出的快捷菜单中选择“重命名”命令。

执行上述操作中的一种后，会看到该元件名称处的光标闪动，如图7-50所示，输入名称即可。

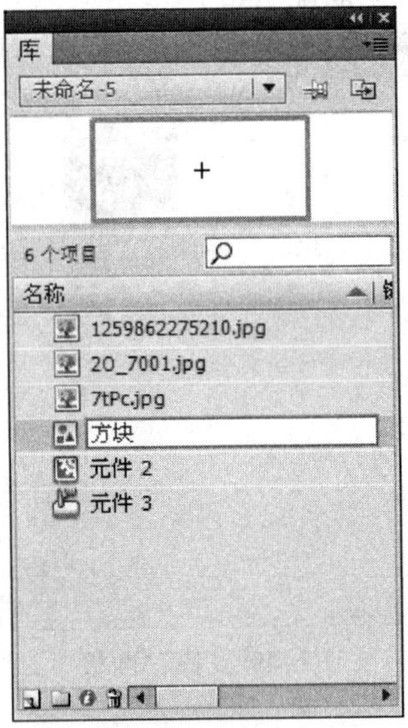

图7-50　重命名文件

2. 文件的删除

对库中多余的文件，可以选中该文件后按下鼠标右键，在弹出的快捷菜单中选择“删除”命令或按下“库”面板下边的删除按钮。在Flash CS5中，删除元件的操作可以通过执行“编辑”→“撤消”命令对其进行撤消。

7.3.3 公用库

“公用库”面板中的元件是系统自带的，不能在“公用库”面板中编辑元件。只有当调用到当前动画后才能进行编辑。调用公用库中的元件的方法与调用“库”面板中的元件的方法相同。公用库共分为三种：声音、按钮和类。

1. 声音库

执行“窗口”→“公用库”→“声音”命令，打开“声音”库，如图7-51所示，其中包括了多个声音。用户可以从列表中选取所需的声音文件，这为制作影片带来了极大的方便，省去了很多自己到处去找声音文件的烦恼。

图7-51 “声音”库

2. 按钮库

执行“窗口”→“公用库”→“按钮”命令，打开“按钮”库，如图7-52所示，按钮库中提供了内容丰富且形式各异的按钮标本，用户可以根据自己的具体需要在“按钮”库里选择合适的按钮。

图7-52 “按钮”库

3. 类库

执行“窗口”→“公用库”→“类”命令，打开类库，如图7-53所示。该库中共有3个元件，分别是数据绑定组件、应用组件和网络服务组件。

图7-53 “类”库

7.4 本章小结

Flash电影中的元件就像影视剧中的道具、演员，都是具有独立身份的元素。它们在影片中发挥着各自的作用，是Flash动画影片构成的主体。使用元件编辑动画不但更加方便，还可以大大减小Flash动画的尺寸。这也是进行复杂动画设计的重要技巧和手段，希望读者能好好掌握。

7.5 本章习题

1. 填空题

（1）Flash CS5中有三大元件，分别是________、________、________。

（2）________是Flash动画中常用的元件类型，是独立于动画时间线的元件。

（3）选中动画元素后，按下________键，能将其转换为元件。

2. 判断题

（1）在Flash中，元件都有一个唯一的时间轴、舞台以及图层。（ ）

（2）执行“窗口”→“库”命令或按下“F10”键，可以打开“库”面板。（ ）

（3）Flash中的公用库分为三种：音乐、按钮和类。（ ）

3. 操作题

（1）分别在Flash CS5中新建一个图形元件、一个按钮元件与一个影片剪辑元件。

（2）创建一个会变色的按钮元件。

第8章

声音与视频的使用

要使Flash动画更加完善、更加引人入胜，只有漂亮的造型、精彩的情节是不够的，为Flash动画添加上生动的声音效果，除了可以使动画内容更加完整外，还有助于动画主题的表现。

本章学习要点

- 掌握声音的导入及使用方法
- 了解声音的处理方法
- 掌握视频的导入方法

8.1 声音的导入及使用

Flash影片中的声音，是通过对外部的声音文件导入而得到的。Flash可以直接导入WAV声音（*.wav）、MP3声音（*.mp3）、AIFF声音（*.aif）等格式的声音文件，支持Midi格式（*.mid）的声音文件映射到Flash中。

8.1.1 声音的导入

与导入位图的操作一样，执行“文件”→“导入”→“导入到舞台”命令，在打开的“导入”对话框中选择一个声音文件，如图8-1所示，单击“打开”按钮就可以完成对声音文件的导入。

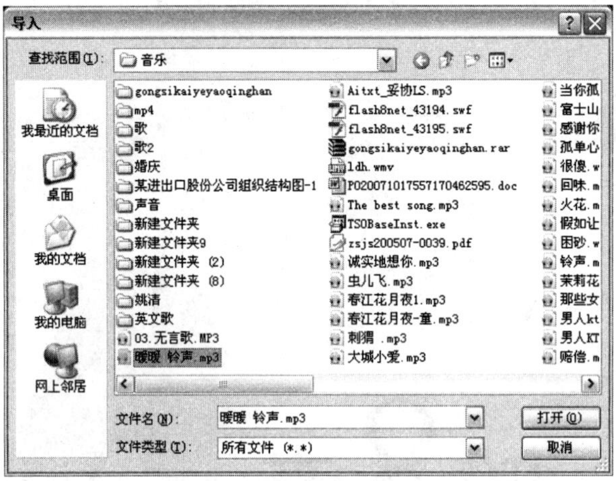

图8-1 “导入”对话框

导入的声音文件作为一个独立的元件存在于“库”面板中，单击“库”面板预览窗格右上角的播放按钮▶，可以对其进行播放预览，如图8-2所示。

图8-2 库中的声音文件

执行“文件”→“导入→“导入到舞台”命令只能将声音导入到元件库中，而不是场景中，所以要使影片具有音效还要将声音加入到场景中。

选择需添加声音的关键帧或空白关键帧，从“库”面板中选择声音元件，按住鼠标左键不放直接将其拖曳到绘图工作区即可；选择需添加声音的关键帧或空白关键帧，在“属性”面板中的“名称”下拉列表中可以选择需要的声音元件，如图8-3所示。

图8-3　选择声音

8.1.2 声音的使用

当把声音引入到“库”面板中后，就可以将它应用到动画中了。下面结合实例说明为Flash动画加入声音的操作步骤。

01 制作一个简单动画，其时间轴的状态如图8-4所示。

图8-4　时间轴

02 执行“文件”→“导入”→“导入到舞台”命令，打开“导入”对话框。在“导入”对话框中选择要导入的声音文件，然后单击“确定”按钮，导入声音文件，如图8-5所示。

03 执行“窗口”→“库”命令，打开“库”面板。导入到Flash中的声音文件已经在“库”面板中了，如图8-6所示。

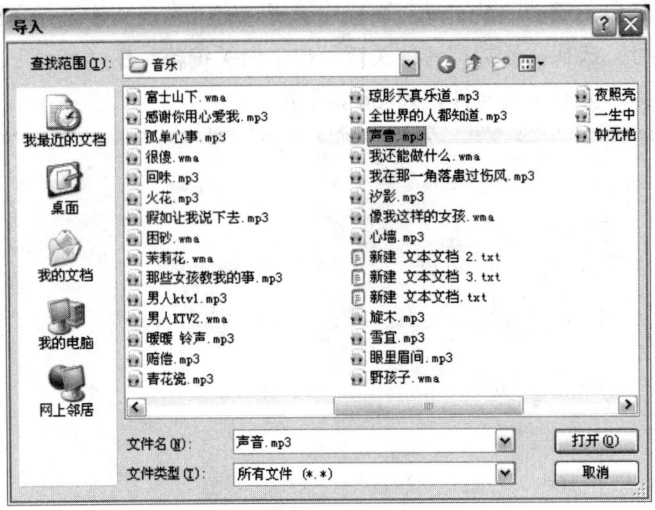

图8-5 “导入”对话框

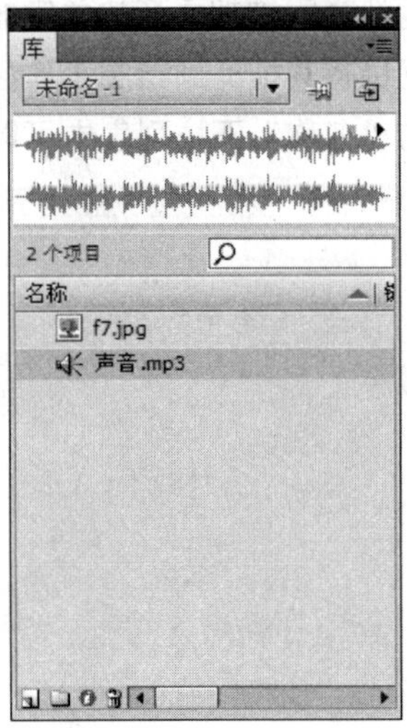

图8-6 “库”面板

04 新建一个图层来放置声音，并将该图层命名为“声音”，如图8-7所示。

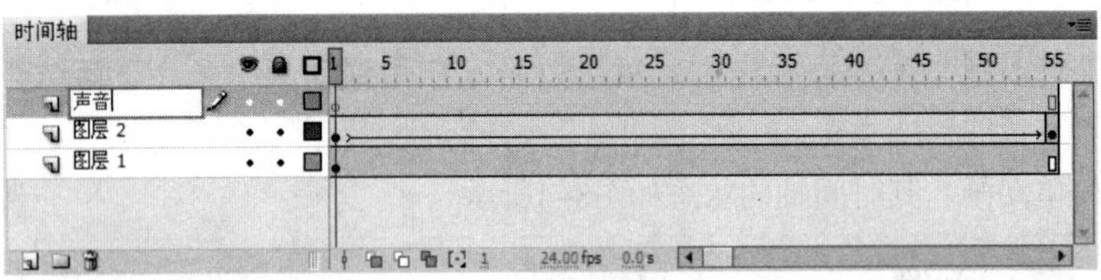

图8-7 新建图层

> **提示**
>
> 一个层中可以放置多个声音文件，声音与其他对象也可以放在同一个图层中。但建议将声音对象单独使用一个图层，这样便于管理。当播放动画时，所有图层中的声音都将一起被播放。

05 在时间轴上选择需要加入声音的帧，这里选择“声音”层中的第1帧，然后在“属性”面板中的“名称”下拉列表中选中刚刚导入到影片中的声音文件。在“同步”下拉列表中选择“数据流”选项，其他选项保持为默认设置，如图8-8所示。

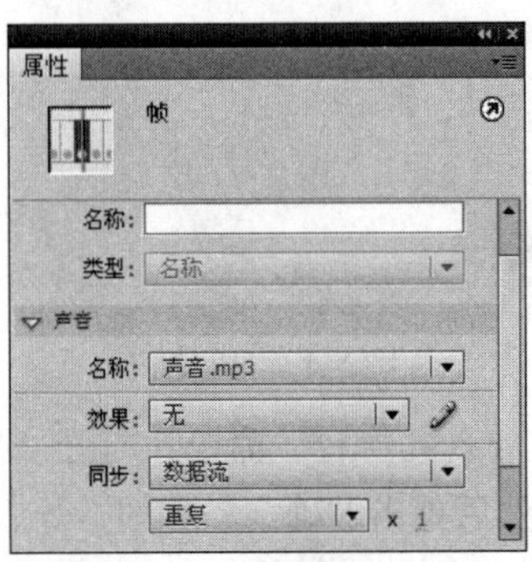

图8-8 声音“属性”面板

06 声音被导入Flash后，其时间轴的状态如图8-9所示。按下Ctrl+Enter组合键预览动画效果即可。

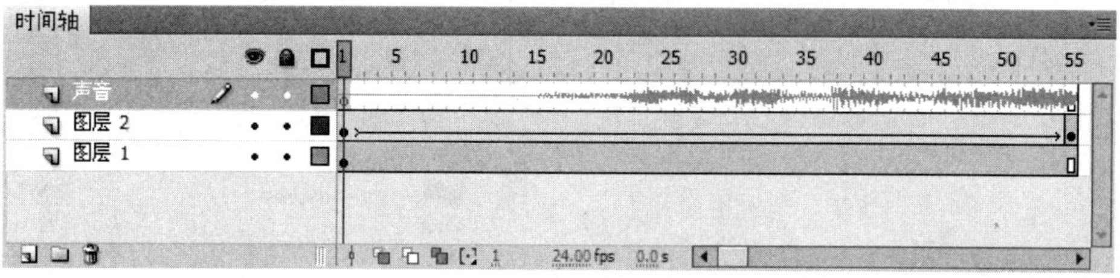

图8-9　导入声音的时间轴

8.2 声音的处理

在文档中添加声音后，还可以对其效果、播放次数、同步、导出品质等参数进行编辑，达到动画制作需要的效果。

8.2.1 声音属性的设置

向Flash动画中引入声音文件后，该声音文件首先被放置在“库”面板中，执行下列操作之一都可以打开“声音属性”对话框。

- 双击“库”面板中的图标。
- 在“库”面板中的图标上单击鼠标右键，在弹出的快捷菜单中选择“属性”命令。
- 选中“库”面板中声音文件，单击“库”面板下方的“属性”按钮。

在如图8-10所示的“声音属性”对话框中，可以对当前声音的压缩方式进行调整，也可以更换导入文件的名称，还可以查看属性信息等。

“声音属性”对话框顶部文本框中将显示声音文件的名称，其下方是声音文件的基本信息，左侧是输入的声音的波形图。右方是一些按钮。

- 更新(U)：对声音的原始文件进行连接更新。
- 导入(I)...：导入新的声音内容。新的声音将在元件库中使用原来的名称并对其进行覆盖。
- 测试(T)：对目前的声音元件进行播放预览。
- 停止(S)：停止对声音的预览播放。

在“声音属性”对话框的“压缩”的下拉列表中共有5个选项，分别为“默认值”、“ADPCM（自适应音频脉冲编码）”、“MP3”、“原始”和“语音”。现将各选项的含义做简要说明。

- 默认值：使用全局压缩设置。
- ADPCM：自适应音频脉冲编码方式用来设置16位声音数据的压缩，导出较短小的事件声音时使用该选项。其中包括了3项设置，如图8-11所示。
    - 预处理：将立体声合成位单声道，对于本来就是单声道的声音不受该选项影响。

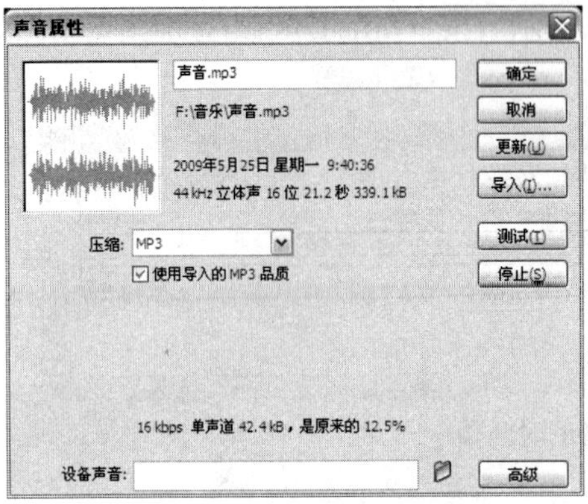

图8-10 “声音属性”对话框

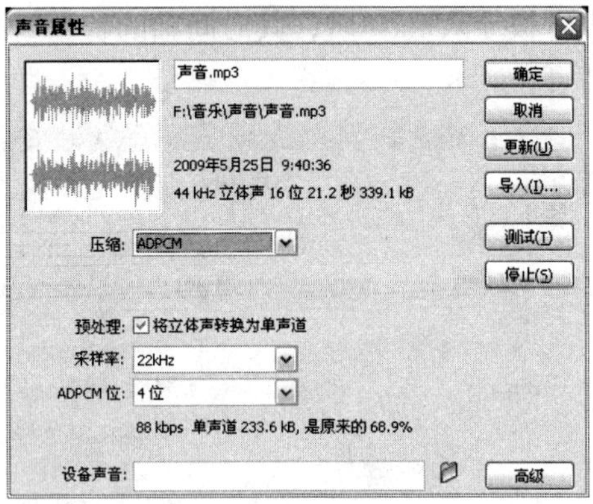

图8-11 “声音属性”对话框

- 采样率：用于选择声音的采样频率。采样频率为5KHz是语音最低的可接受标准，低于这个比率，人的耳朵将听不见；11kHz是电话音质；22kHz是调频广播音质，也是Web回放的常用标准；44kHz的是标准CD音质。如果作品中要求的质量很高，要达到CD音乐的标准，必须使用44kHz的立体声方式，其每1分钟长度的声音约占10M左右的磁盘空间，容量是相当大的。因此，既要保持较高的声音质量，又要减小文件的容量，常规的做法是选择22kHz的音频质量。

提示

由于Flash不能增强音质，所以如果某段声音是以11kHz的单声道录制的，则该声音在导出时将仍保持11kHz单声道，即使将其采样频率更改为44kHz立体声也无效。

- ADPCM位：决定在ADPCM编辑中使用的位数，压缩比越高，声音文件越小，音质越差。在此处提供了4个选项，分别为“2位”、“3位”、“4位”和“5位”，5位为音质最好。

- MP3：如果选择了该选项，声音文件会以较小的比特率、较大的压缩比率达到近乎完美的CD音质。在需要导出较长的流式声音（例如音乐音轨）时，即可使用该选项。
- 原始：如果选择了该选项，在导出声音过程中将不进行任何加工。但是可以设置“预处理”中的“转换立体声成单声”选项和“采样频率”选项，如图8-12所示。

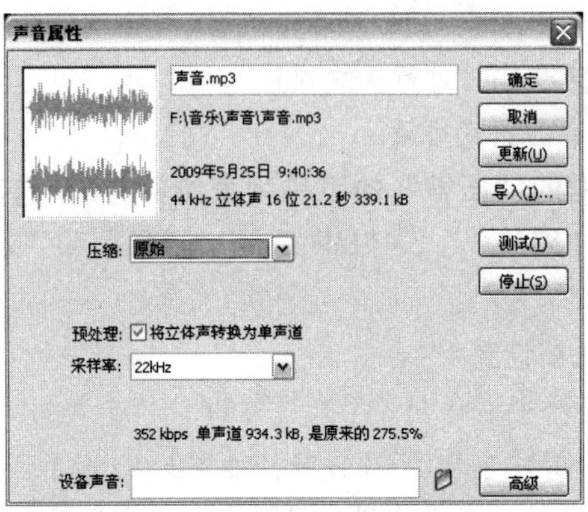

图8-12 选择“原始”压缩格式

- 预处理：在“位比率”为16kbit/s或更低时，“预处理”的“转换立体声成单声”选项显示为灰色，表示不可用。只有在“位比率”高于16kbit/s时，该选项才有效。

- 采样率：决定由MP3编码器生成的声音的最大比特率。MP3比特率参数只在选择了MP3编码作为压缩选项时才会显示。在导出音乐时，将比特率设置为16kbit/s或更高将获得最佳效果。该选项最低值为8kbit/s，最高为160kbit/s。

- 语音：如果选择了该选项，该选项中的“预处理”将始终为灰色不可选状态，“采样频率”的设置同ADPCM中采样频率的设置。

8.2.2 设置事件的同步

通过“属性”面板的“同步”区域，可以为目前所选关键帧中的声音进行播放同步的类型设置，对声音在输出影片中的播放进行控制，如图8-13所示。

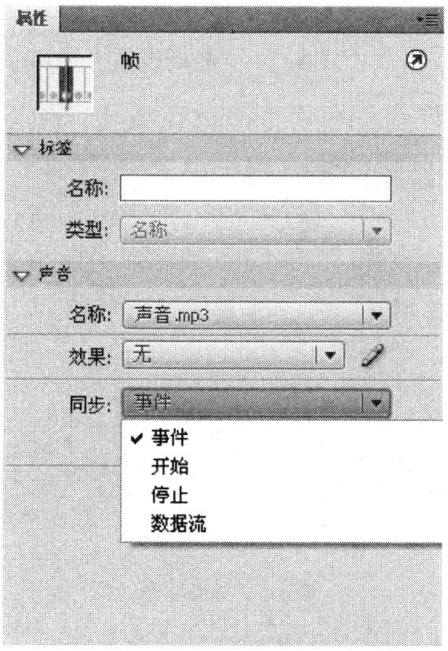

图8-13　同步类型的设置

1. 同步类型

（1）事件

在声音所在的关键帧开始显示时播放，并独立于时间轴中帧的播放状态，即使影片停止也将继续播放，直至整个声音播放完毕。

（2）开始

和“事件”相似，只是如果目前的声音还没有播放完，即使时间轴中已经经过了有声音的其他关键帧，也不会播放新的声音内容。

（3）停止

时间轴播放到该帧后，停止该关键帧中指定的声音，通常在设置有播放跳转的互动影片中才使用。

（4）数据流

选择这种播放同步方式后，Flash将强制动画与音频流的播放同步。如果Flash Player不能足够快地绘制影片中的帧内容，便跳过阻塞的帧，而声音的播放则继续进行并随着影片的停止而停止。

2. 声音循环

如果要使声音在影片中重复播放，可以在“属性”面板“同步”区域对关键帧上的声音进行设置。

- 重复：设置该关键帧上的声音重复播放的次数，如图8-14所示。

图8-14　重复设置

- 循环：使该关键帧上的声音一直不停地循环播放，如图8-15所示。

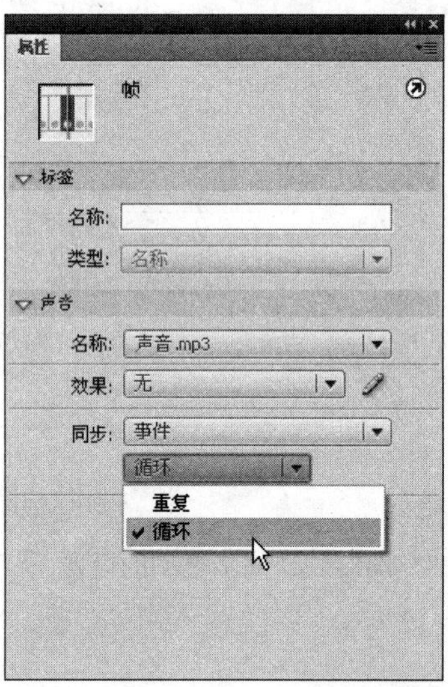

图8-15　循环设置

> **提示**
>
> 如果使用“数据流”的方式对关键帧中的声音进行同步设置，则不宜为声音设置重复或循环播放。因为音频流在被重复播放时，会在时间轴中添加同步播放的帧，文件大小就会随声音重复播放的次数陡增。

8.2.3 音效的设置

导入到Flash影片中的声音，通常都是已经确定好音效的文件。在实际的影片编辑中，经常需要对使用的声音进行播放时间和声音效果的编辑，使其更符合影片动画的要求，例如为声音设置淡入淡出、突然提高等效果。

01 选择时间轴上已经添加了声音的关键帧，在“属性”面板中单击“效果”下拉列表右侧的✎按钮，如图8-16所示。

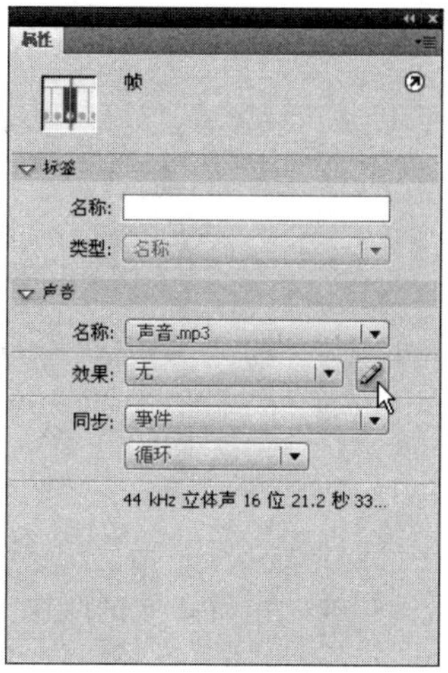

图8-16 “属性”面板

02 打开“编辑封套”对话框，在对话框的“效果”下拉列表中为该声音选择需要的处理效果，如图8-17所示。

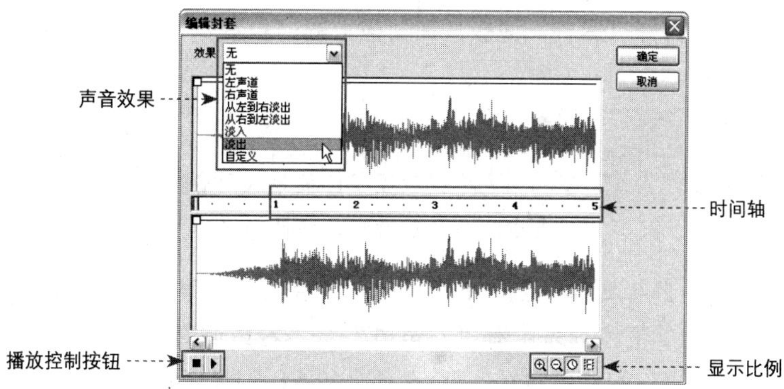

图8-17 “编辑封套”对话框

03 按住并拖动时间轴中声音开始点或结束点的控制钮，可以对声音在影片中播放的开始和结束位置进行设置，如图8-18所示。

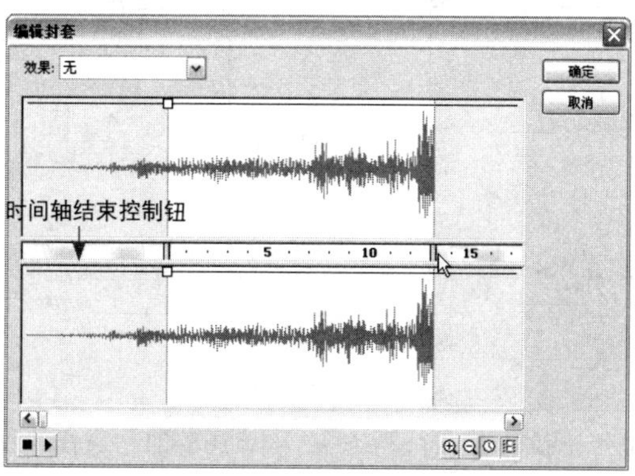

图8-18 开始和结束设置

04 在声音通道顶部的时间线上单击鼠标左键，可以在该位置增加控制手柄，对声音左、右声道在该位置的音量大小分别进行调节，得到如淡入淡出、忽高忽低的效果，如图8-19所示。

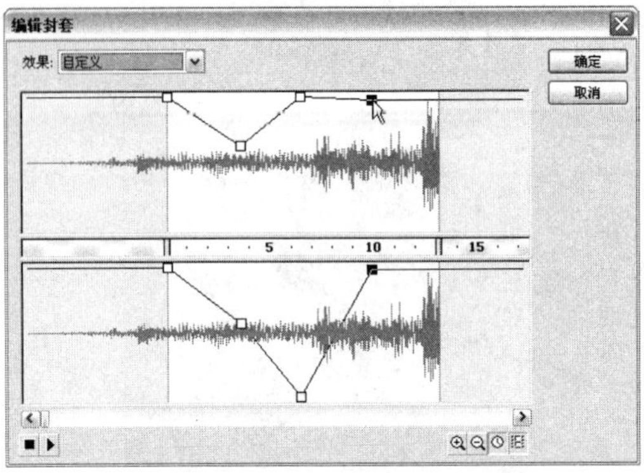

图8-19 左、右声道的调节

8.2.4 声音编辑封套的使用

前面介绍将声音导入Flash后，该声音文件将被放置在“库”面板中，这时执行“窗口”→“属性”命令，打开“属性”面板，在面板上的“声音”下拉列表中可以选择导入的声音文件，如图8-20所示。

提示

在“属性”面板的“声音”下拉列表中，放置了已被导入的音频文件所对应的文件名。只要从外部调用了音频文件，此下拉列表中就会自动增加该文件的名称。

在“属性”面板中选择要导入到Flash内的声音后，“效果”下拉列表由不可选状态变为可选状态。在“效果”下拉列表中有“左声道”、“右声道”、“向右淡出”、“向左淡出”、“淡入”、“淡出”和“自定义”7个选项，如图8-21所示。

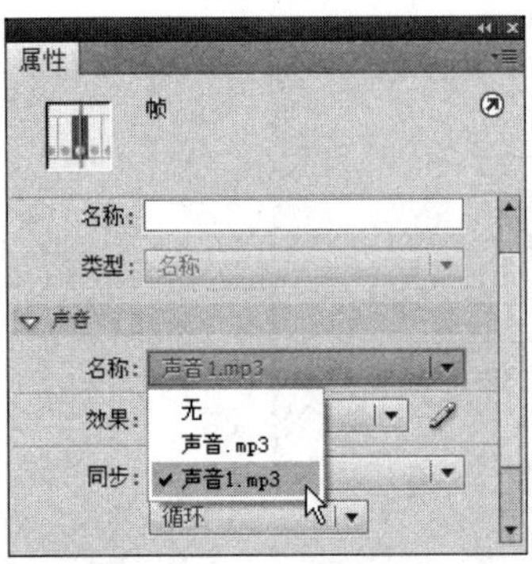

图8-20 “声音”下拉列表

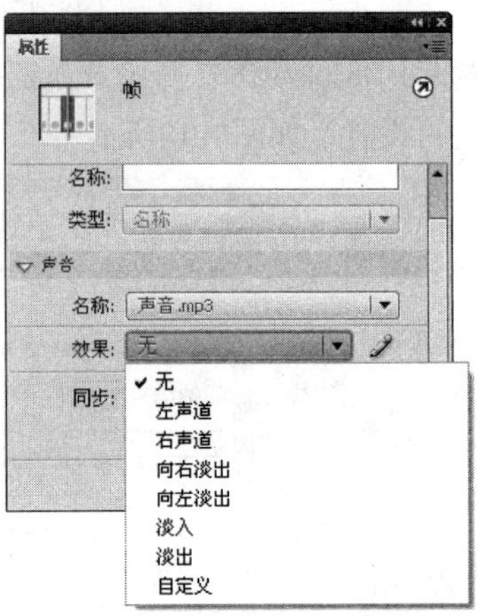

图8-21 声音“效果”下拉列表

现将下拉列表中各选项的用法说明如下。

- 左声道：只使用左声道播放声音。
- 右声道：只使用右声道播放声音。
- 向右淡出：产生从左声道向右声道渐变的音效。
- 向左淡出：产生从右声道向左声道渐变的音效。
- 淡入：用于制造淡入的音效。
- 淡出：用于制造淡出的音效。
- 自定义：当选择了该选项后，将弹出“编辑封套”对话框，让用户对声音进行手动调整，如图8-22所示。

在“编辑封套”对话框中的“效果”下拉列表中的选项设置效果与在“属性”面板中的“效果”下拉列表中设置一样，它们是相关联的操作，即修改它们任意一处的设置，另一处的设置也会随之发生改变。

声音文件的左声道和右声道的波形分别显示在“编辑封套”对话框中的下预览窗口中，除此之外，在窗口中还有一条左侧带有方形控制柄的直线，用来调节音频的音量大小。只要单击上下预览窗口中的任意一点，两个预览窗口中的直线上都会增加一个方形的控制柄，另外，也可以拖动方形控制柄来调节声音在不同时间的音量大小，如图8-23所示。

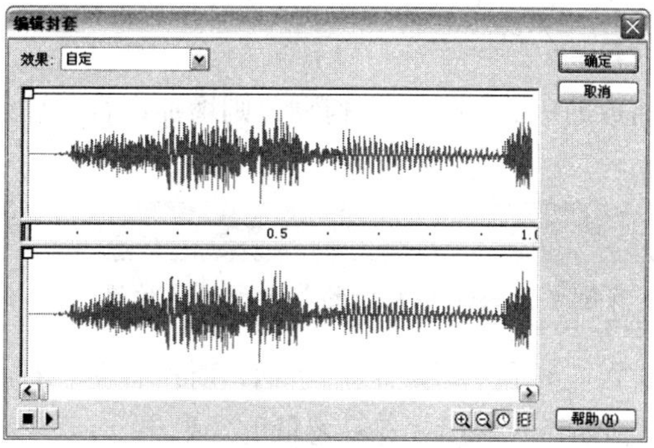

图8-22 “编辑封套”对话框

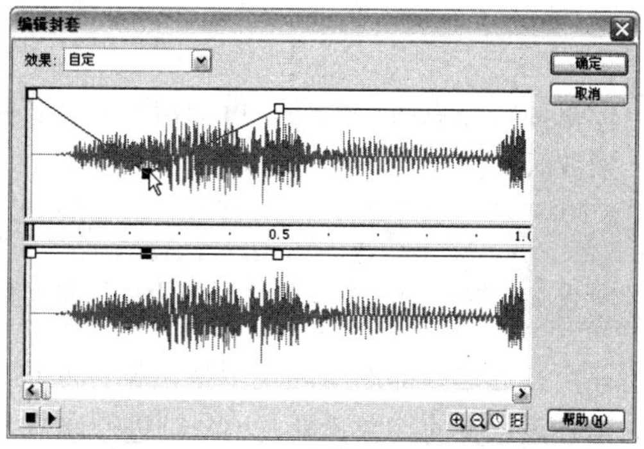

图8-23 “编辑封套”对话框

由于“编辑封套”对话框的预览窗口的观看区域有限，较长的声音将无法完全展示，这就需要通过拖动对话框下面的滑动条观看或使用对话框下方的放大、缩小工具来调整，如图8-24所示。

图8-24 标尺显示模式工具

现将各项按钮的用法做简要介绍。

- 放大按钮：单击此按钮，放大窗口中的波形图，使显示在预览窗口中的内容显示得更加清晰。
- 缩小按钮：单击此按钮，缩小窗口中的波形图，以便在预览窗口中看到更长时间内的声音波形。
- 时间模式按钮：单击此按钮，时间轴将以时间为单位显示。
- 帧模式按钮：单击此按钮，时间轴将以帧数为单位显示。

如果声音播放时间的长度比动画播放时间还要长，可以设置声音的起点与终点位置（这两点位于两个声道的波形图中间的标尺的两端），这样可以缩短声音播放的时间。下面介绍设置声音播放时间的操作步骤。

01 选择时间轴上已经添加了声音的关键帧，在“属性”面板中单击“效果”下拉列表右侧的按钮，弹出“编辑封套”对话框。

02 用鼠标将起点向右拖动，可缩短声音文件播放的时间，如果向左拖动，则增加声音文件的播放时间，如图8-25所示。

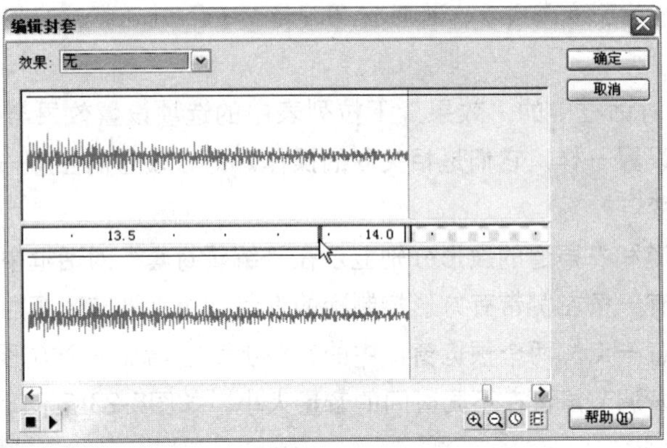

图8-25 “编辑封套”对话框

03 用鼠标将终点向左拖动，可缩短声音文件的播放时间，如果向右拖动，则增加声音文件的播放时间。

提示

用鼠标双击两个声道的波形图中间的标尺的任意位置，则恢复声音的起点和终点位置。

04 在声音通道顶部的时间线上单击鼠标左键，可以在该位置增加控制手柄，对声音左、右声道在该位置的声音音量大小分别进行调节，得到如淡入淡出、忽高忽低的效果。

8.2.5 实例训练——制作中国功夫动画

在Flash中，可以使用多种方法在电影中添加声音，例如给按钮添加声音后，鼠标光标经过按钮或按下按钮时将发出特定的声音。本例就使用按钮元件与导入声音功能来制作一个中国功夫的动画，当鼠标经过男孩与在男孩上按下鼠标时，会变换动作并发出叫喊的声音，完成后的效果如图8-26所示。

图8-26 完成效果

01 运行Flash CS5，新建一个Flash空白文档。执行“修改”→“文档”命令，打开“文档设置”对话框，在对话框中将“尺寸”设置为650像素（宽）×400像素（高），将“帧频”设置为“12”，如图8-27所示，完成后单击“确定”按钮。

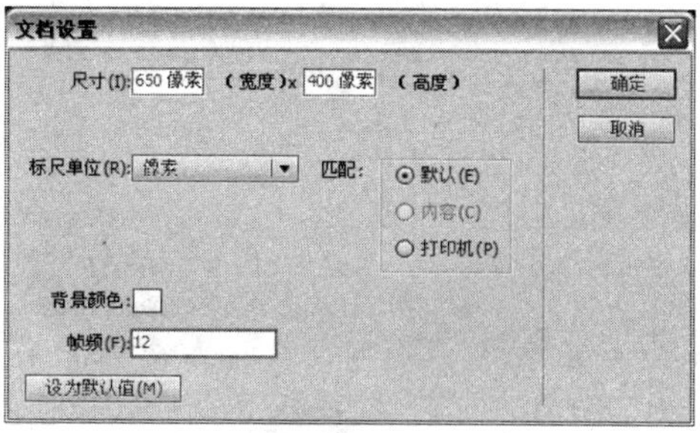

图8-27 “文档设置”对话框

02 执行“插入”→“新建元件”命令，打开“创建新元件”对话框。在对话框中的“名称”文本框中输入按钮的名称“男孩”，在“类型”下拉列表中选择“按钮”选项，如图8-28所示，完成后单击“确定”按钮进入按钮元件的编辑状态。

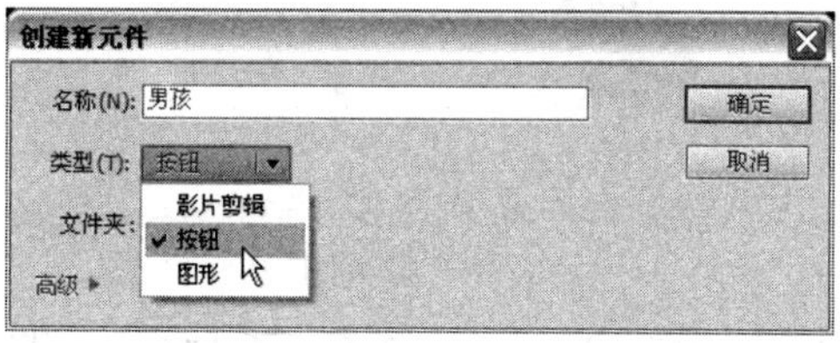

图8-28 “创建新元件”对话框

03 执行“文件”→“导入”→“导入到舞台”命令，导入一幅图像到编辑区中，如图8-29所示。

图8-29 导入图像

04 分别在“指针经过”帧处与“按下”帧处插入空白关键帧，然后在这两帧中导入图像，如图8-30所示。

图8-30 导入图像

05 执行“文件”→“导入”→“导入到舞台”命令，在打开的“导入”对话框中选择一个声音文件，如图8-31所示，完成后单击“打开”按钮。

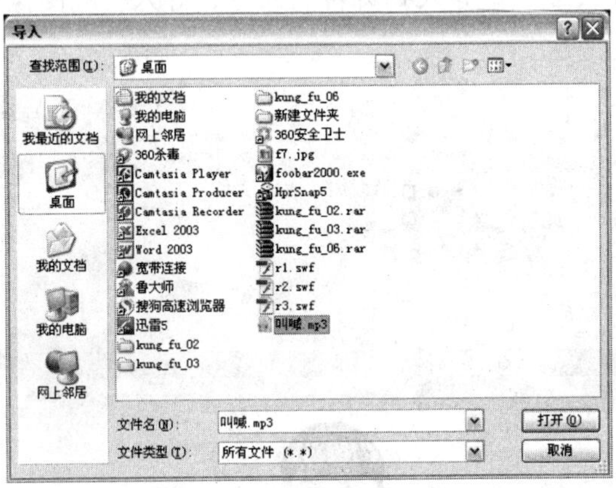

图8-31 “导入”对话框

06 新建图层2，分别在在“指针经过”帧处与“按下”帧处插入空白关键帧，如图8-32所示。

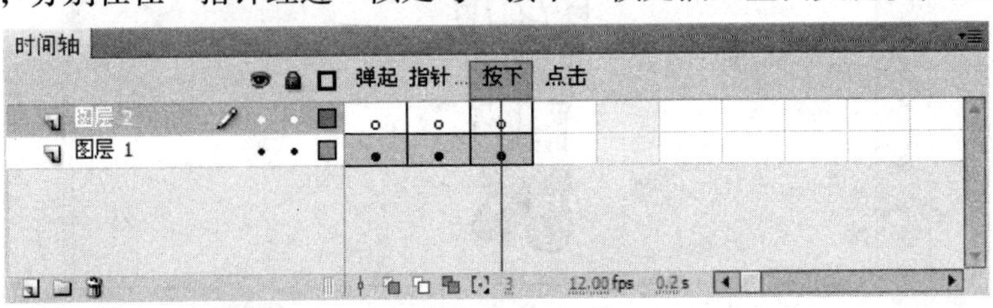

图8-32 插入空白关键帧

07 选择图层2上的“指针经过”帧，然后在“属性”面板中的“名称”下拉列表中选中刚刚导入到影片中的声音文件。在“同步”下拉列表中选择“数据流”选项，其他选项保持为默认设置，如图8-33所示。

图8-33　选择声音文件

08 为图层2上的“按下”帧也添加刚刚导入的声音文件，然后回到场景1，导入一副背景图像到舞台上，如图8-34所示。

图8-34　导入背景图像

09 新建图层2，打开“库”面板，从“库”面板里将按钮元件“男孩”拖入到舞台上，如图8-35所示。

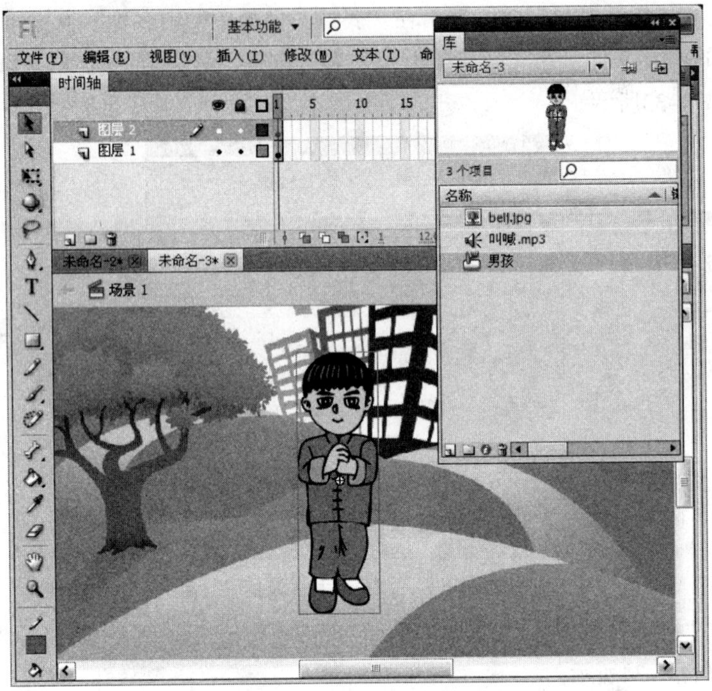

图8-35 拖入按钮元件

10 保存文件，按下Ctrl+Enter组合键，欣赏动画完成效果，如图8-26所示。

8.3 视频的导入

Flash CS5可以从其他应用程序中将视频剪辑导入为嵌入或链接的文件。

8.3.1 能导入的视频格式

在Flash CS5中并不是所有的视频都能导入到库中，如果用户的操作系统安装了QuickTime 4（或更高版本）或安装了DirectX 7（或更高版本）插件，则可以导入各种文件格式视频剪辑。主要格式包括AVI（音频视频交叉文件）、MOV（QuickTime 影片）和MPG/MPEG（运动图像专家组文件），还可以将带有嵌入视频的Flash文档发布为SWF文件。

如果系统中安装了QuickTime 4，则在导入嵌入视频时支持表8-1所示的视频文件格式。

表8-1 安装了QuickTime 4可导入的视频格式

文件类型	扩展名
音频视频交叉	.avi
数字视频	.dv
运动图像专家组	.mpg、.mpeg
QuickTime 影片	.mov

如果系统安装了DirectX 7或更高版本，则在导入嵌入视频时支持如表8-2所示的视频文件格式。

表8-2　安装了DirectX 7或更高版本导入的视频格式

文件类型	扩展名
音频视频交叉	.avi
运动图像专家组	.mpg、.mpeg
Windows 媒体文件	.wmv、.asf

在有些情况下，Flash可能只能导入文件中的视频，而无法导入音频。例如，系统不支持用QuickTime 4导入的MPG/MPEG文件中的音频。在这种情况下，Flash会显示警告消息，指明无法导入该文件的音频部分，但是仍然可以导入没有声音的视频。

8.3.2 认识视频编解码器

在默认情况下，Flash 使用Sorenson Spark编解码器导入和导出视频。编解码器是一种压缩/解压缩算法，用于控制导入和导出期间多媒体文件的压缩和解压缩方式。

Sorenson Spark是包含在Flash中的运动视频编解码器，使用者可以向Flash中添加嵌入的视频内容。Spark是高品质的视频编码器和解码器，显著地降低了将视频发送到Flash所需的带宽，同时提高了视频的品质。由于包含了Spark，Flash在视频性能方面获得了重大飞跃。在Flash 5或更早的版本中，只能使用顺序位图图像模拟视频。

现在可供使用的Sorenson Spark有两个版本：Sorenson Spark标准版包含在Flash和Flash Player中。Spark标准版编解码器对于慢速运动的内容（例如人在谈话）可以产生高品质的视频。Spark视频编解码器由一个编码器和一个解码器组成。编码器（或压缩程序）是Spark中用于压缩内容的组件。解码器（或解压缩程序）是对压缩的内容进行解压以便能够对其进行查看的组件，解码器包含在Flash Player中。

对于数字媒体，可以应用两种不同类型的压缩：时间和空间。时间压缩可以识别各帧之间的差异，并且只存储这些差异，以便根据帧与前面帧的差异来描述帧。没有更改的区域只是简单地重复前面帧中的内容。时间压缩的帧通常称为帧间。空间压缩适用于单个数据帧，与周围的任何帧无关。空间压缩可以是无损的（不丢弃图像中的任何数据）或有损的（有选择地丢弃数据）。空间压缩的帧通常称为内帧。

Sorenson Spark是帧间编解码器。与其他压缩技术相比，Sorenson Spark的高效帧间压缩在众多功能中尤为独特。它只需要比大多数其他编解码器都要低得多的数据速率，就能产生高品质的视频。许多其他编解码器使用内帧压缩，例如，JPEG是内帧编解码器。

帧间编解码器也使用内帧。内帧用作帧间的参考帧（关键帧）。Sorenson Spark总是从关键帧开始处理。每个关键帧都成为后面的帧间的主要参考帧。只要下一帧与上一帧显著不同，该编解码器就会压缩一个新的关键帧。

8.3.3 导入为内嵌视频

内嵌视频也称为嵌入视频，所指为导入到Flash中的视频文件。用户可以将导入后的视频与主场景中帧频同步，也可以调整视频与主场景的时间轴的比率，以便在回放时对视频中的帧进行编辑。导入为嵌入视频的操作步骤如下。

01 执行“文件”→“导入→“导入视频”命令，进入图8-36所示的“导入视频”对话框。

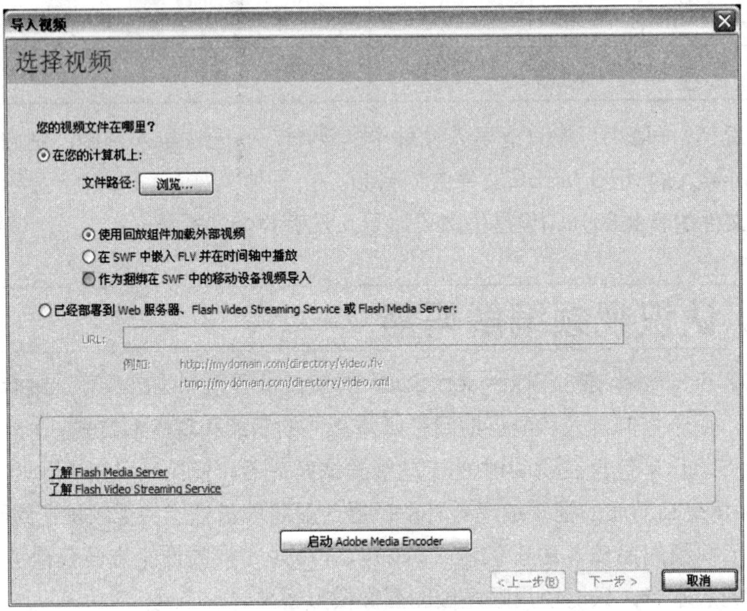

图8-36 “导入视频”对话框

02 单击对话框中的“浏览”按钮，在弹出的“打开”对话框中选择一个视频文件，如图8-37所示，完成后单击“打开”按钮。

图8-37 选择文件

03 单击“导入视频”对话框中的“下一步”按钮，进入“外观”对话框，在“外观”下拉列表中选择一种播放控件的外观模式，如图8-38所示。

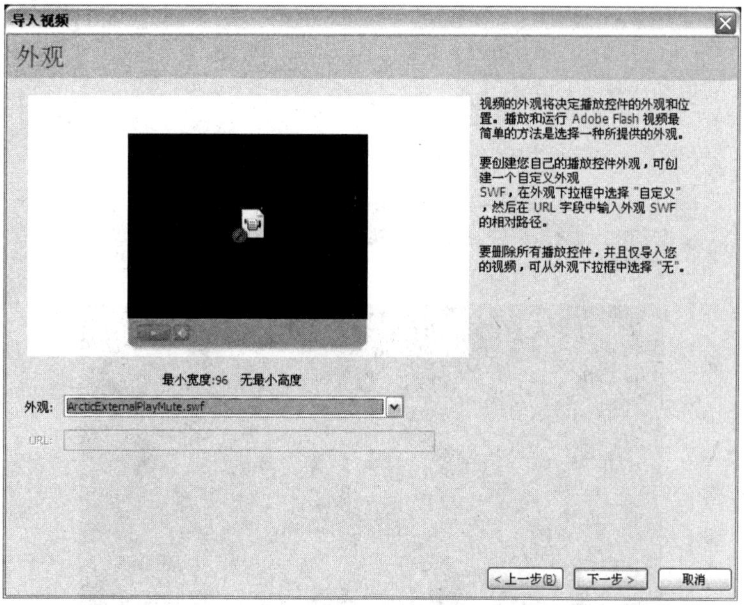

图8-38 “外观”对话框

04 单击“下一步”按钮，进入“完成视频导入”对话框，如图8-39所示，在对话框中单击“完成”按钮。

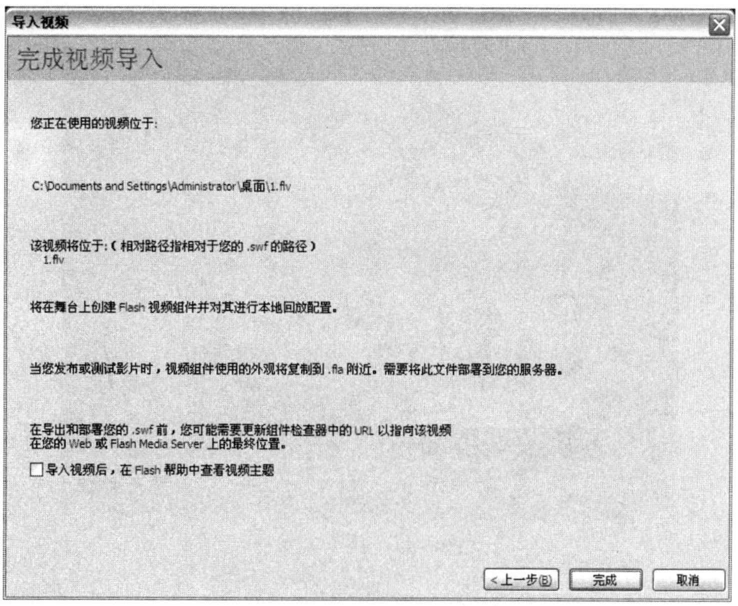

图8-39 “完成视频导入”对话框

05 视频即被导入到舞台中，如图8-40所示。保存文件，按下按下Ctrl+Enter组合键预览效果，如图8-41所示。

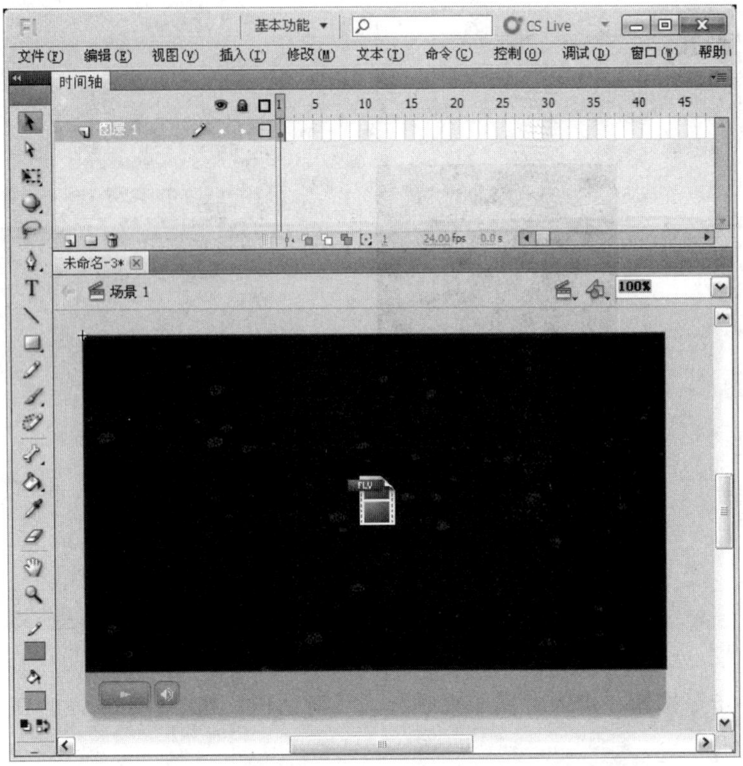

图8-40　视频导入到舞台中

图8-41　预览效果

8.4 本章小结

声音是多媒体作品中不可或缺的一种媒介手段。在动画设计中，为了追求丰富、具有感染力的动画效果，恰当地使用声音是十分必要的。优美的背景音乐、动感的按钮音效以及适当的旁白可以更贴切地表达作品的深层次内涵，使影片意境的表现更加充分。

8.5 本章习题

1. 填空题

（1）导入的声音文件作为一个独立的元件存在于________面板中。

（2）如果使用__________的方式对关键帧中的声音进行同步设置，则不宜为声音设置重复或循环播放。

2. 判断题

（1）在“属性”面板的“同步”区域选择“事件”选项后，即使影片停止声音也将继续播放，直至整个声音播放完毕。（ ）

（2）双击“库”面板中的图标能打开“声音属性”对话框。（ ）

（3）在Flash中，可以使声音和按钮元件的各种状态相关联，当按钮元件关联了声音后，该按钮元件的所有实例中都有声音。（ ）

3. 操作题

（1）分别在Flash CS5中导入一段音频与一段视频。

（2）在Flash CS5中导入一个声音文件，并将其设置成重复3次。

第9章

ActionScript编程基础

ActionScript是Flash的脚本语言，是Flash动画的一个重要组成部分，而且是Flash动画交互功能的精髓。用户可以使用它创建具有交互性的动画，它极大地丰富了Flash动画的形式，可以实现动画的特定功能和效果，同时也给创作者提供了无限的创意空间。

本章学习要点

- 认识ActionScript 2.0
- 掌握动作面板的使用方法
- 认识ActionScript 3.0
- 掌握添加脚本代码的方法

9.1 ActionScript 2.0

在制作动画时，用户可以通过“动作”面板创建嵌入到FLA文件中的ActionScript动作脚本，通过创建的脚本来控制影片中的元素或创建新的影片元素，实现Flash影片的创建。

9.1.1 认识ActionScript 2.0

ActionScript 2.0 支持 ActionScript 语言的所有标准元素。它使用户能够更加严格地遵守其他面向对象语言（如 Java）所采用的标准来编写脚本。ActionScript 2.0 主要用于满足中高级Flash程序员的需要，供他们创建需要实现类和子类的应用程序。

ActionScript 2.0的主要特点如下。

- 使用 ActionScript 2.0定义类或接口的脚本必须存储为外部脚本文件，并且在每个脚本中定义一个类。即，不能在“动作”面板中定义类和接口。
- 可以隐式导入单个类文件或显式导入单个类文件（通过使用 import 命令）。也可以使用通配符导入包（一个目录中的一组类文件）。
- Flash Player 6 和更高版本支持用 ActionScript 2.0 开发的应用程序。

9.1.2 动作面板的使用

通过“动作”面板，用户可以创建嵌入到FLA文件中的脚本。在选定了要加入动作的对象后，在“动作”面板中输入ActionScript代码即可。

动作面板由3个窗格构成，分别是动作工具箱（按类别对ActionScript元素进行分组）、脚本导航器（可以快速地在Flash文档中的脚本间导航）和“脚本”窗格（可以在其中键入ActionScript代码），如图9-1所示。

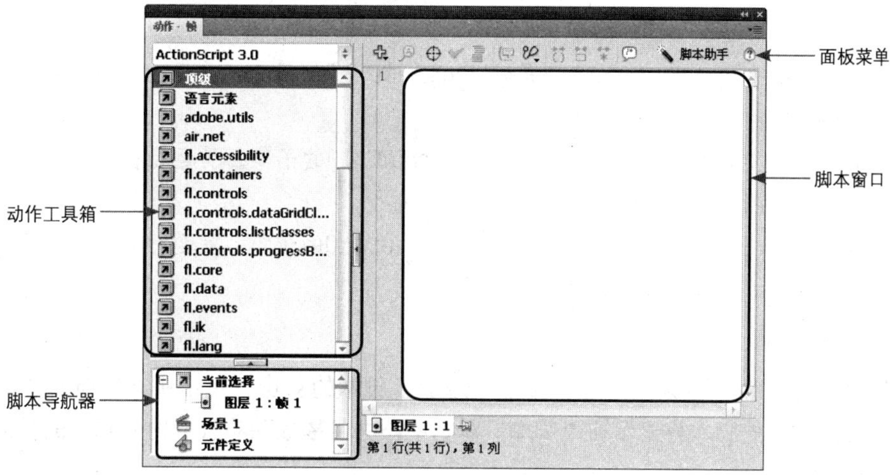

图9-1 “动作”面板

1. 动作工具箱

通过“动作工具箱”，可以选择不同的动作脚本语言类型。Flash CS5的“动作”

面板的“动作工具箱”窗口中有ActionScript 1.0&2.0、ActionScript 3.0、Flash Lite 1.0 ActionScript、Flash Lite 1.1 ActionScript、Flash Lite 2.0 ActionScript和Flash Lite 2.1 ActionScript 六种语言供用户选择，如图9- 2所示。

（a）Action Script 3.0

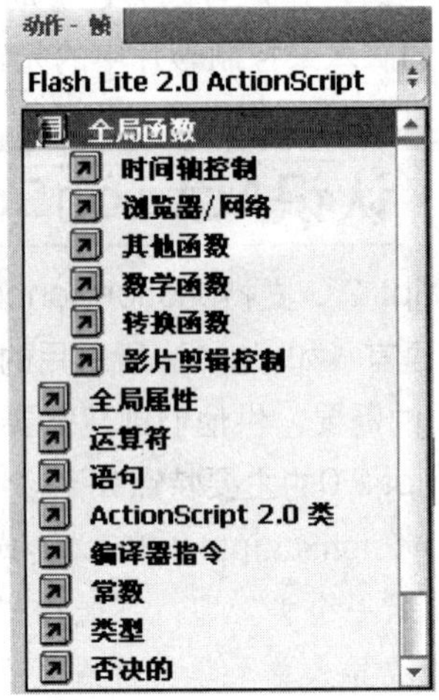

（b）Flash Lite 2.0 ActionScript

图9–2　动作工具箱

下面简单介绍这六种语言的功能和特点。

- ActionScript 1.0&2.0：ActionScript 1.0 是最简单的 ActionScript，仍为Flash Lite Player 的一些版本所使用；ActionScript 2.0 基于 ECMA Script 规范，但并不完全遵循该规范。ActionScript 1.0和2.0可共存于同一个FLA文件中。
- ActionScript 3.0：ActionScript 3.0完全符合ECMA Script规范，提供了更出色的XML处理、一个改进的事件模型以及一个用于处理屏幕元素的改进的体系结构。使用ActionScript 3.0的FLA文件不能包含ActionScript的早期版本。
- Flash Lite 1.0 ActionScript：是ActionScript 1.0的子集，受运行在移动电话和移动设备上的Flash Lite 1.0的支持。
- Flash Lite 1.1 ActionScript：是ActionScript 1.0的子集，受运行在移动电话和移动设备上的 Flash Lite 1.x 的支持。
- Flash Lite 2.0 ActionScript：是ActionScript 2.0的子集，受运行在移动电话和移动设备上的 Flash Lite 2.0 的支持。
- Flash Lite 2.1 ActionScript：是ActionScript 2.0的子集，受运行在移动电话和移动设备上的Flash Lite 2.1的支持。

2. 脚本导航器

使用脚本导航器，可以显示当前文档中添加了脚本的对像。单击脚本导航器中的某一项目，与该项目关联的脚本将显示在“脚本”窗格中，并且播放头将移到时间轴上的相应位置，如图9-3所示。

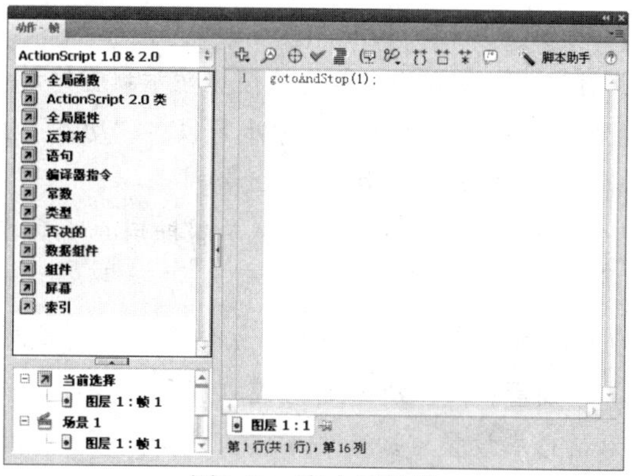

图9-3　脚本导航器

3. 脚本窗口

在“脚本”窗口中可以对代码进行“添加”(+) 菜单（类似动作工具箱）、查找和替换、语法检查、语法着色、自动套用格式、代码提示、代码注释、代码折叠、调试选项（仅限ActionScript文件）和自动换行等操作。

在Flash CS5中，“脚本”窗口分为“手写”和“脚本助手”两种不同的模式，这两种模式的操作窗口有所区别，如图9-4所示。

（a）“手写”模式　　（b）“脚本助手”模式

图9-4　“脚本”窗口

在“手写”模式脚本窗口中，用户可以直接输入脚本代码，如果在“首选参数”面板中设置了代码提示功能，在输入代码时会出现提示内容，如图9-5所示。

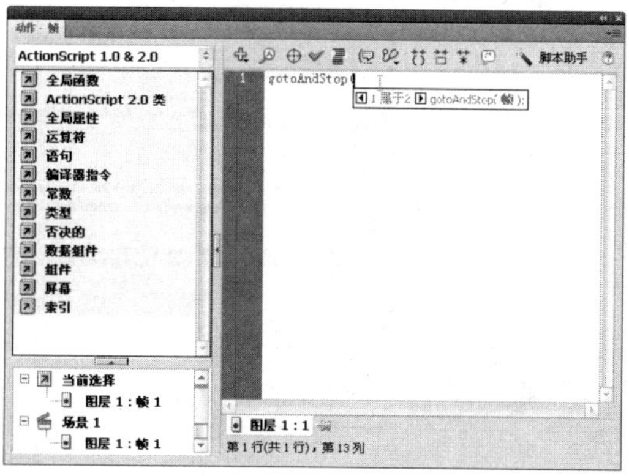

图9-5　输入脚本代码

下面分别介绍脚本窗口中各个按钮的功能。

- “将新项目添加到脚本中”按钮：单击该按钮显示预置的动作语言元素，从中可以选择要添加到脚本中的项目。这些预置的元素也可以在“动作”工具箱中找到并选择。
- “查找”按钮：查找并替换脚本中的文本。
- “插入目标路径”按钮：（仅限动作面板）帮助用户为脚本中的某个动作设置绝对或相对目标路径。
- “语法检查”按钮：检查当前脚本中的语法错误，语法错误列在输出面板中。
- “自动套用格式”按钮：设置脚本的格式以实现正确的编码语法和更好的可读性。在“首选参数”对话框中设置自动套用格式首选参数，从“编辑”菜单或通过“动作面板”菜单可访问此对话框。
- “显示代码提示”按钮：如果已经关闭了自动代码提示，可使用“显示代码提示”来显示您正在处理的代码行的代码提示。
- “调试选项”按钮：（仅限动作面板）设置和删除断点，以便在调试时可以逐行执行脚本中的每一行。只能对ActionScript文件使用调试选项，而不能对ActionScript Communication或Flash JavaScript文件使用这些选项。
- “折叠成对大括号”按钮：对出现在当前包含插入点的成对大括号或小括号间的代码进行折叠。
- “折叠所选”按钮：折叠当前所选的代码块。
- “展开全部”按钮：展开当前脚本中所有折叠的代码。
- “应用块注释”按钮：将注释标记添加到所选代码块的开头和结尾。
- “应用行注释”按钮：在插入点处或所选多行代码中每一行的开头处添加单行注释标记。
- “删除注释”按钮：从当前行或当前选择内容的所有行中删除注释标记。
- “显示/隐藏工具箱”按钮：显示或隐藏“动作”工具箱。
- “脚本助手”按钮：（仅限动作面板）在“脚本助手”模式中，将显示一个用户界面，用于输入创建脚本所需的元素。
- “帮助”按钮：显示“脚本”窗格中所选 ActionScript 元素的参考信息。例如，如果单击“gotoAndStop”语句，再单击“帮助”按钮，就会打开“帮助”面板显示帮助内容，如图9-6所示。

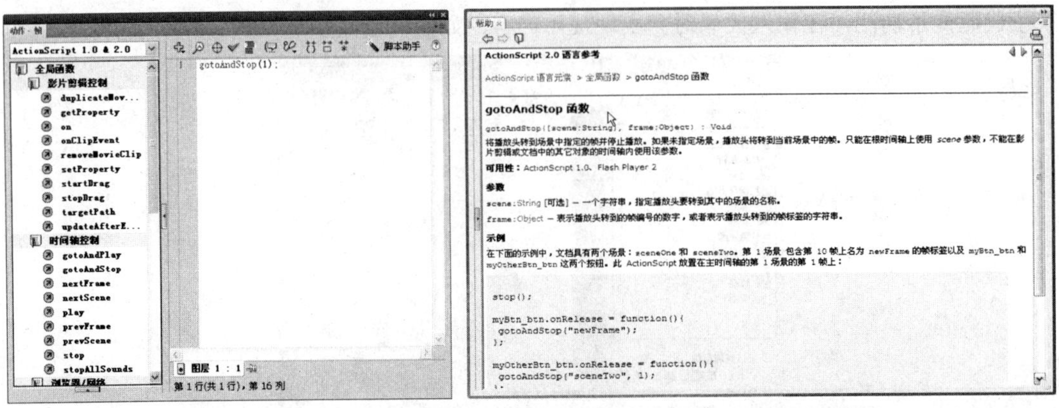

（a）输入代码　　（b）“帮助”面板

图9-6　脚本代码

- "面板菜单"按钮▾≡：（仅限动作面板）包含适用于动作面板的命令和首选参数。例如可以设置行号和自动换行、访问ActionScript首选参数以及导入或导出脚本。
- "在动作面板中固定脚本"按钮：将当前脚本内容固定在脚本窗口中，即使在工作区内选中了其他对象，在脚本窗口中依然显示先前固定的脚本。

在"脚本助手"模式中，脚本助手允许用户通过选择动作工具箱中的项目来构建脚本。单击某个项目一次，面板右上方会显示该项目的描述。双击某个项目，该项目就会被添加到动作面板的"脚本"窗格中。

4. 面板菜单

在"动作"面板中单击右上角的"面板菜单"按钮后，在弹出的快捷菜单中即可执行各种命令。在菜单中可以执行"重新加载代码提示"、"固定脚本"、"关闭脚本"、"关闭所有脚本"、"转到行"、"查找和替换"等命令，如图9-7所示。

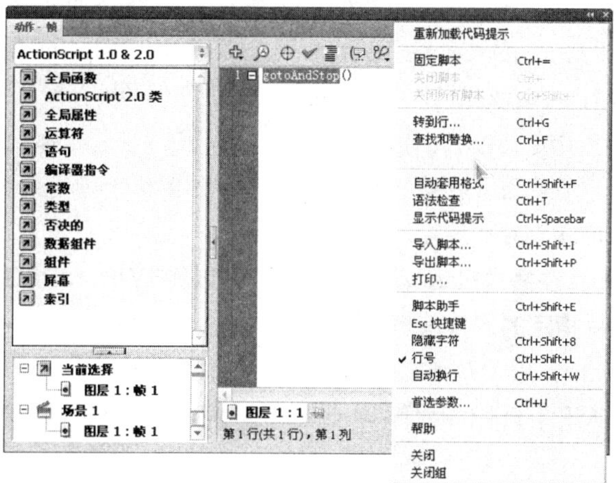

图9-7 "动作"面板

9.1.3 常用动作命令语句

在ActionScript 2.0中，包含了大量的函数、变量、运算符和各种语句。通过对这些函数、变量、运算符和各种语句的运用，用户可以轻松地创建各种复杂漂亮的动画效果。

1. 函数

函数是可以向脚本传递参数并能够返回值的可重复使用的代码块。Action Script中的函数，包含了各种各样的常见编程任务，如处理数据类型、生成调试信息以及与Flash Player或浏览器进行通讯。

函数根据其适用对象的不同，又分为时间轴控制、浏览器/网络、打印函数、其他函数、数字函数、转换函数和影片剪辑控制7种类型。下面简单介绍其中几种类型的用法。

（1）时间轴控制

该类函数用于控制时间轴，可以控制场景、场景中时间轴、影片剪辑的播放、停止以及跳转等，其中最为常用的有play、stop、gotoAndPlay和gotoAndStop。

- **play：执行该命令时，影片或影片剪辑开始播放。该命令没有参数。**

- stop：当播放头播放到含有该动作脚本的关键帧时停止播放；通过按钮也可以触发该动作，使影片停止。该命令没有参数。
- gotoAndPlay：影片转到帧或帧标签处并开始播放，如果未指定场景，则播放头将转到当前场景中的指定帧。
- gotoAndStop：影片转到帧或帧标签处并停止播放，如果未指定场景，则播放头将转到当前场景中的指定帧。

（2）浏览器/网络

该类函数中的动作脚本，主要针对的是Flash播放器及其他外部文件产生作用的命令。使用该类中的动作脚本，可以开启Flash动画影片以外的应用程序或网络链接，获取外部信息，调用外部图片文件等。

- fscommand：使Flash动画影片文件与Flash Player播放器或承载Flash Player的程序（如IE浏览器）进行通讯。在独立播放器命令下拉列表中包括“fullscreen [true/false]”、“allowscale[true/false]”、“showmenu [true/false]”、“trapallkeys[true/false]”、“exec”和“quit”命令。
- getURL：将来自特定URL的文件加载到窗口中，或将变量传递到位于所定义的URL的另一个应用程序。要使用此函数，确保要加载的文件位于指定的位置。该函数最常见的用法就是打开相应的网页链接。
- loadMovieNum：在播放Flash动画影片时，可以将SWF、JPEG、GIF 或 PNG文件加载到该动画影片指定的影片剪辑中。
- loadVariablesNum：用于从外部文件（例如文本文件或ColdFusion、CGI 脚本、Active Server Page (ASP)、PHP和Perl脚本生成的文本）中读取数据，并修改目标影片剪辑中变量的值。

（3）影片剪辑控制

对影片剪辑进行控制的相关动作脚本的集合，使用该类中的动作脚本，可以实现调整影片剪辑属性、复制影片剪辑、移除影片剪辑、拖曳影片剪辑等操作。

- duplicateMovieClip：当Flash动画影片播放时，对目标影片剪辑进行复制，从而在影片中得到新的影片剪辑实例，使用removeMovieClip()函数或方法可以删除duplicateMovieClip()创建的影片剪辑实例。
- setProperty：用于更改影片剪辑属性值的动作脚本，使用该动作脚本可以修改目标影片剪辑的大小、位置、角度、透明度等属性。
- on：添加在按钮元件上，通过鼠标事件或按键触发该函数中包含的内容，如图20-44所示。
- onClipEvent：添加在影片剪辑上，用于触发为特定影片剪辑实例定义的动作。
- startDrag：使影片剪辑在影片播放过程中可以被鼠标拖曳。一次只能拖动一个影片剪辑，使用stopDrag()动作脚本停止拖曳，或者其他影片剪辑调用了startDrag()动作脚本停止拖曳。

2. 变量

变量是程序编辑中重要的组成部分，用来对所需的数据资料进行暂时储存。只要设置变量名称与内容，就可以产生出一个变量。变量可用于记录和保存用户的操作信息、输入的资料，记录动画播放的剩余时间，或用于判断条件是否成立等。

当首次定义变量时，需要为该变量指定一个初始值，然后一切变化就将以此值为基础开始变化，这就是所谓的初始化变量；而加载变量初始值，通常是在Flash动画影片的第一帧中完成的，这样有助于在播放SWF文件时跟踪和比较变量的值。

变量可以存储包括数值、字符串、逻辑值、对象等任意类型的数据，如URL、用户名、数学运算的结果、事件发生的次数以及是否单击了某个按钮等。

变量的命名，必须符合以下规则。

- 必须以英文字母a到z开头，没有大小写的区别。
- 不能有空格，可以使用下划线（_）。
- 不能与Actions中使用的命令名称相同。
- 在它的作用范围内必须是唯一的。

变量的作用范围是指脚本中能够识别和引用指定变量的区域。Action Script中的变量可以分为全局变量和局部变量，全局变量可以在整个影片的所有位置产生作用，其变量名在影片中是唯一的；局部变量只在它被创建的括号范围内有效，所以在不同元件对象的脚本中可以设置同样名称的变量而不产生冲突，作为一段独立的代码，独立使用。

提示

变量可添加在时间轴上的任何一帧关键帧中，也可以添加到按钮或影片剪辑中，通过触发事件产生作用。

3. 运算符

运算符是指定如何组合、比较或修改表达式值的字符。具体包括按位运算符、比较运算符、赋值、逻辑运算符、其他运算符和算术运算符6种类型，其中常用的包括以下几类。

（1）比较运算符

比较运算符用于进行变量与数值间、变量与变量间大小比较的运算符。包含了“！=”不等于运算符、“！==”不全等运算符、“<”小于运算符、“<=”小于或等于运算符、“==”等于运算符、“===”全等运算符、“>”大于运算符、“>=”大于或等于运算符构成。

（2）赋值

赋值运算符是指执行变量赋值的运算符。在该类运算符中包括“-=”、“%=”、“&=”、“*=”、“|=”、“/=”、“^=”、“+=”、“<<=”、“=”、“>>=”和“>>>=”等。

在“赋值”运算符中，最常用的就是“-=”减法赋值运算符和“+=”加法赋值运算符，它们是就A与B减或加的值，返回给A，如下段代码所示。

```
i=1;
//变量i的初始值为1
i+=3;
//变量i的值递加3
```

执行上面的动作脚本，变量i的值将表现为：1、4、7、10、13、16、19、22、25……

提示

“//”是命令comment（注释）的符号，用以在脚本中为命令语句添加注释说明。任何出现在注释分隔符 // 和行结束符之间的字符，都将被程序解释为注释。

（3）逻辑运算符

使用逻辑运算符，可以对数字、变量等进行比较，然后得出它们的交集或并集作为输出结果。在ActionScript 2.0中，逻辑运算符包括、“&&”、“||”和“！”3种。

- “&&”运算符：当条件同时满足该运算符左右两边的表达式时，触发事件，即满足条件为它们的交集，如图9-8所示。

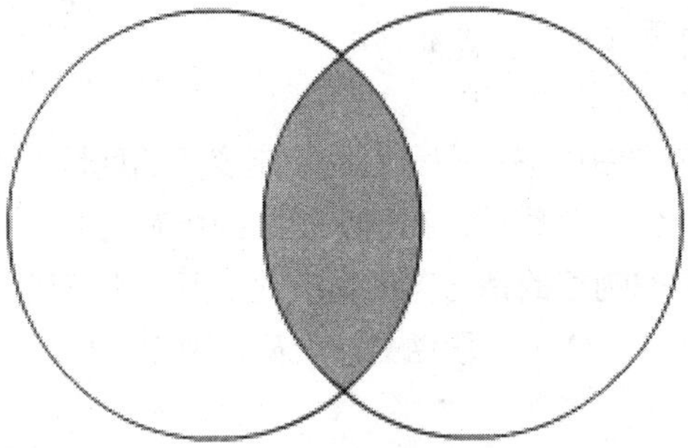

图9-8 交集

- “||”运算符：当条件满足该运算符左右任意一边的表达式时，触发事件，即满足条件为它们的并集，如图9-9所示。

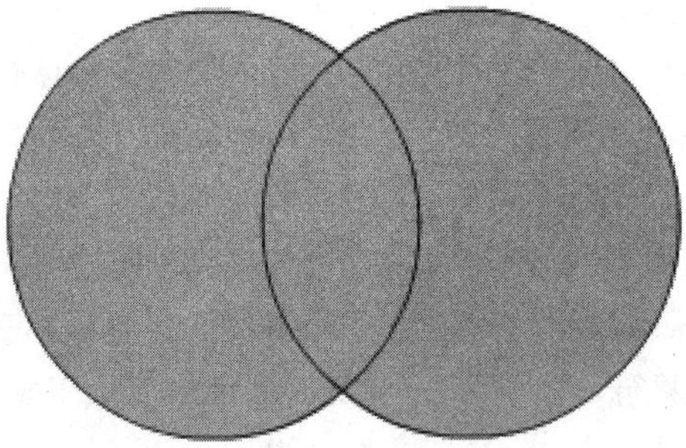

图9-9 并集

- “！”运算符：当条件不能同时满足该运算符左右两边的表达式时，触发事件，即它们的补集，如图9-10所示。

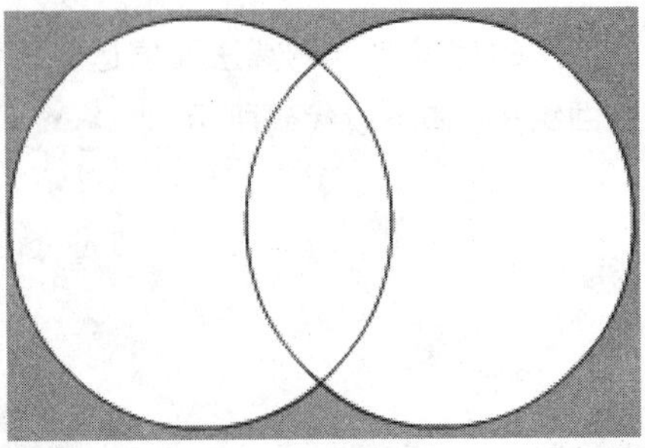

图9-10 补集

（4）其他运算符

在“其他运算符”中包括递减变量“--”、条件运算“?:”、递增变量“++”、返回类“instanceof”、返回表达式“typeof”、计算表达式“void”等运算符。

（5）算术运算符

算术运算符是指用于对数值、变量进行计算的各种运算符号，如“+、-、*、/、%”。

4. 语句

语句是告诉FLA文件执行操作的指令，执行特定的动作。例如，可以使用条件语句确定某一条件是否为true或是否成立。然后，代码可以根据条件是否为true执行指定的动作，例如函数或表达式。

（1）条件语句

条件语句用于在影片中需要的位置设置执行条件，当影片播放到该位置时，程序将对设置的条件进行检查。如果这些条件得到满足，则判断结果为true（真），Flash将运行条件后面大括号内的语句；如果条件不满足，则判断结果为 false（假），Flash 将跳过大括号内的语句，直接运行大括号后面的语句。

条件语句需要用If……else（可以理解为“如果……就……；否则就……”）命令来设置。在执行过程时，If命令将判断其后的条件是否成立，如果条件成立，则执行下面的语句，否则将执行else后面的语句。例如下面的语句就是一个典型的条件语句，当变量score的值大于等于100时，程序将执行play（）语句以继续播放影片，否则将执行stop（）以停止影片的播放。

```
If (score>=100){
play ();
}else{
  stop ();
}
```

（2）循环语句

ActionScript 可以按指定的次数重复一个动作，或者在特定的条件成立时重复动作。循环语句可以使用户在特定条件为true时，重复执行一系列语句。在ActionScript中有四种类型的循环：for循环、for..in循环、while循环和do..while循环。不同类型的循环的行为方式互不相同，而且分别适合于不同的用途。

9.1.4 实例训练——制作画卷动画

下面使用ActionScript 2.0脚本制作一幅波动显示的画卷动画，完成后的效果如图9-11所示。

图9–11　完成效果

01 运行Flash CS5，新建一个Flash空白文档。执行“修改”→“文档”命令，打开“文档设置”对话框，在对话框中将“尺寸”设置为800像素（宽）×300像素（高），将“帧频”设置为“30”，如图9–12所示，完成后单击“确定”按钮。

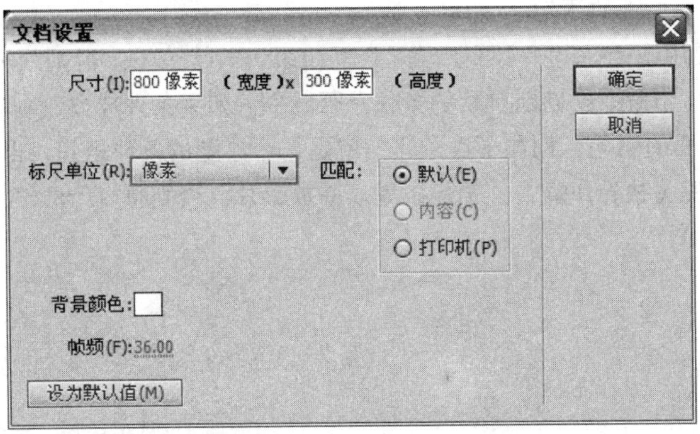

图9–12　“文档设置”对话框

02 执行“插入”→“新建元件”命令，打开“创建新元件”对话框。在对话框中的“名称”文本框中输入“图片”，在“类型”下拉列表中选择“影片剪辑”选项，新建一个名称为“图片”的影片剪辑元件，如图9–13所示，完成后单击“确定”按钮进入影片剪辑元件的编辑状态。

图9–13　“创建新元件”对话框

03 执行“文件”→“导入”→“导入到舞台”命令，导入一幅图像到工作区中，然后在“属性”面板中将图像的“X”和“Y”的值都设置为“0”，如图9–14所示。

图9-14　导入图像

04 新建一个名为“遮罩”的影片剪辑元件，将“图片”影片剪辑元件拖入到工作区中，在“属性”面板中将其实例名称设置为“image”，“X”和“Y”的参数设置为“0”，如图9-15所示。

图9-15　拖入影片剪辑

05 新建一个图层2，在工作区中绘制4个竖条矩形，并将其进行如图9-16所示的排列。

图9-16　绘制矩形

06 在图层2上单击鼠标右键，在弹出的快捷菜单中选择“遮罩层”命令，将其设置为遮罩层，如图9-17所示。

图9-17　创建遮罩层

07 在“库”面板中的“遮罩”影片剪辑元件上单击鼠标右键，在弹出的快捷菜单中选择“属性”命令，如图9-18所示。

08 弹出“元件属性”对话框，单击高级▸按钮，展开“高级”选项，单击“为运行时共享导出”和“在第1帧导出”单选项，并在“标识符”文本框中输入“mask”，如图9-19所示，完成后单击“确定”按钮。

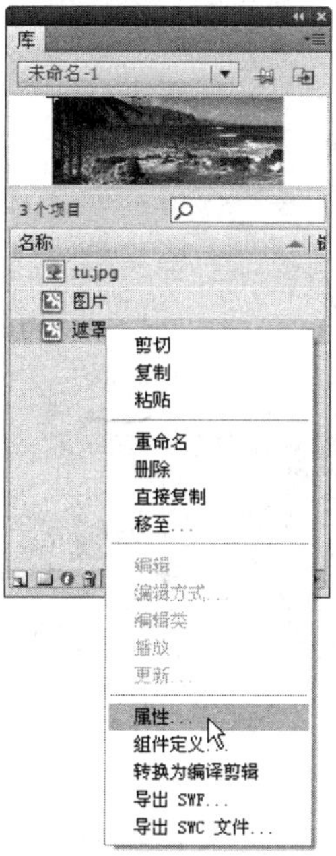

图9-18 选择右键弹出菜单命令

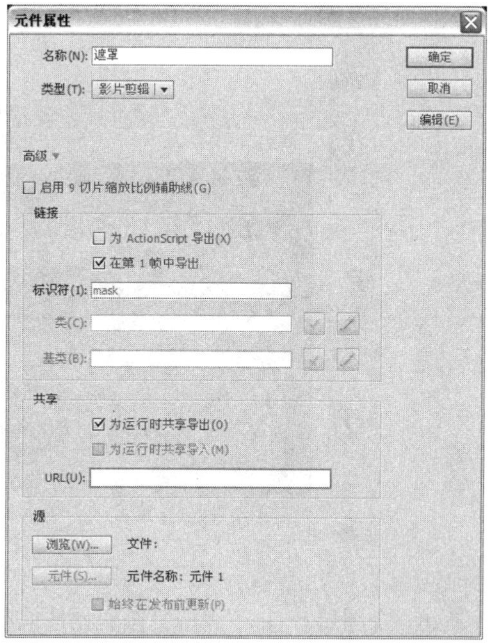

图9-19 “元件属性”对话框

09 新建一个名称为“点击”的按钮元件，在“点击”帧处插入关键帧，然后绘制一个宽为800像素、高为300像素的矩形，如图9-20所示。

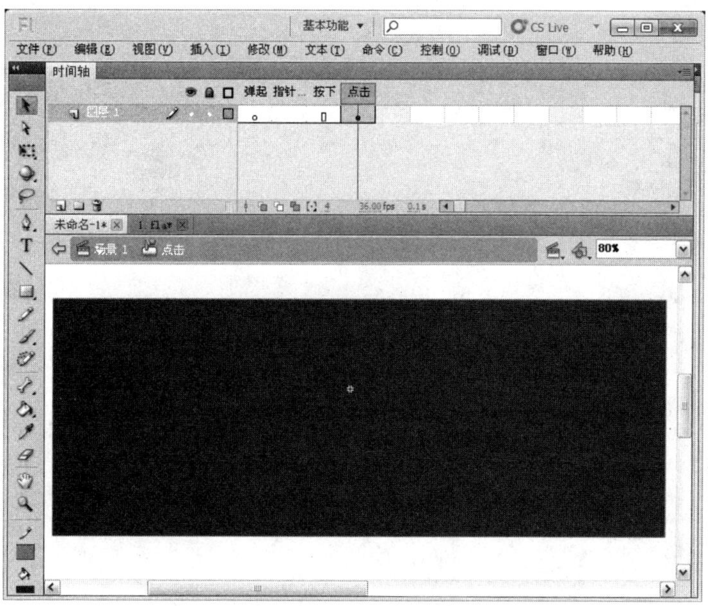

图9-20 绘制矩形

10 单击 场景 1 按钮回到主场景中，在第2帧处插入关键帧，将“图片”影片剪辑元件拖动到舞台上，如图9-21所示。

图9-21　拖入影片剪辑元件

11 新建一个图层2，将“点击”按钮元件拖动到舞台上，然后在“属性”面板上将按钮元件的实例名称设置为“back”，如图9-22所示。

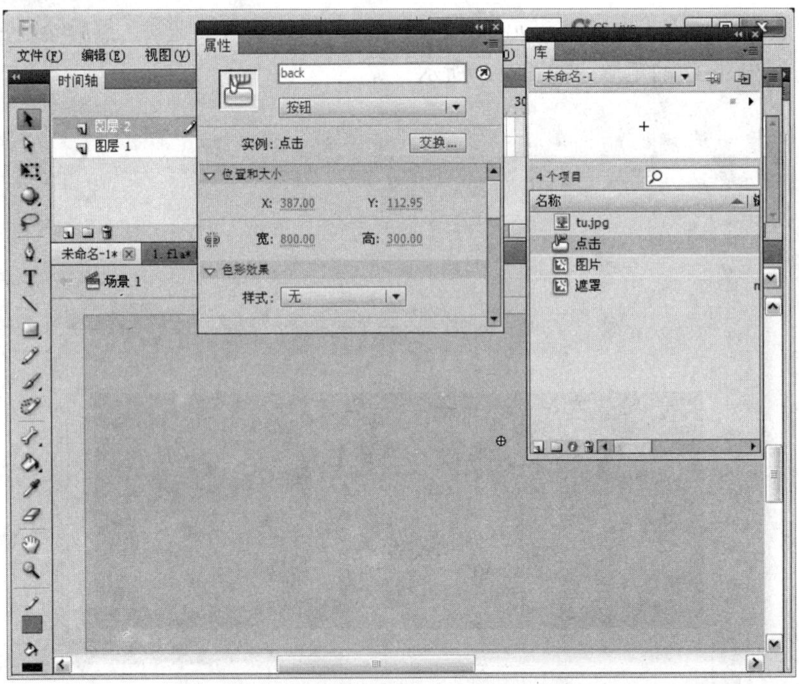

图9-22　拖入按钮元件并设置实例名

12 新建一个图层3，在第2帧处插入关键帧，打开“动作”面板，在面板中输入以下代码，如图9-23所示。

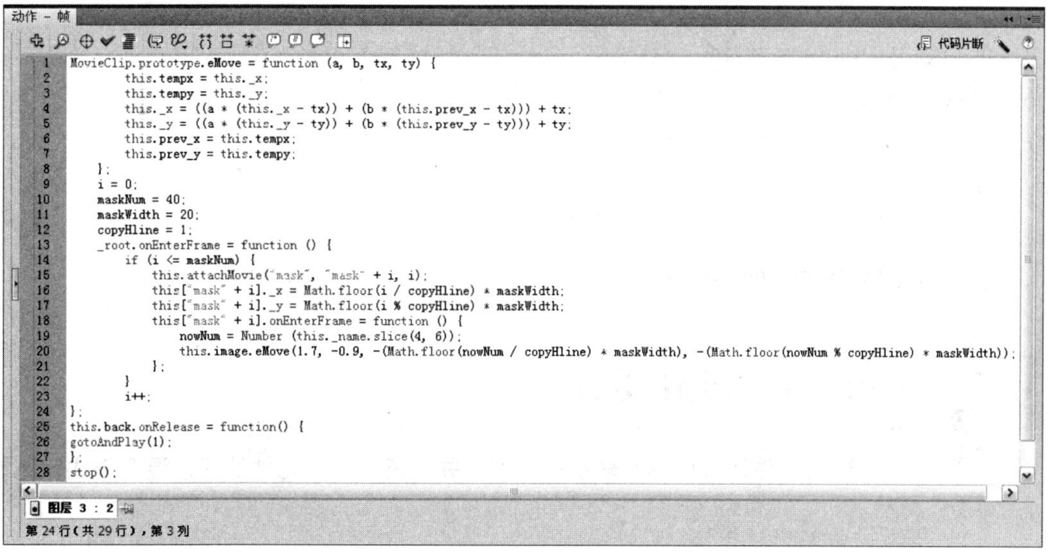

图9-23　输入代码

```
MovieClip.prototype.eMove = function (a, b, tx, ty) {
        this.tempx = this._x;
        this.tempy = this._y;
        this._x = ((a * (this._x - tx)) + (b * (this.prev_x - tx))) + tx;
        this._y = ((a * (this._y - ty)) + (b * (this.prev_y - ty))) + ty;
        this.prev_x = this.tempx;
        this.prev_y = this.tempy;
    };
    i = 0;
    maskNum = 40;
    maskWidth = 20;
    copyHline = 1;
    _root.onEnterFrame = function () {
        if (i <= maskNum) {
            this.attachMovie("mask", "mask" + i, i);
            this["mask" + i]._x = Math.floor(i / copyHline) * maskWidth;
            this["mask" + i]._y = Math.floor(i % copyHline) * maskWidth;
            this["mask" + i].onEnterFrame = function () {
                nowNum = Number (this._name.slice(4, 6));
                    this.image.eMove(1.7, -0.9, -(Math.floor(nowNum / copyHline) * maskWidth), -(Math.floor(nowNum % copyHline) * maskWidth));
            };
```

```
        }
        i++;
};
this.back.onRelease = function() {
gotoAndPlay(1);
};
stop();
```

13 保存文件，按下Ctrl+Enter组合键，欣赏动画完成效果，如图9-11所示。

9.2 ActionScript 3.0

在Flash中创建的元件是可以相互转换类型的，并且还可以对元件的颜色混合模式等属性进行修改。

9.2.1 认识ActionScript 3.0

ActionScript 3.0 的脚本编写功能超越了ActionScript 的早期版本。它旨在方便创建拥有大型数据集和面向对象的可重用代码库的高度复杂应用程序。虽然 ActionScript 3.0 对于在 Adobe Flash Player 9 中运行的内容并不是必需的，但它使用新型的虚拟机 AVM2 实现了性能的改善。ActionScript 3.0代码的执行速度比旧式ActionScript代码快十倍。

9.2.2 ActionScript 3.0的新功能

ActionScript 3.0包含ActionScript编程人员所熟悉的许多类和功能，但ActionScript 3.0在架构和概念上是区别于早期的ActionScript版本的。ActionScript 3.0中的改进部分包括新增的核心语言功能以及能够更好地控制低级对象的改进 Flash Player API。在ActionScript 3.0中新增了以下功能。

- 新增了ActionScript虚拟机，称为AVM2，它使用全新的字节码指令集，使性能显著提高。
- 采用了更为先进的编译器代码库，它更为严格地遵循 ECMAScript (ECMA 262) 标准，相对于早期的编译器版本，可执行更深入的优化。
- 一个扩展并改进的应用程序编程接口 (API)，拥有对对象的低级控制和真正意义上的面向对象的模型。
- 一个基于 ECMAScript for XML (E4X) 规范的 XML API。E4X是ECMAScript的一种语言扩展，它将 XML 添加为语言的本机数据类型。
- 一个基于文档对象模型 (DOM) 第3级事件规范的事件模型。

9.2.3 ActionScript 3.0动作面板

在ActionScript 3.0的“动作”面板中，包括“顶级”、“语言元素”、“Flash Player包”和“索引”等内容。其中“顶级”中包括“核心ActionScript类”和“全局函数”，“语言元素”中包括运行时执行或指定动作的语言元素，在“Flash Player包”中包括了所有的Flash Player API内容，如图9-24所示。

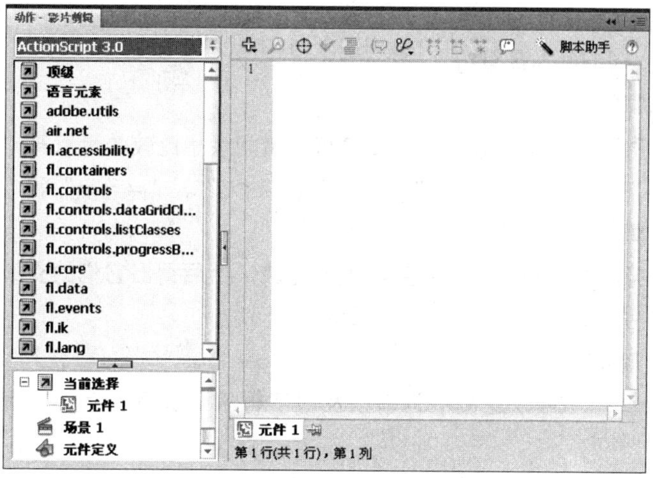

图9-24 “动作”面板

9.2.4 常用动作命令语句

在ActionScript 3.0中，包含了大量的函数、变量、运算符和各种语句。通过对这些函数、变量、运算符和各种语句的运用，用户可以轻松地创建各种复杂漂亮的动画效果。

1. 运算符

在ActionScript 3.0 的运算符中包括赋值运算符、算术运算符、算术赋值运算符、按位运算符、比较运算符、逻辑运算符和字符串运算符等。

（1）赋值运算符

赋值运算符“=”可将符号右边的值指定给符号左边的变量。赋值运算符只有“=”。

在“=”右边的值可能是基元数据类型，也可以是一个表达式、函数返回值或对象的引用，在“=”左边的对象必须为一个变量。

使用赋值运算符的正确表表达方式如下：

var a:int=80; //声明变量，并赋值var b:string;

b=”boss”; //对已声明的变量赋值

A= 2+9-6; //将表达式赋值给A

var a:object=d; //将d持有对象的引用赋值给a，a、d将会指向同一个对象。

（2）算术运算符

算术运算符是指可以对数值、变量进行计算的各种运算符号。在ActionScript 3.0中，算术运算符包括“+(加法)”、“--（递减）”、“/（除法）”、“++（递增）”、“%

（模）”、“*（乘法）”和“-（减法）”。

（3）算术赋值运算符

算术赋值运算符有两个操作数，它根据一个操作数的值对另一个操作数进行赋值。在算术赋值运算符中包括“+=”、“-=”、“*=”、“/=”和“%=”。

（4）按位运算符

在按位运算符中包括了“&（按位AND）”、“<<（按位向左移位）”、“~（按位NOT）”、“|（按位OR）”、“>>（按位向右移位）”、“>>>>（按位无符号向右移位）”和“^（按位XOR）”运算符。

（5）比较运算符

比较运算符用于进行变量与数值间、变量与变量间大小比较的运算符。在比较运算符中包括了“= =”、“>”、“>=”、“!=”、“<”、“<=”、“= = =”和“!= =”运算符。

（6）逻辑运算符

使用逻辑运算符，可以对数字、变量等进行比较，然后得出它们的交集或并集作为输出结果。逻辑运算符包括“&&”、“||”和“!”3种。

（7）字符串运算符

使用字符串运算符，可以连接字符串以及对字符串赋值等。字符串运算符包括“+”、“+=”和“""”。

2. 语句、关键字和指令

语句是在运行时执行或指定动作的语言元素，例如，return语句会为执行该语句的函数返回一个结果。if 语句对条件进行计算，以确定应采取的下一个动作；switch 语句创建ActionScript 语句的分支结构。

属性关键字更改定义的含义，可以应用于类、变量、函数和命名空间定义。定义关键字用于定义实体，例如变量、函数、类和接口。

（1）语句

语句是在运行时执行或指定动作的语言元素，常用的语句包括break、case、continue、default、do..while、else、for、for each..in、for..in、if、lable、return、super、switch、throw、try..catch..finally等。

- break：出现在循环（for、for..in、for each..in、do..while 或 while）内，或出现在与switch 语句中的特定情况相关联的语句块内。
- case：定义switch 语句的跳转目标。
- continue：跳过最内层循环中所有其余的语句并开始循环的下一次遍历，就像控制正常传递到了循环结尾一样。
- default：定义 switch 语句的默认情况。
- do..while：与 while 循环类似，不同之处是在对条件进行初始计算前执行一次语句。
- else：指定当 if 语句中的条件返回 false 时运行的语句。
- for：计算一次 init（初始化）表达式，然后开始一个循环序列。
- for each..in：遍历集合的项目，并对每个项目执行statement。
- for..in：遍历对象的动态属性或数组中的元素，并对每个属性或元素执行statement。

- if：计算条件以确定下一条要执行的语句。
- label：将语句与可由break 或continue 引用的标识符相关联。
- return：导致立即返回执行调用函数。
- super：调用方法或构造函数的超类或父版本。
- switch：根据表达式的值，使控制转移到多条语句的其中一条。
- throw：生成或引发一个可由catch代码块处理或捕获的错误。
- try..catch..finally：包含一个代码块，在其中可能会发生错误，然后对该错误进行响应。
- while：计算一个条件，如果该条件的计算结果为true，则会执行一条或多条语句，之后循环返回并再次计算条件。
- with：建立要用于执行一条或多条语句的默认对象，从而潜在地减少需要编写的代码量。

（2）定义关键字

定义关键字用于定义变量、函数、类和接口等实体对象，包括... (rest) parameter、class、const、extends、function、get、 implements、interface、namespace、package、set、var等。

（3）属性关键字

属性关键字用于更改类、变量、函数和命名空间定义的含义，包括dynamic、final、internal、native、override、private、protected、public和static。

（4）指令

指令是指在编译或运行时起作用的语句和定义，包括default xml namespace、import、include和use namespace。

9.2.5 实例训练——擦出来的图像效果

本例利用ActionScript 3.0脚本制作一个使用鼠标在空白处擦出来的图像，完成后的效果如图9-25所示。

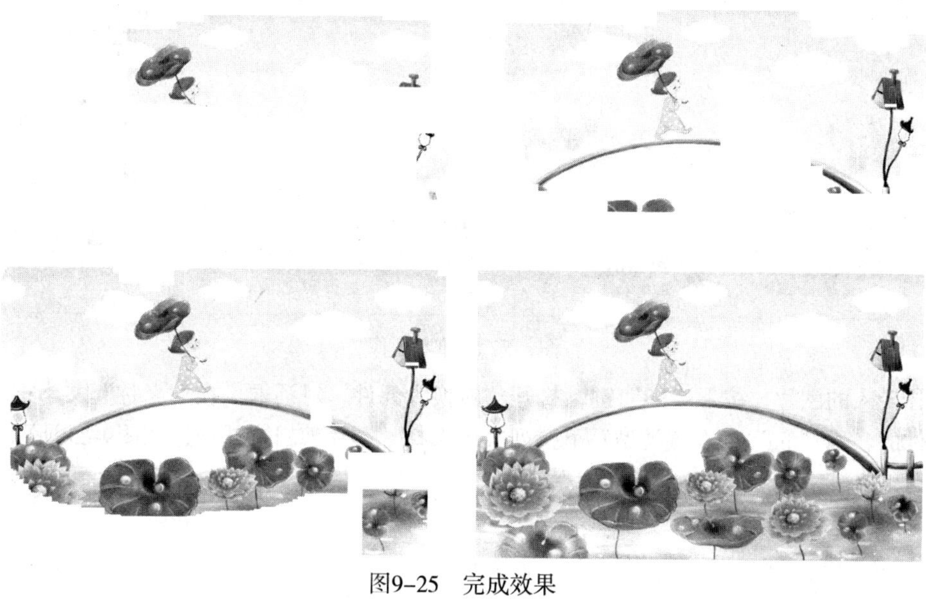

图9-25　完成效果

01 新建一个Flash空白文档。执行“修改”→“文档”命令，打开“文档设置”对话框，在对话框中将“尺寸”设置为700像素（宽）×436像素（高），将“帧频”设置为“36”，如图9–26所示，完成后单击“确定”按钮。

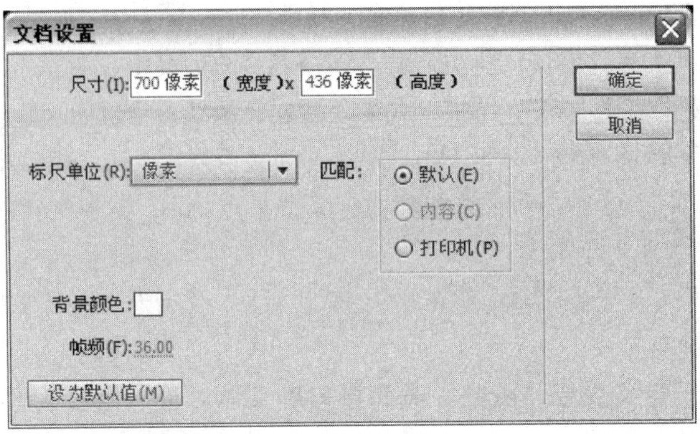

图9–26 “文档设置”对话框

02 执行“文件”→“导入”→“导入到舞台”命令，导入一幅图像到舞台中，如图9–27所示。

图9–27 导入图像

03 选择导入的图片，按下“F8”键，打开“转换为元件”对话框，在“名称”文本框中输入元件的名称“pic”，在“类型”下拉列表中选择“影片剪辑”选项，如图9–28所示。完成后单击“确定”按钮。

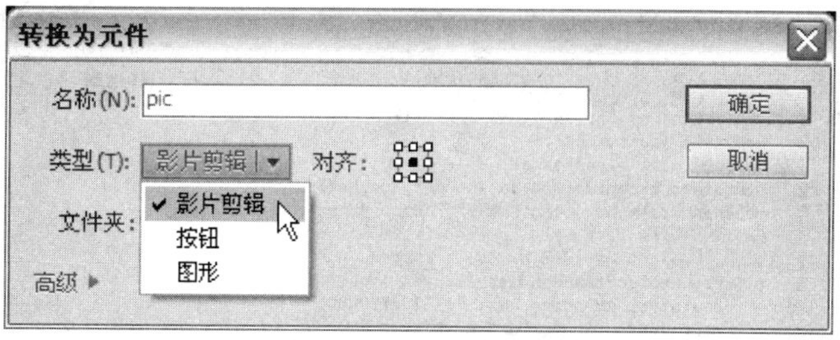

图9-28 “转换为元件”对话框

04 保持元件的选中状态，打开“属性”面板，将其实力名称设置为“imageMC”，如图9-29所示。

图9-29 设置实例名称

05 新建图层2，选中该层的第1帧，打开“动作”面板，在面板中输入以下代码，如图9-30所示。

```
var container:Sprite = new Sprite();
addChild (container);
imageMC.mask = container;
container.graphics.moveTo (mouseX, mouseY);
addEventListener (Event.ENTER_FRAME, enterFrameHandler);
/*Draw a new rectangle in each frame and add it onto the container
NOTE: you can use all kinds of shapes, not just rectangles! */
function enterFrameHandler (e:Event):void {
        container.graphics.beginFill(0xff0000);
        container.graphics.drawRect(mouseX - 50, mouseY - 50, 100, 100);
        container.graphics.endFill();
}
Mouse.hide();
```

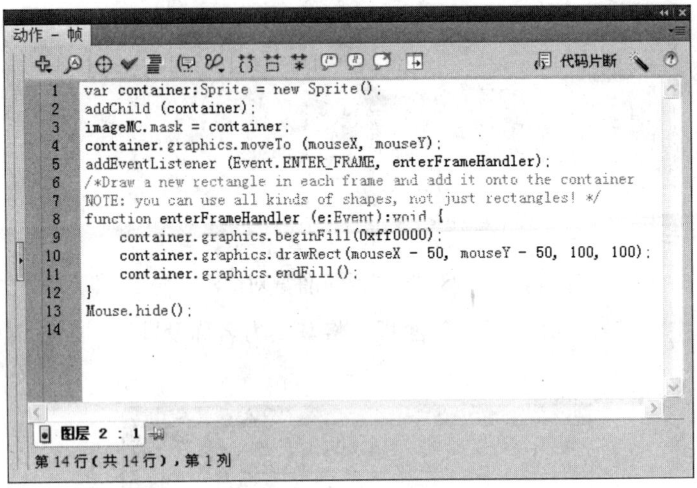

图9-30　添加代码

06 保存文件，按下Ctrl+Enter组合键，欣赏动画完成效果，如图9-25所示。

9.3 本章小结

本章主要介绍了Action Script的基础、常用语句等知识，重点介绍了Action Script的基本语法及添加方法。通过本章的学习，读者会对Action Script有一个初步的了解和认识，为以后的动画制作做好充分的准备，当然，Action Script的知识不是一个章节就可以全部概括了的，所以在以后的动画创作中，读者还需通过各种方法来更深入地理解和使用Action Script。

9.4 本章习题

1. 填空题

（1） 在Flash CS5中，“脚本”窗口分为 ________ 和 ________ 两种不同的模式。

（2） ________ 是可以向脚本传递参数并能够返回值的可重复使用的代码块。

（3） ________ 是程序编辑中重要的组成部分，用来对所需的数据资料进行暂时储存。

2. 判断题

（1）在“手写”模式脚本窗口中，用户可以直接输入脚本代码，如果在“首选参数”面板中设置了代码提示功能，在输入代码时会出现提示内容。（　）

（2）循环语句用于在影片中需要的位置设置执行条件。（　）

（3）变量可添加在时间轴上的任何一帧关键帧中，不能添加到按钮或影片剪辑中。（　）

3. 操作题

（1）自己动手选择一副图像制作波动显示的画卷动画效果。

（2）制作一个图像渐渐被擦除的动画效果。

第10章

Flash常用组件

组件，就是集成了一些特定功能的，并且可以通过设置参数来决定工作方式的影片剪辑。设计这些组件的目的是为了让Flash用户轻松使用和共享代码、编辑复杂功能、简化工序，使用户无需重复新建元件、编写ActionScript动作脚本，就能够快速实现需要的效果。

本章学习要点

- 认识Flash中的组件
- 掌握Media组件的使用
- 掌握User Interface组件的使用
- 掌握Video组件的使用

10.1 认识Flash中的组件

组件是带参数的影片剪辑，可以修改其外观和行为。组件既可以是简单的用户界面控件（例如单选按钮或复选框），也可以包含内容（例如滚动窗格）或不可视的。

10.1.1 组件的用途

组件使用户可以将应用程序的设计过程和编码过程分开。通过组件，还可以重复利用代码，可以重复利用自己创建的组件中的代码，也可以通过下载并安装其他开发人员创建的组件来重复利用别人的代码。

通过使用组件，代码编写者可以创建设计人员在应用程序中能用到的功能。开发人员可以将常用功能封装在组件中，设计人员也可以自定义组件的外观和行为，如图10-1所示的是使用组件制作的一个动态日历。

图10-1 使用组件制作的日历

10.1.2 组件的分类

用户可以通过执行“窗口”→“组件”命令来打开“组件”面板，Flash默认状态下的组件可以分为Media组件、User Interface组件和Video组件3类，在“组件”面板中可以看到这3类组件，如图10-2所示。

下面分别介绍这三类组件的功能。

- Media组件：可以创建媒体播放器，播放指定的媒体文件。Media组件栏中包括“MediaController”、“MediaDisplay”和“MediaPlayback”3种组件，全都可以用于媒体播放。

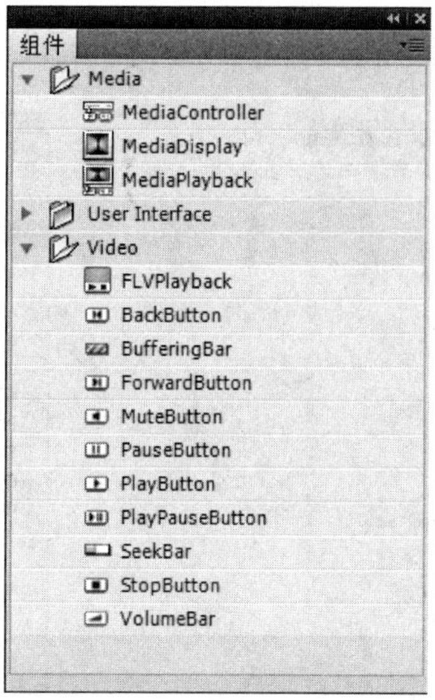

图10-2 “组件”面板

- User Interface组件：主要用于创建具有互动功能的用户界面程序。在User Interface组件中包括Accordion、Alert、Button、ComboBox、DataGrid和List等22个种类的组件。
- Video组件：可以创建各种样式的视频播放器。Video组件中包括多个单独的组件内容，包括“FLVPlayback”、“BackButton”、“BufferingBar”、“ForwardButton”、“PauseButton”和“PlayPauseButton”等组件。

10.2 组件的应用与设置

在前面介绍了组件的分类和基本功能后，下面介绍组件的具体应用与设置的方法。组件的种类繁多，每种组件的使用方法都有不一样，因此在使用的时候要注意区分。

10.2.1 Media组件

使用Media组件可以创建媒体播放器，播放FLV和mp3媒体文件。Media组件栏中包括有MediaController、MediaDisplay和MediaPlayback3种组件，全都可以用于媒体播放，如图10-3所示。

下面分别介绍这3种组件的功能。

- MediaController组件：控制媒体播放、暂停的标准用户界面控制器，但不能在该组件中显示出媒体内容。
- MediaDisplay组件：处理视频和音频文件并将播放，但在播放过程中用户无法对其进行控制。
- **MediaPlayback组件：MediaDisplay组件和MediaController组件的结合，以流媒体的方式播放视频和音频数据，并可对其进行控制。**

将MediaController组件从“组件”面板中拖放到舞台后，在“组件检查器”面板中可以查看该组件的参数，如图10-4所示。

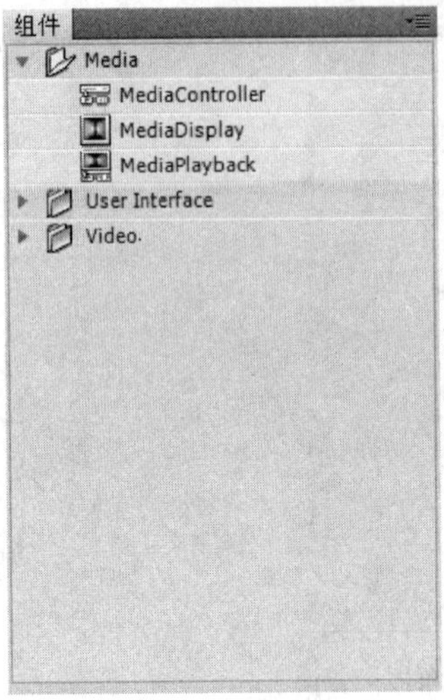

图10-3　Media组件

图10-4　查看MediaController组件的参数

- activePlayControl：确定播放栏在实例化时是处于播放模式还是暂停模式。该参数包括“pause”和“play”两项参数值，默认为“pause”。在“播放”/“暂停”按钮上显示的图像，与控制器实际所处的播放/暂停状态相反。
- backgroundStyle：确定是否为MediaController实例显示背景。该参数包括“none”和“default”两项参数值，默认为“default”。图10-5所示为两种不同效果对比。
- controllerPolicy：确定控制器是根据鼠标位置打开或关闭，还是锁定在打开或关闭状态。该参数包括“auto”、“on”和“off”，默认为“auto”。

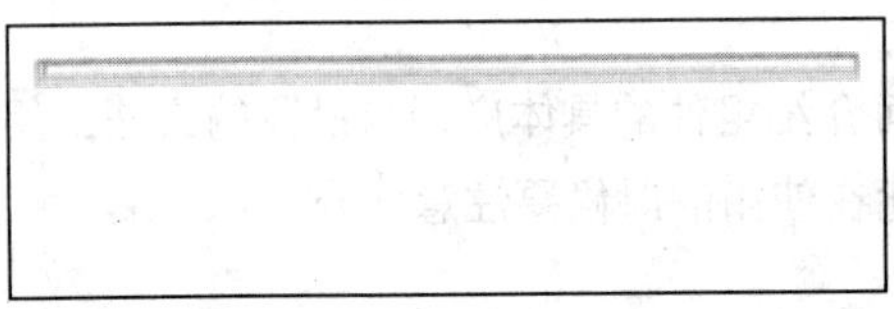

（a）参数为“none”时效果

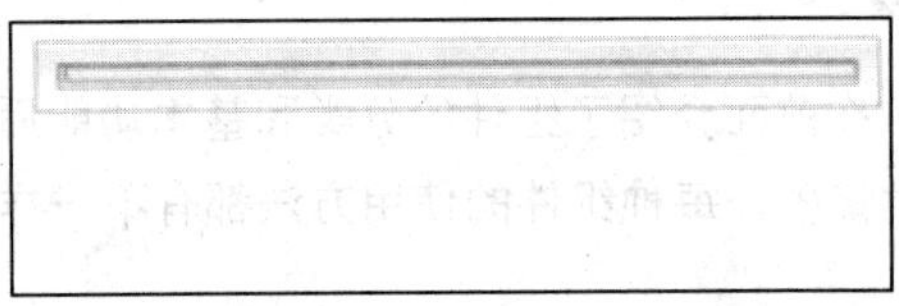

（b）参数为包括“none”时效果

图10-5　两种参数不同效果

- horizontal：设置实例的控制器为垂直方向还是水平方向。包括“true”和“false”两项参数值，其中true值表示水平方向，false值表示垂直方向。
- enabled：确定此控件是否可由用户修改。true 值表示可以修改此控件，false值则表示不可以修改控件，默认值为“true”。
- visible：确定此控件是否对用户可见。true 值表示可查看此控件，false值则表示不可查看，默认值为“true”。

将MediaDisplay组件从“组件”面板中拖放到舞台后，在“组件检查器”面板中可以查看该组件的参数，如图10-6所示。

通过“组件检查器”面板设置要播放的媒体类型，为其设置其他参数后，可以通过行为命令，将即MediaDisplay组件和MediaController组件绑定到一起，合成一个完整的媒体播放器。

MediaPlayback组件整合了MediaDisplay组件和MediaController组件的功能，将MediaPlayback组件从“组件”面板中拖放到舞台后，在“组件检查器”面板中可以查看该组件的参数，通过对参数的设置，可以播放媒体文件，如图10-7所示。

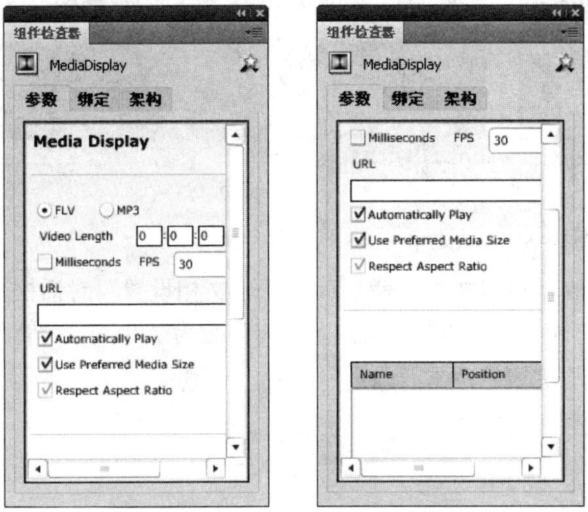

图10-6　MediaDisplay组件的参数

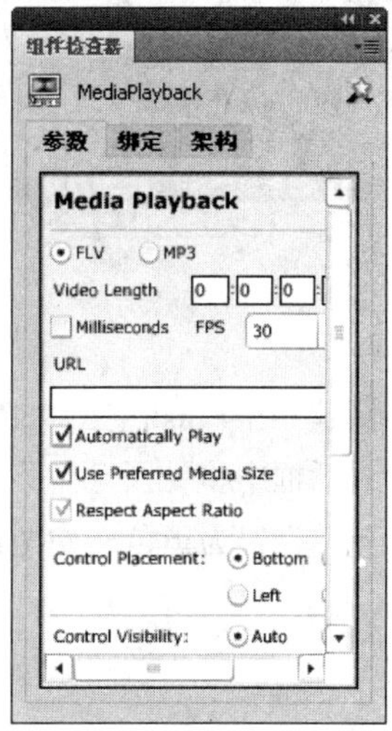

图10-7　MediaPlayback组件的参数

MediaPlayback组件的参数面板中各项参数功能分别介绍如下。

- FLV或MP3：指定要播放的媒体类型。
- Video Length：媒体提示点，只有选择了“FLV”媒体类型才会出现该选项。由提示点对象组成的数组，这些对象各自具有一个名称和时间位置，有效时间格式为HH:MM:SS:FF（选择了“毫秒”选项时）或 HH:MM:SS:mmm 格式。
- Milliseconds：确定播放栏是使用帧还是毫秒，以及提示点是使用秒还是帧。当选择此选项时，播放栏以及提示点使用毫秒为单位，且FPS 控件不可见；当取消选择该项时，FPS控件出现在“组件检查器”面板中。
- URL：设置要播放的媒体的路径和文件名。在该项中输入媒体的路径和文件名后，即可播放该媒体文件。
- Automatically Play：自动播放媒体。
- Use Preferred Media Size：使用预设的媒体播放尺寸，该项仅在选择“FLV”时才可选择。
- Respect Aspect Ratio：保持原媒体播放尺寸，该项仅在选择“FLV”时才可选择。
- Control Placement：设置控制器显示的位置，该参数包括Bottom、Top、Left和Right。
- Control Visibility：确定控制器是否根据鼠标的位置而打开或关闭。该参数包括Auto、On和Off。

10.2.2 实例训练——制作音波动画

本例使用元件、MediaPlayback组件以及控制语句来制作播放MP3音乐时的音量动画，完成后的效果如图10-8所示。

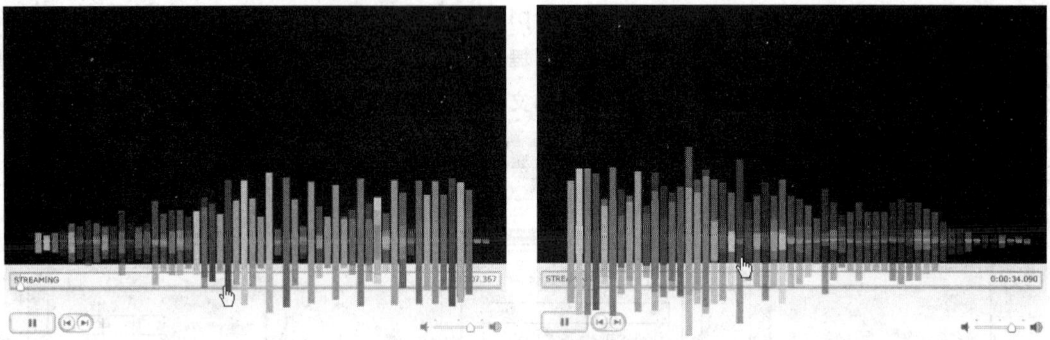

图10-8　完成效果

01 新建一个Flash空白文档。执行“修改”→“文档”命令，打开“文档设置”对话框，在对话框中将“尺寸”设置为550像素（宽）×350像素（高），将帧频为“30”，“背景颜色”设置为黑色，如图10-9所示。设置完成后单击“确定”按钮。

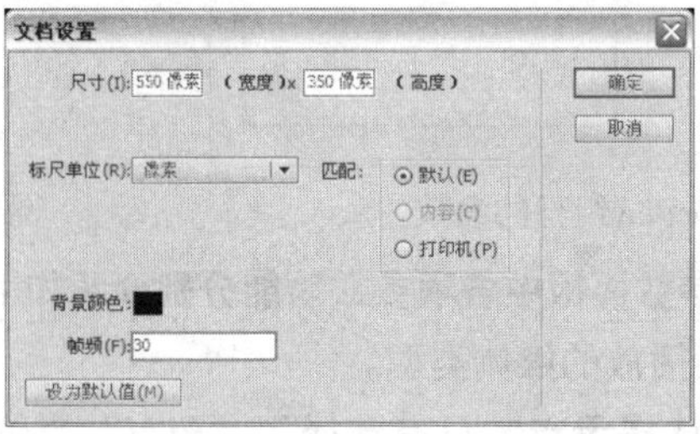

图10-9　“文档设置”对话框

02 执行“插入”→“新建元件”命令，新建一个按钮元件“按钮1”，在“点击”帧处绘制一个大小为7×170像素的矩形，如图10-10所示。

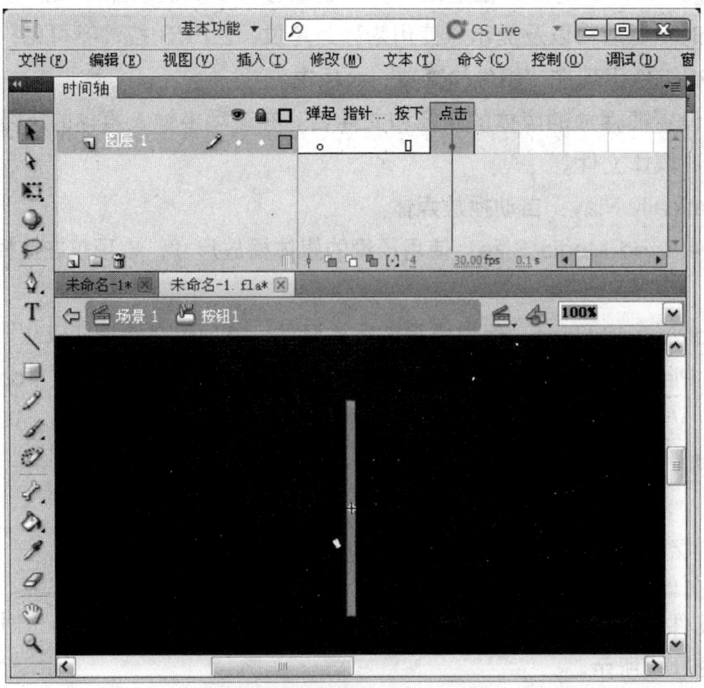

图10-10　制作按钮元件“按钮1”

03 按照步骤2的操作方法，新建一个按钮元件“按钮2”，并在“点击”帧处绘制一个大小为8×170像素的矩形，如图10-11所示。

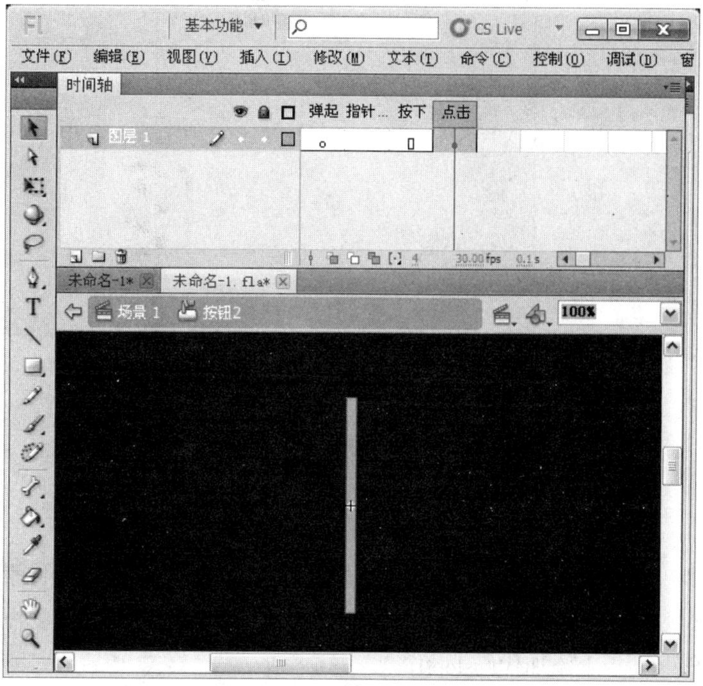

图10-11 制作按钮元件“按钮2”

04 新建一个名为“闪烁1”的影片剪辑元件，在第1帧处绘制一个7×170像素的矩形，然后将第2帧到第56帧转换为关键帧，并修改每帧中矩形的颜色，如图10-12所示。

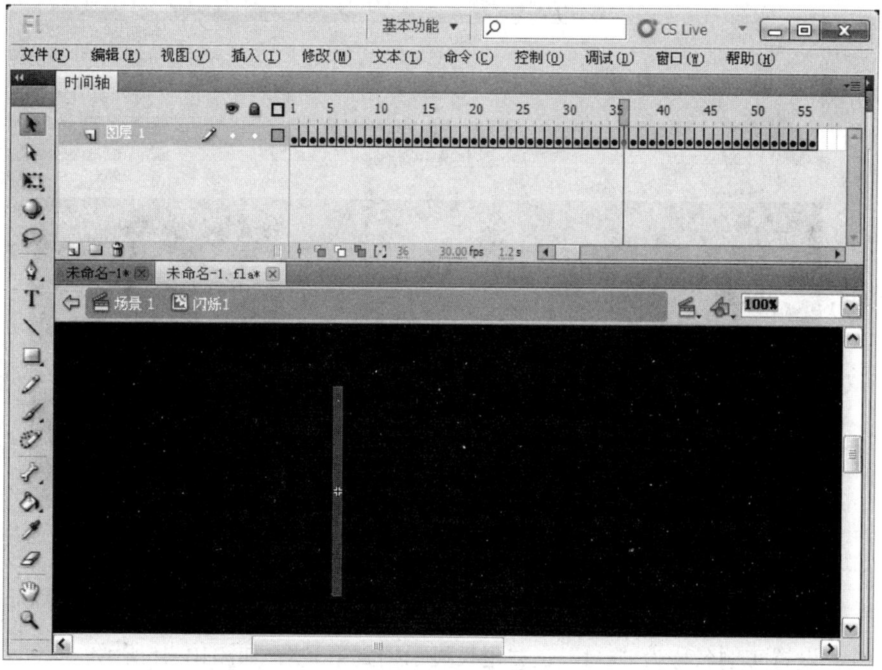

图10-12 制作“闪烁1”的影片剪辑元件

05 选择第1帧，在“动作”面板上添加代码stop();，如图10-13所示。

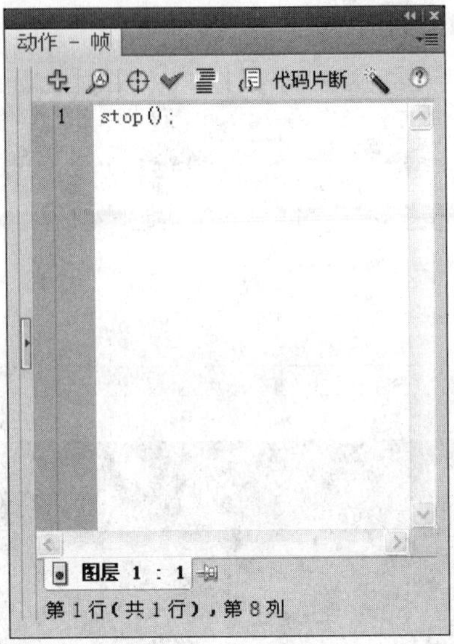

图10-13　添加代码

06 新建一个名为“闪烁2”的影片剪辑元件，在第1帧处绘制一个8×170像素的矩形，然后将第2帧到第56帧转换为关键帧，并修改每帧中矩形的颜色，如图10-14所示。最后选择第1帧，在“动作”面板上添加代码stop();。

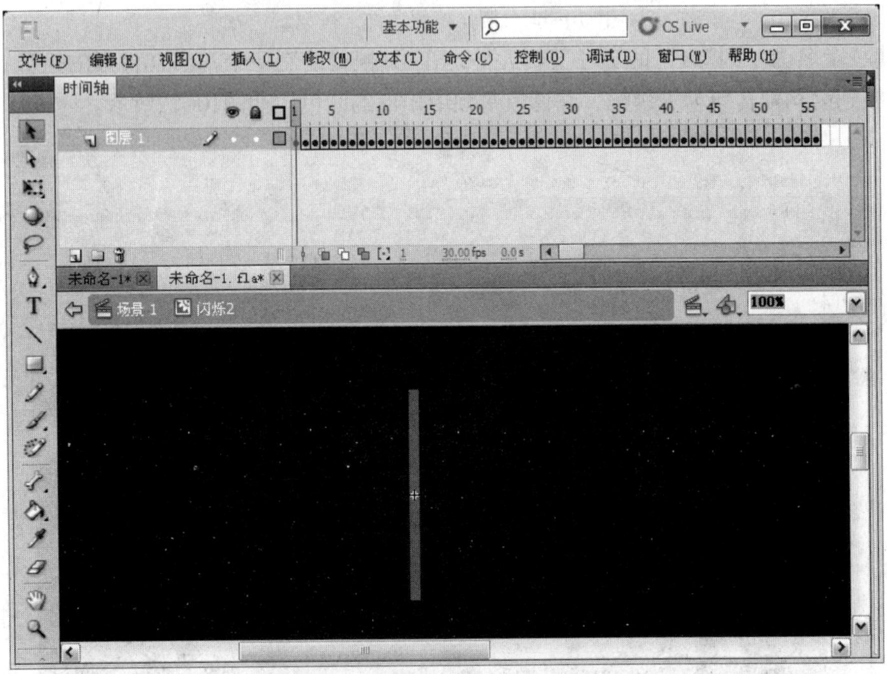

图10-14　制作“闪烁2”的影片剪辑

07 新建一个名为“长条上”的影片剪辑，将元件“闪烁2”拖动到工作区中，修改其Alpha值为50%，设置实例名称为“va1”，并延长显示帧到第3帧，如图10-15所示。

图10-15　制作“长条上”的影片剪辑

08 新建一个图层2，将元件“闪烁2”拖到工作区中，使其与图层1中的“闪烁2”元件重合，并设置其实例名为“va2”，如图10-16所示。

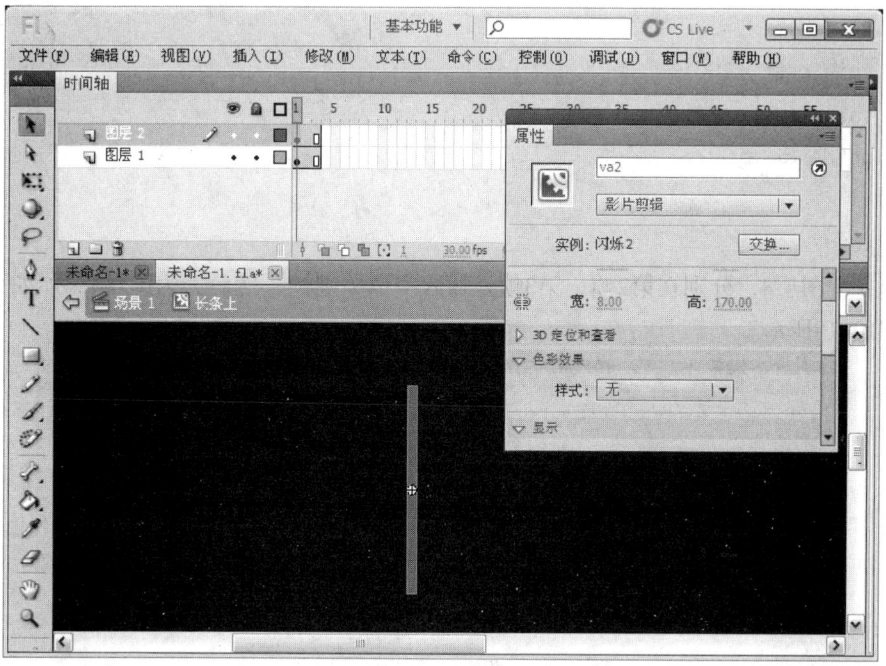

图10-16　制作实例“va2”

09 新建一个图层3，修改图层名称为“按钮2”，将元件“按钮2”拖到工作区中，与下层的元件重合，如图10-17所示。

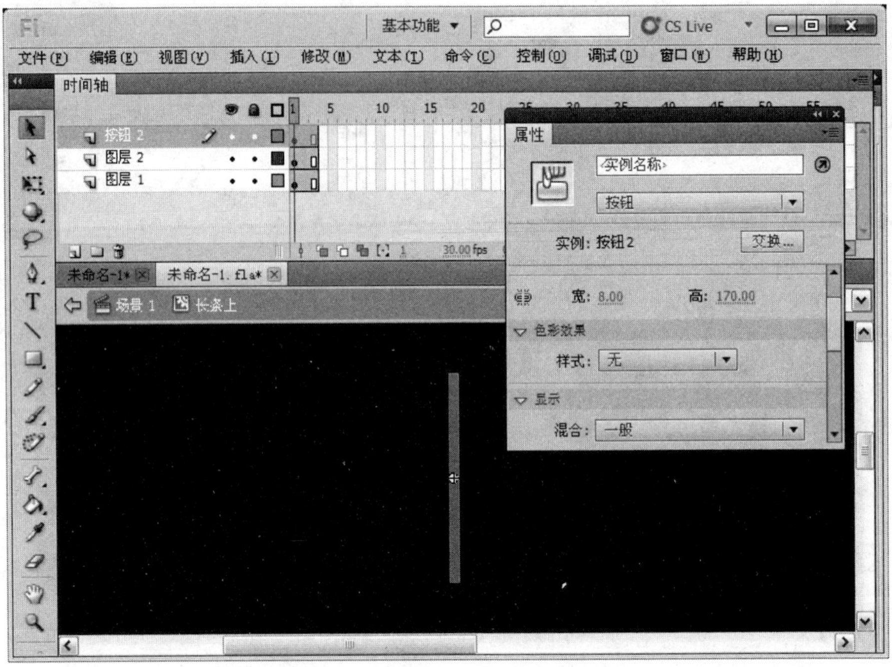

图10-17　将元件“按钮2”拖到工作区中

10 选中“按钮2”元件，在“动作”面板中为该按钮添加如下代码，如图10-18所示。

```
on (rollOver) {
        this.desty=100;
        val._yscale+=4;
        gotoAndPlay(2);
}
```

11 新建一个图层4，分别在第2帧、第3帧处插入空白关键帧，然后为为第1帧添加如下代码，如图10-19所示。

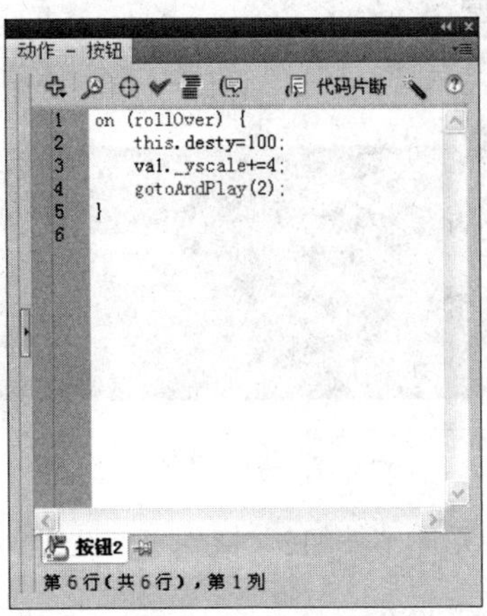

图10-18　添加代码

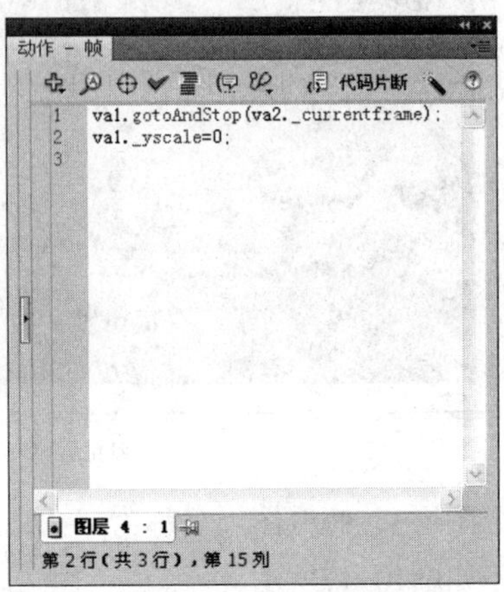

图10-19　添加代码

```
va1.gotoAndStop(va2._currentframe);
va1._yscale=0;
```

12 选择第2帧，在“动作”面板上添加如下代码，如图10-20所示。

```
if (Math.abs(va2._yscale-this.desty)>1) {
va2._yscale=(va2._yscale+this.desty)/2;
} else if (desty<1){
        va2._yscale=this.desty;
stop();
}
if (desty>=1) {
        desty=desty*0.9;
}
```

13 选择第2帧，在“动作”面板上添加如下代码，如图10-21所示。

```
gotoAndPlay(_currentframe-1);
```

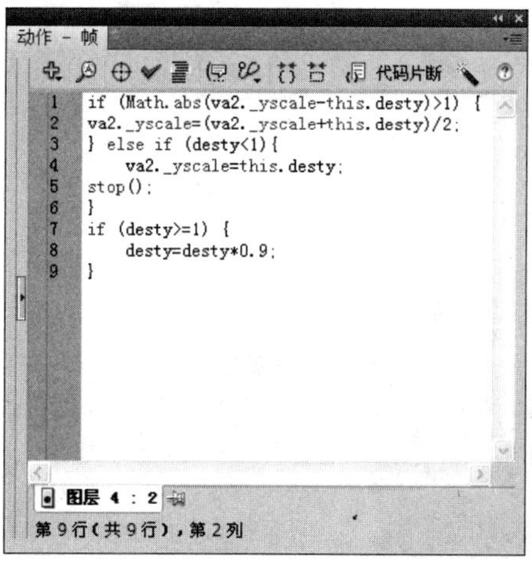

图10-20　添加代码

图10-21　添加代码

14 按照“长条1”影片剪辑的编辑方法，编辑出影片剪辑元件“长条下”，不同之处在于拖入的是影片剪辑元件“闪烁1”与按钮元件“按钮1”，如图10-22所示。

15 回到主场景，打开“组件”面板，在面板中将MediaPlayback组件拖入到舞台，并在第9帧处插入帧，如图10-23所示。

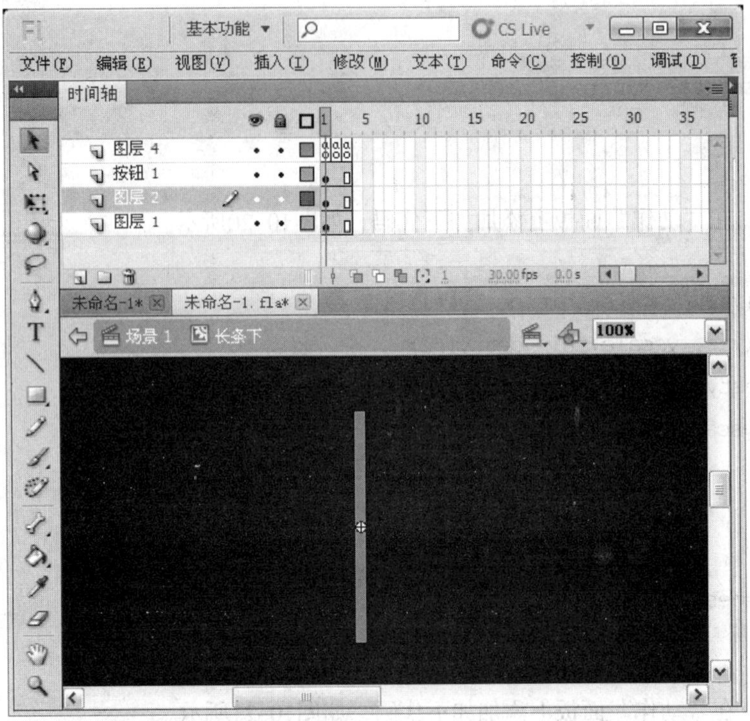

图10-22　编辑剪辑元件“长条下”

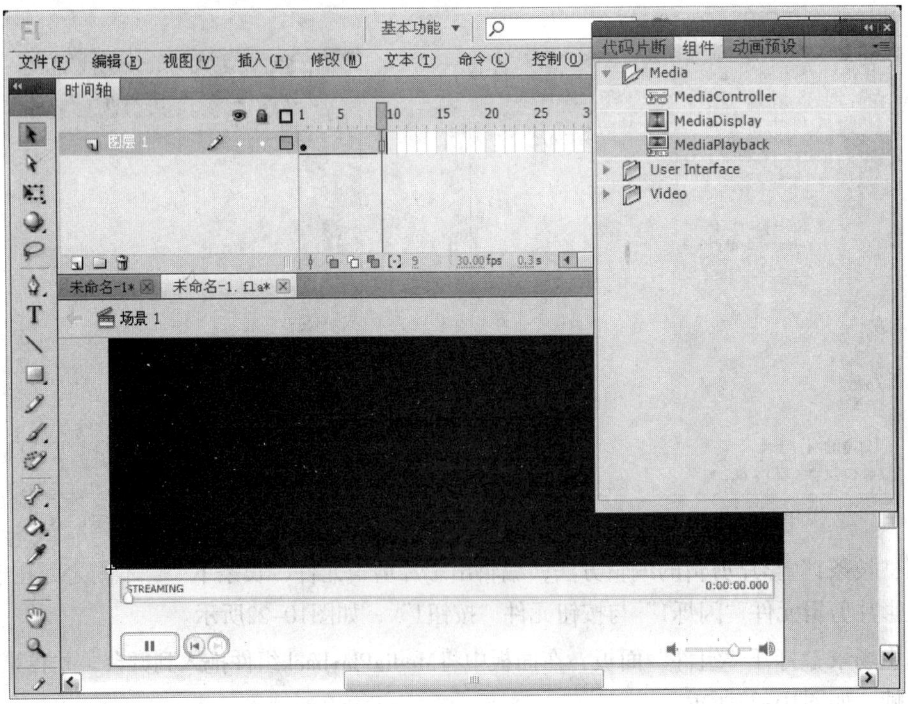

图10-23　将MediaPlayback组件拖放到舞台

16 选中舞台中的MediaPlayback组件，在“属性”面板中设置其实例名称为“myMedia”，如图10-24所示。

17 执行“窗口”→“组件检查器”命令，打开“组件检查器”面板，将播放类型选择为“mp3”，将“Control Visibility”项设置为“on”，如图10-25所示，在舞台中显示组件的控制面板，如图10-26所示。

图10-24 设置实例名

图10-25 设置组件参数

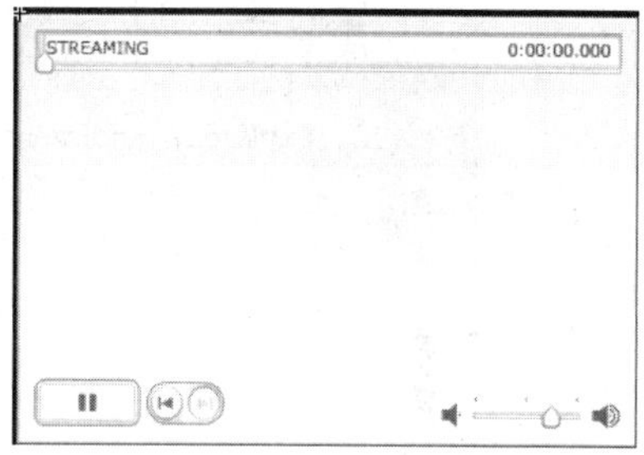

图10-26 在舞台中显示组件的控制面板

18 新建一个图层2，将元件“长条上”和“长条下”拖到舞台上画面左边。将“长条上”影片剪辑的实例名称设置为“finalmc1”，“长条下”影片剪辑的实例名称设置为“finalmc2”，如图10-27所示。

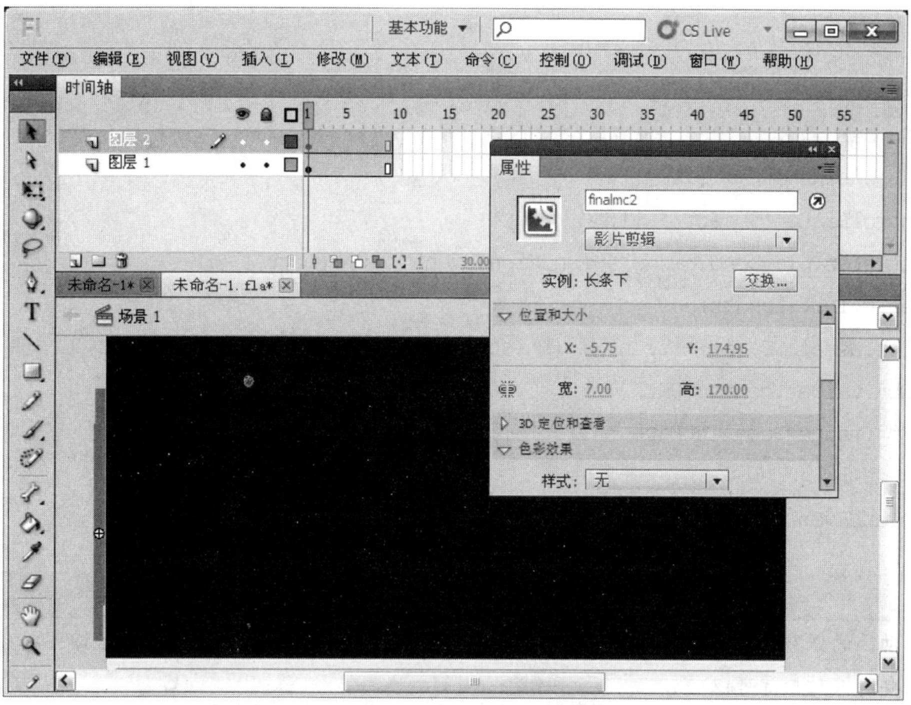

图10-27 将元件拖到舞台上画面左边

19 新建一个图层3，选择第1帧，在“动作”面板上添加如下代码，如图10-28所示。

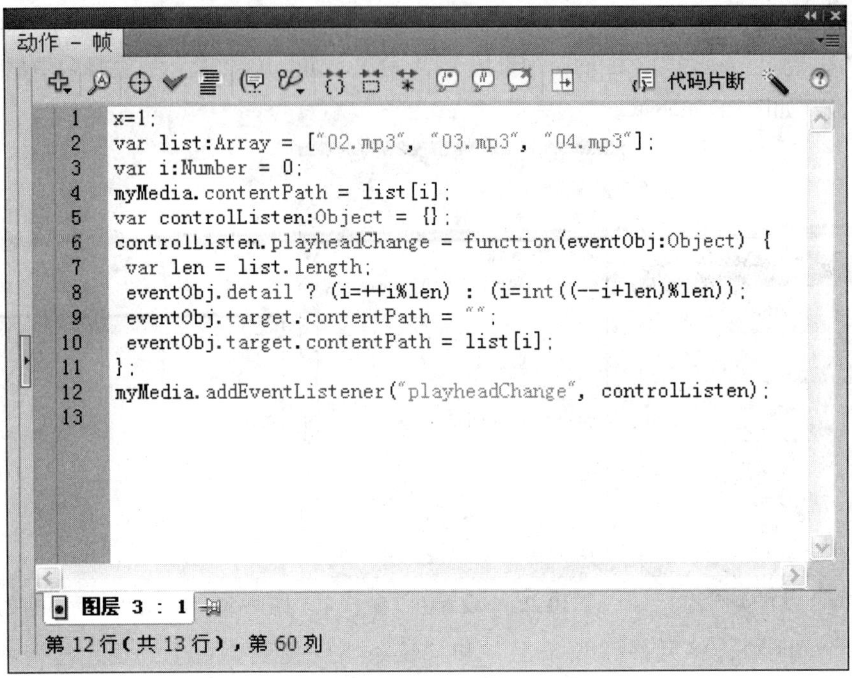

图10-28　添加代码

```
x=1;
var list:Array = ["02.mp3", "03.mp3", "04.mp3"];
var i:Number = 0;
myMedia.contentPath = list[i];
var controlListen:Object = {};
controlListen.playheadChange = function(eventObj:Object) {
 var len = list.length;
 eventObj.detail ? (i=++i%len) : (i=int((--i+len)%len));
 eventObj.target.contentPath = "";
 eventObj.target.contentPath = list[i];
};
myMedia.addEventListener("playheadChange", controlListen);
```

提示

在动画的保存位置放置"02.mp3", "03.mp3", "04.mp3"等mp3文件，音乐文件名称可以自己修改，只要能够对应就可以。

20 在第2帧处插入空白关键帧，在“动作”面板上添加如下代码，如图10-29所示。

图10-29　添加代码

```
color=random(55)+1;
newbar="va1"+String(x);
finalmc1.duplicateMovieClip(newbar,x*2);
this[newbar]._x=x*9+31;
this[newbar]._y=249;
this[newbar].bar._yscale=30+random(20);
this[newbar].desty=10;
this[newbar].va2.gotoAndStop(color);
newbar="va2"+String(x);
finalmc2.duplicateMovieClip(newbar,x*2+1);
this[newbar]._x=x*9+31;
this[newbar]._y=251;
this[newbar].bar._yscale=30+random(20);
this[newbar].desty=10;
this[newbar].va2.gotoAndStop(color);
```

21 在第3帧处插入空白关键帧，在“动作”面板上添加如下代码，如图10-30所示。

```
x++;
if (x<56) {
        gotoAndPlay(_currentframe-1);
} else {
        finalmc1._visible=false;
        finalmc2._visible=false;
}
```

22 在第9帧帧处插入空白关键帧，在“动作”面板上添加代码stop();，如图10-31所示。

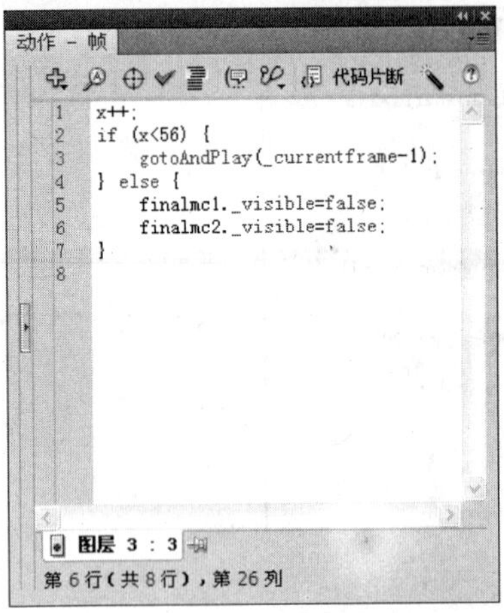

图10-30　添加代码

图10-31　添加代码

23 保存文档，按下Ctrl+Enter组合键，欣赏动画完成效果，如图10-8所示。

10.2.3 使用User Interface组件

User Interface组件主要用于创建具有互动功能的用户界面程序。在User Interface组件中包括Accordion、Alert、Button、ComboBox、DataGrid和List等多个种类的组件。

1. Accordion组件

Accordion组件可以看作是包含一系列子项（一次显示一个）的浏览器。每个项目中可以包含不同的显示内容。通过属性面板可以完成对其项目名、实例名、显示内容等的设置。

01 执行“文件”→“新建”命令，新建一个“Flash表单应用程序”文档。从“组件”面板的“User Interface”栏中将Accordion组件拖放到“表单1”屏幕中，并调整其大小和位置，如图10-32所示。

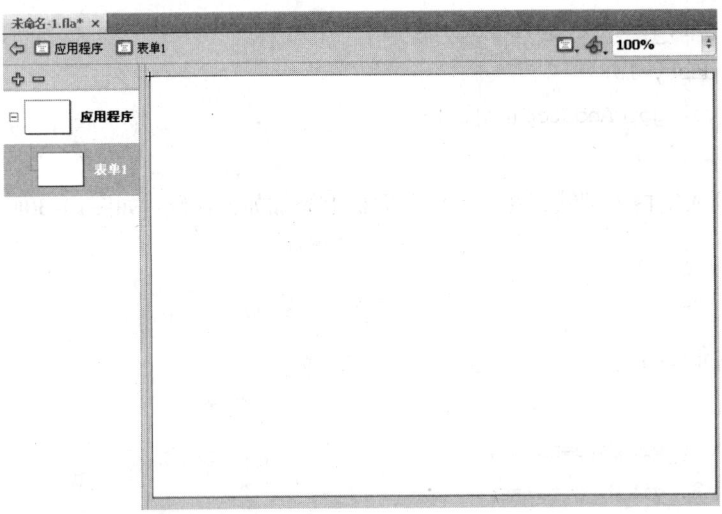

图10-32　Accordion组件

02 选中Accordion组件，执行“窗口”→“组件检查器”命令，打开“组件检查器”面板，并进行“参数”选项卡中，如图10-33所示。

图10-33　设置“组件检查器”面板参数

- childIcons：是一个数组，它指定要用作 Accordion 标题中的图标的库元件的链接标识符。默认值为 [ ]（空数组）。
- childLabels：是一个数组，它指定要在 Accordion 的标题中使用的文本标签，默认值为[ ]（空数组）。
- childNames：是一个数组，它指定 Accordion 子项的实例名称。您输入的值将成为在 childSymbols 参数中指定的子元件的实例名称，默认值为[ ]（空数组）。
- childSymbols：是一个数组，它指定要用于创建 Accordion 子项的库元件的链接标识符，默认值为[ ]（空数组）。

03 在“参数”面板中选中“childLabels”项，然后单击该项后面的按钮，在打开的值对话框中添加3个值，如图10-34所示。

04 在“参数”面板中选中“childNames”项，然后单击该项后面的按钮，打开“值”对话框，在其中添加3个值，如图10-35所示。

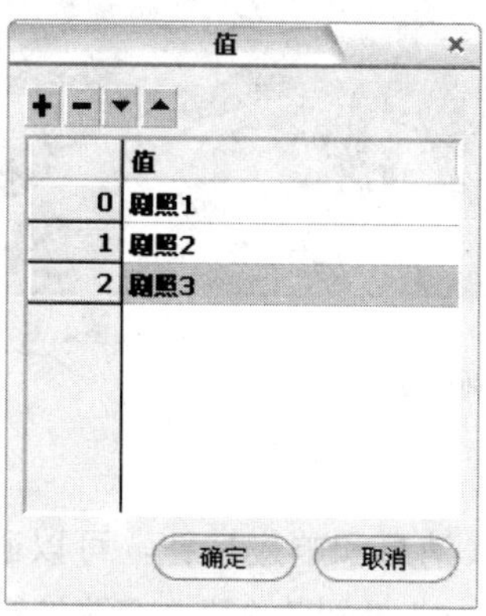

图10-34　设置值

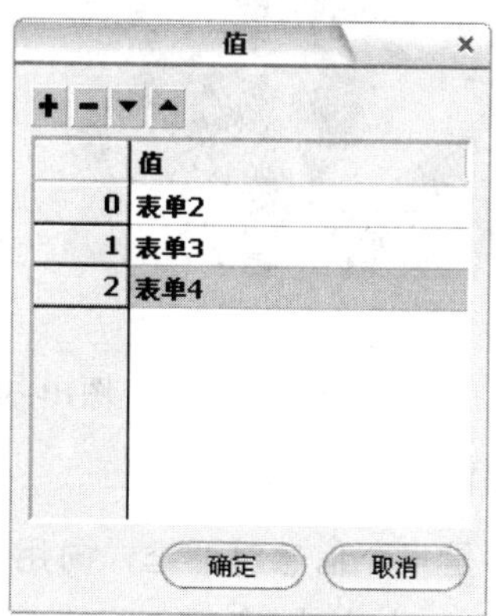

图10-35　设置值

05 回到主场景中，新添加3个屏幕，并为新增的屏幕分别添加上图像，如图10-36所示。

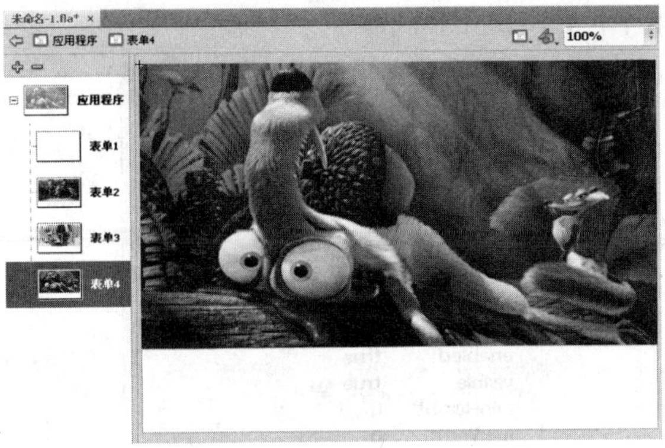

图10-36 添加内容

06 将“表单1”屏幕拖放到所有屏幕的最下方法，如图10-37所示。

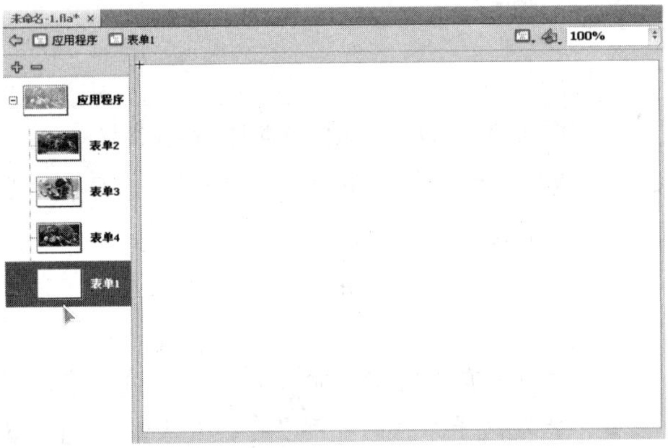

图10-37 调整将“表单1”的位置

07 保存文档后，按下Ctrl +Enter组合键预览动画效果，如图10-38所示。

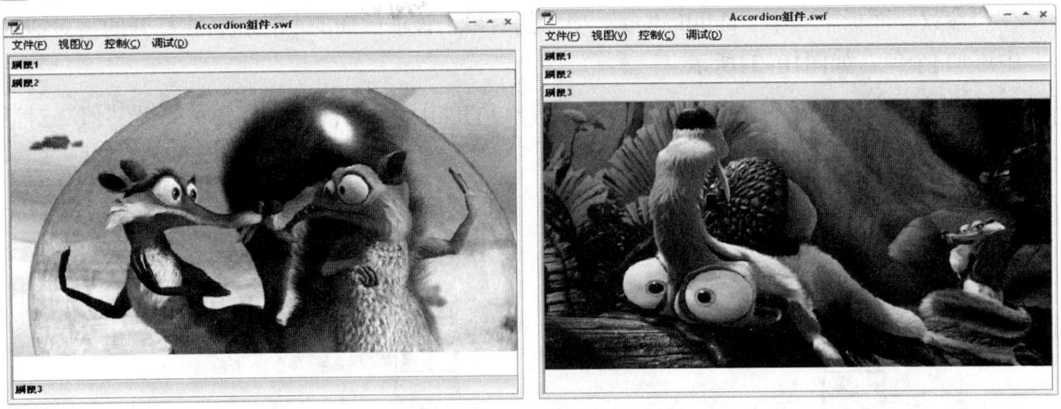

图10-38 预览动画效果

2. Alert组件

Alert组件是一个信息对话框，向用户提供一条消息和响应按钮，可以通过使用Alert.okLabel、Alert.yesLabel、Alert.noLabel和Alert.cancelLabel动作脚本更改按钮的标签和对话框中的内容。

下面介绍Alert组件的用法，其操作步骤如下。

01 从“组件”面板中将Alert组件拖放到舞台中，然后将其删除，以确定将其只添加到“库”面板中，如图10-39所示。

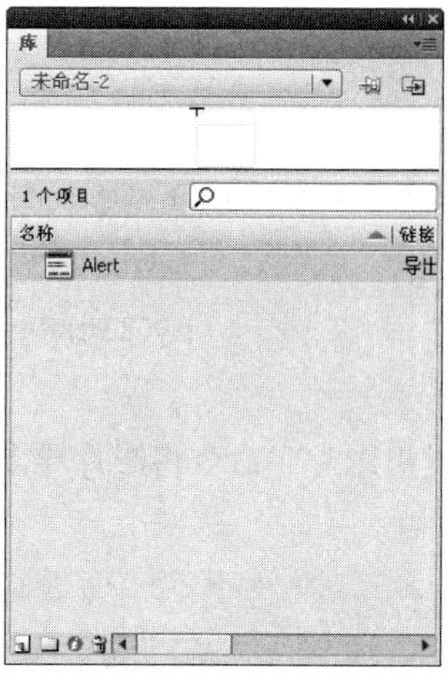

图10-39　库面反中的Alert组件

提示

Alert组件没有参数选项，只有通过ActionScript脚本语言才能对其进行设置。在进行脚本设置时，需要将该组件添加到“库”面板中。

02 导入一张图像到舞台，并调整好位置，如图10-40所示。

图10-40　导入一张图像到舞台

03 选中“时间轴”面板中的第一帧，然后在“动作”面板中添加控制Alert组件内容的代码，其代码如下：

```
import mx.controls.Alert;
// 定义按钮动作。
var myClickHandler:Function = function (evt_obj:Object) {
 if (evt_obj.detail == Alert.OK) {
```

```
    trace(Alert.okLabel);
  } else if (evt_obj.detail == Alert.CANCEL) {
    trace(Alert.cancelLabel);
  }
};
// 显示对话框。
var dialog_obj:Object = Alert.show("请仔细观查图像中的内容", "提示",
                                   Alert.OK | Alert.CANCEL, null,
                                   myClickHandler, "testIcon", Alert.OK);
```

04 执行“文件”→“导出”→“导出影片”命令将影片导出后，使用Flash Player播放器进行播放，效果如图10-41所示。

图10-41　影片运行效果

3. Button组件

Button组件可以创建一个用户界面按钮。该组件可以调整大小，且用户可以通过“参数”选项卡修改其中的文字内容。

从“组件”面板中将Button组件拖放到舞台中，打开“组件检查器”面板，在面板中的“参数”选项卡中可以看到该组件的设置内容，如图10-42所示。

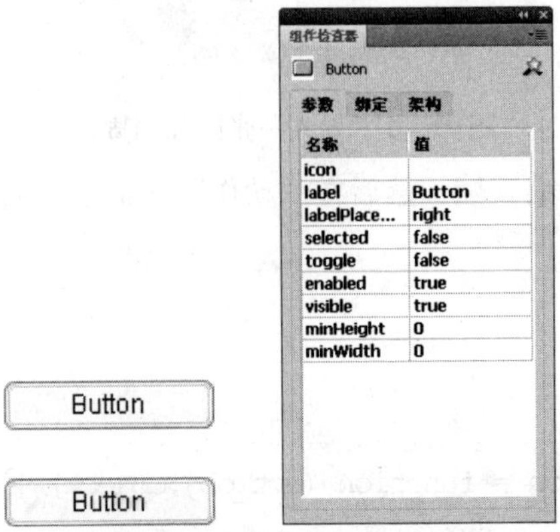

图10-42　Button组件参数面板

“参数”选项卡中各项参数的功能分别介绍如下。

- icon：为按钮添加自定义图标，该值是库中影片剪辑或图形元件的链接标识符。
- label：设置按钮上显示的文本内容，默认值为“Button”。
- labelPlacement：确定按钮上的标签文本相对于图标的方向。该参数包括left、right、top和 bottom 四个选项，默认值为right。
- selected：如果 toggle 参数的值是true，则该参数指定按钮是处于按下状态（true）还是释放状态（false），默认值为false。
- toggle：将按钮转变为切换开关。如果值为 true，则按钮在单击后保持按下状态，并在再次单击时返回到弹起状态；如果值为 false，则按钮行为与一般按钮相同，默认值为false。

4. CheckBox组件

CheckBox组件用以在Flash影片中添加复选框，只需为其设置简单的组件参数，就可以在影片中应用。

从“组件”面板中将CheckBox组件拖放到舞台中，打开“组件检查器”面板，在面板中的“参数”选项卡中可以看到该组件的设置内容，如图10-43所示。

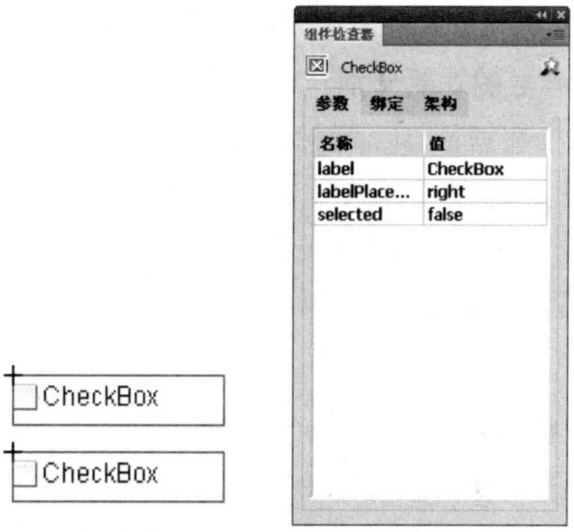

图10-43　CheckBox组件参数面板

“参数”选项卡中各项参数的功能分别介绍如下。

- Label：点击“值”对应的文字栏，为CheckBox输入将要显示的文字内容。
- Label Placement：为CheckBox设置勾选框的位置。包括left、right、top和bottom（left表示在文本左边显示，right表示在文本右边显示，top表示在文本上方显示，bottom表示在文本正方显示），如图10-44所示。

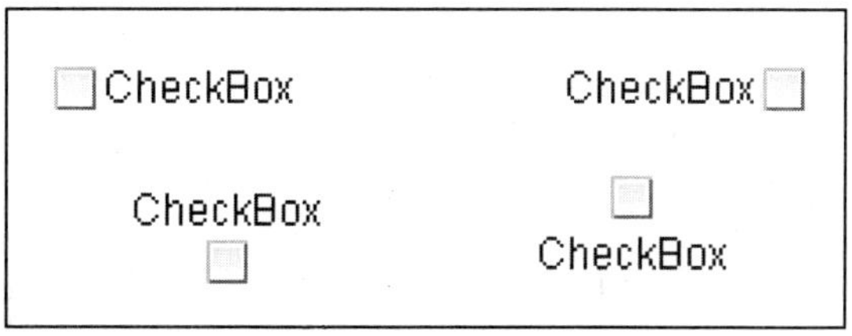

图10-44　为置CheckBox设置勾选框的位置

- Selected：该CheckBox的初始状态（false表示未选取，true表示已经选取）。

5. ComboBox组件

是一个下拉菜单，通过“参数”选项卡可以设置它的菜单项目数及各项的内容，在影片中进行选择时既可以使用鼠标也可以使用键盘。

从“组件”面板中将ComboBox组件拖放到舞台中，打开“组件检查器”面板，在面板中的“参数”选项卡中可以看到该组件的设置内容，如图10-45所示。

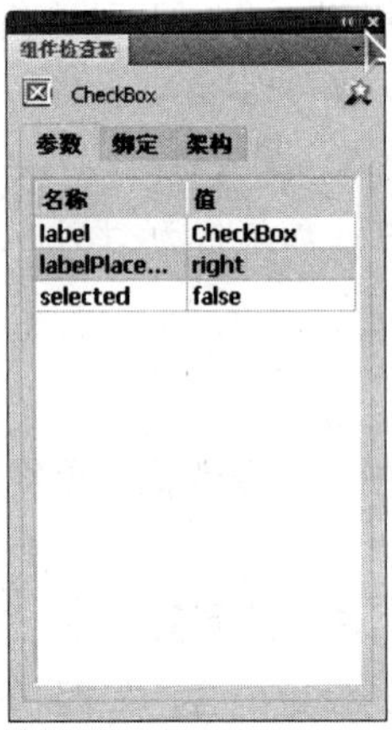

图10-45　ComboBox组件参数面板

“参数”选项卡中各项参数的功能分别介绍如下。

- dataProvider：将一个数据值与ComboBox组件中的每个项目相关联。
- editable：决定用户是否可以在下拉列表框中输入文本。如果可以输入则选择“true”，如果只能选择不能输入则选择“false”，默认值为“false”。
- rowCount：确定在不使用滚动条时最多可以显示的项目数。默认值为5。

6. DataGrid组件

可以使用户创建强大的数据驱动的显示和应用程序。使用DataGrid组件，可以实例化使用Adobe Flash Remoting的记录集（从Adobe ColdFusion、Java或 .Net 中的数据库查询中检索），然后将其显示在实例中，用户也可以使用它显示数据集或数组中的数据。该组件有水平滚动、更新的事件支持、增强的排序等功能，如图10-46所示。

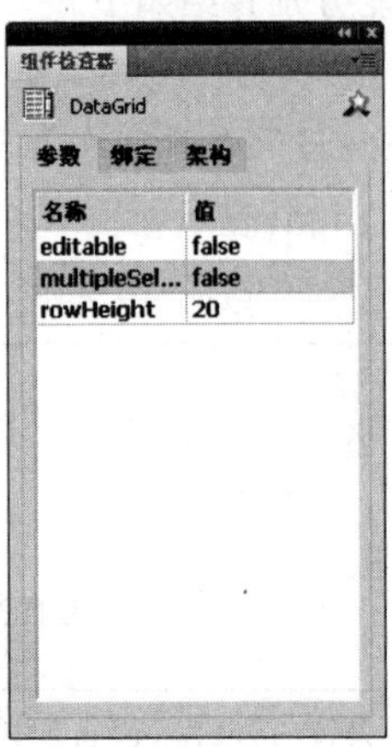

图10-46　“DataGrid”组件参数面板

- editable：是一个布尔值，它指定组件内的数据是否可编辑。该参数包括true和false两个参数值，分别表示可编辑和不可编辑，默认值为false。
- multipleSelection：是一个布尔值，它指示是（true）否（false）可以选择多项，默认值为 false。
- rowHeight：指示每行的高度（以像素为单位）。更改字体大小不会更改行高度，默认值为20。

7. DateChooser组件

DateChooser组件是一个允许用户选择、查看日期的日历，并可以通过属性面板对其显示的风格进行修改，如图10-47所示。

将DateChooser组件拖放到舞台，在“组件检查器”面板中的“参数”选项卡中可以进行相关设置，如图10-48所示。

图10-47　查看日期的日历

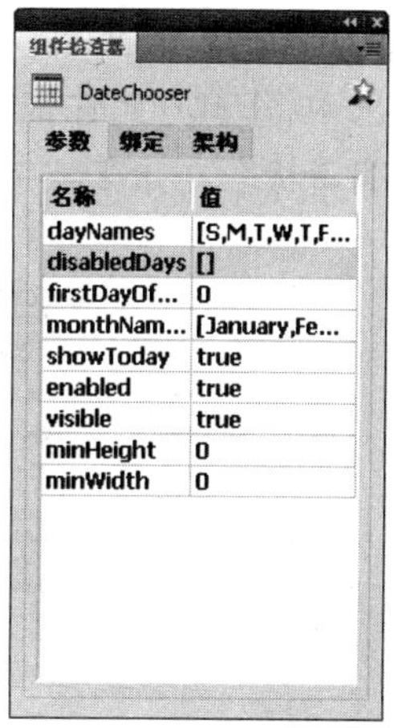

图10-48　DateChooser组件参数面板

该组件“参数”面板中各项参数的功能分别介绍如下。

- dayNames：设置一星期中各天的名称。该值是一个数组，其默认值为[S,M,T,W,T,F,S]。
- disabledDays：指示一星期中禁用的各天。该参数是一个数组，并且最多具有七个值。默认值为[ ]（空数组）。
- firstDayOfWeek：指示一星期中的哪一天（其值为 0~6，0 是 dayNames 数组的第一个元素）显示在日期选择器的第一列中。此属性更改“日”列的显示顺序。
- monthNames：设置在日历的标题行中显示的月份名称。该值是一个数组，其默认值为 [January, February, March, April, May, June, July, August, September, October, November, December]。
- showToday：指示是否要加亮显示今天的日期。默认值为true。

8. DateField组件

DateField组件是一个带日历的文本字段，它将显示右边所带日历的日期。如果未选定日期，则该文本字段为空白；当用户用鼠标在日期字段边框内的任意位置单击时，会弹出一个日期选择器，供用户选择，如图10-49所示。

图10-49　会弹出一个日期选择器

9. Label组件

Label组件就是一行文本，它的作用与文本的作用相似。从“组件”面板的“User Interface”项中将Label组件拖到舞台中，然后在“组件检查器”面板中选中“text”项，使其成为可编辑状态，并在其中输入新的文本内容，即可完成对该组件内容的编辑，如图10-50所示。

图10-50　Label组件参数面板

10. List组件

是一个可滚动的单选或多选列表框，该列表还可显示图形内容及其他组件。用户可以通过“参数”选项卡，完成对该组件中各项内容的设置，如图10-51所示。

图10-51　List组件应用

List组件在“组件检查器”面板中的“参数”选项卡中各项参数的功能分别介绍如下。

- data：由填充列表数据的值组成的数组。默认值为[ ]（空数组）。没有相应的运行时属性。
- labels：由填充列表的标签值的文本值组成的数组。默认值为[ ]（空数组）。没有相应的运行时属性。
- multipleSelection：一个布尔值，它指示是（true）否（false）可以选择多个值。默认值为 false。
- rowHeight：指示每行的高度，以像素为单位。默认值是20。设置字体不会更改行的高度。

11. Loader组件

Loader组件好比一个显示器，可以显示SWF或JPEG文件。用户可以缩放组件中内容的大小，或者调整该组件的大小来匹配内容的大小。在默认情况下，将调整内容的大小以适应组件，如图10-52所示。

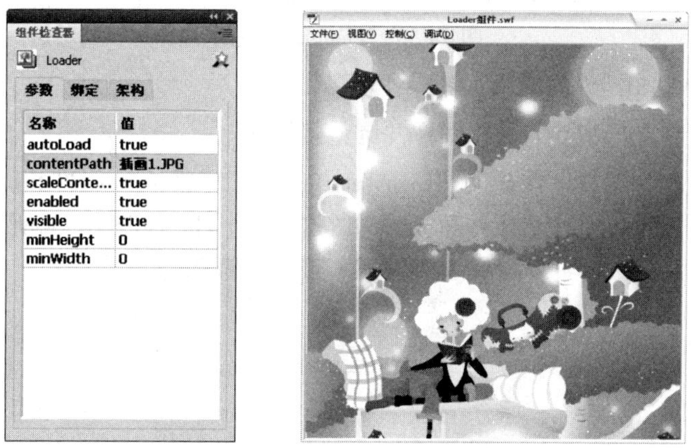

图10-52　Loader组件应用

Loader组件在“组件检查器”面板中的“参数”选项卡中各项参数的功能分别介绍如下。

- autoload：指示内容是应该自动加载（true），还是应该等到调用 Loader.load() 方法时再进行加载（false）。默认值为 true。
- contentPath：是一个绝对或相对的 URL，它指示要加载到加载器的文件。相对路径必须是相对于加载内容的SWF文件的路径。该URL必须与Flash内容当前驻留的URL在同一子域中。为了在Flash Player中或者在测试模式下使用 SWF 文件，必须将所有 SWF 文件存储在同一个文件夹中，并且其文件名不能包含文件夹或磁盘驱动器说明。默认值在开始加载之前为 undefined。
- scaleContent：指示是内容进行缩放以适合加载器（true），还是加载器进行缩放以适合内容（false）。默认值为 true。

12. Menu组件

Menu组件使用户可以从弹出菜单中选择一个项目，这与大多数软件应用程序的“文件”或“编辑”命令相似。当用户滑过或单击一个按钮时，会在应用程序中打开Menu组件，如图10-53所示。

图10-53　Menu组件应用

下面介绍使用Menu组件的方法，其操作步骤如下。

01 新建一个文档，在文档中导入一张图像并调整其位置。

02 新建一个图层，从“组件”面板的“User Interface”栏中将Menu组件和Button组件拖放到舞台，然后将其删除，仅仅在“库”面板中保留这两个组件，如图10-54所示。

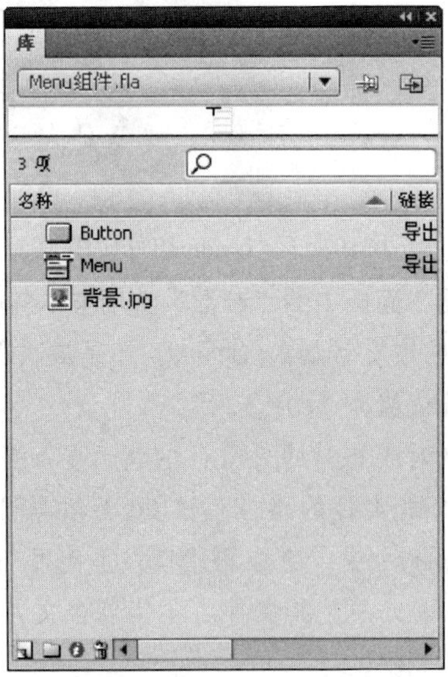

图10-54　Menu组件和Button组件

03 在“时间轴”面板中选中第一帧，在“动作”面板中输入一段代码，其代码如下：

```
import mx.controls.Button;
import mx.controls.Menu;
this.createClassObject(Button, "menu_button", 10, {label:"菜单"});
// 创建菜单。
```

```
var my_menu:Menu=Menu.createMenu();
// 添加某些菜单项。
my_menu.addMenuItem("菜单 1");
my_menu.addMenuItem("菜单 2");
my_menu.addMenuItem("菜单 3");
my_menu.addMenuItem("菜单 4");
// 将更改侦听器添加到 Menu 以检测选中的是哪个菜单项。
var menuListener:Object=
new Object();
menuListener.change= function(evt_obj:Object) {
 var item_obj:Object=evt_obj.menuItem;
 trace("Item selected: "+item_obj.attributes.label);
};
my_menu.addEventListener("change", menuListener);
// 添加一个按钮侦听器，在单击按钮时该侦听器显示菜单。
var buttonListener:Object = new Object();
buttonListener.click= function(evt_obj:Object) {
 var my_button:Button=evt_obj.target;
 // 在按钮底部显示菜单。
 my_menu.show(my_button.x, my_button.y + my_button.height);
};
menu_button.addEventListener("click", buttonListener);
```

04 保存文档，按下Ctrl +Enter组合键，浏览组件效果，如图10-55所示。

图10-55　将MenuBar组件拖放到舞台

13. MenuBar组件

MenuBar组件可以创建带有弹出菜单和命令的水平菜单栏，就像常见的软件应用程序中包含“文件”菜单和“编辑”菜单的菜单栏一样。

下面介绍MenuBar组件的用法，其操作步骤如下。

01 从“组件”面板的“User Interface”栏中将MenuBar组件拖放到舞台的适当位置，如图10-66所示。

02 选中“时间轴”面板中的第1帧，打开“动作”面板，在其中输入下列代码：

```
import mx.controls.Menu;
import mx.controls.MenuBar;
var my_mb:MenuBar;
var my_menu:Menu=my_mb.addMenu("文件");
my_menu.addMenuItem({label:"新建", instanceName:"newInstance"});
my_menu.addMenuItem({label:"打开...",instanceName:"openInstance"});
my_menu.addMenuItem({label:"关闭", instanceName:"closeInstance"});

/*这段代码向 MenuBar 实例添加“文件”菜单。可以使用Menu 方法添加3个菜单项，分别为“新建”、“打开”和“关闭”。*/

var my_menu:Menu=my_mb.addMenu("编辑");
my_menu.addMenuItem({label:"剪切", instanceName:"newInstance"});
my_menu.addMenuItem({label:"复制",instanceName:"openInstance"});
my_menu.addMenuItem({label:"粘贴", instanceName:"closeInstance"});
var my_menu:Menu=my_mb.addMenu("修改");
my_menu.addMenuItem({label:"变形", instanceName:"newInstance"});
my_menu.addMenuItem({label:"排列",instanceName:"openInstance"});
my_menu.addMenuItem({label:"对齐", instanceName:"closeInstance"});
var my_menu:Menu=my_mb.addMenu("文本");
var my_menu:Menu=my_mb.addMenu("插入");
var my_menu:Menu=my_mb.addMenu("视图");
var my_menu:Menu=my_mb.addMenu("命令");
var my_menu:Menu=my_mb.addMenu("帮助");
```

03 继续在这段代码后面添加新的代码段，其代码如下：

```
// 创建侦听器对象。
var mbListener:Object = new Object();
```

```
mbListener.change= function(evt_obj:Object) {
 var menuItem_obj:Object = evt_obj.menuItem;
 switch (menuItem_obj.attributes.instanceName) {
 case "newInstance":
  trace("New menu item");
  break;
 case "openInstance":
  trace("Open menu item");
  break;
 case "closeInstance":
  trace("Close menu item");
  break;
 }
 trace(menuItem_obj);
};
// 添加侦听器。
my_menu.addEventListener("change", mbListener);
```

04 保存文档，按下Ctrl+Enter组合键查看组件效果，如图10-56所示。

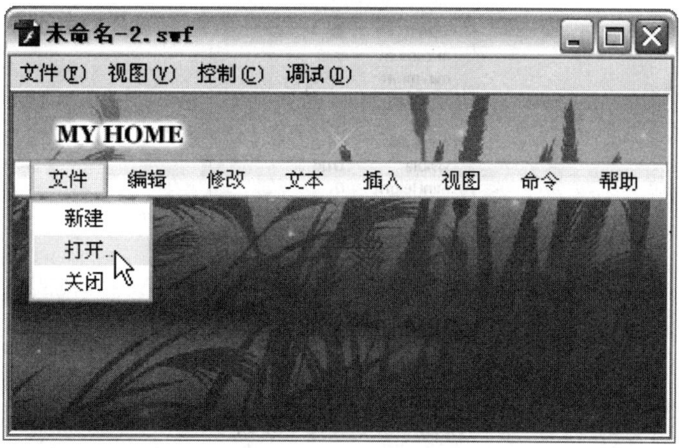

图10-56 MenuBar组件效果

14. NumericStepper组件

NumericStepper组件允许用户逐个通过一组排序数字。分别单击向上、向下箭头按钮，文本框中的数字产生递增或递减的效果，该组件只能处理数值数据，如图10-57所示。

图10-57 NumericStepper组件应用

下面介绍使用NumericStepper组件的方法，其操作步骤如下。

01 从“组件”面板的“User Interface”栏中将NumericStepper组件拖放到舞台的适当位置，在“属性”面板中设置好实例名称、在“组件检查器”面板中的“参数”选项卡中设置参数，如图10-58所示。

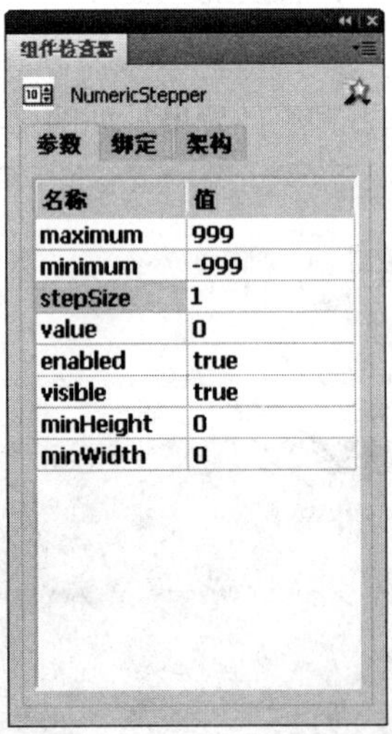

图10-58 设置“参数”

NumericStepper组件在“组件检查器”面板中的“参数”选项卡中的各项参数的功能分别介绍如下。

- maximum：设置可在步进器中显示的最大值，默认值为10。
- minimum：设置可在步进器中显示的最小值，默认值为0。
- stepSize：设置每次单击时步进器增大或减小的单位，默认值为1。
- value：设置在步进器的文本区域中显示的值，默认值为0。

02 从“组件”面板中拖放Lable组件到舞台中，并将其实例名称设置为“my_label”，如图10-59所示。

图10-59　拖放Lable组件到舞台中

03 在“时间轴”面板中选中第一帧，在“动作”面板中输入一段代码，其代码如下。

```
var my_nstep:mx.controls.
NumericStepper;
var my_label:mx.controls.Label;
my_label.text = "18×3 = " + my_nstep.value;
// 创建侦听器对象。
var nstepListener:Object=new
Object();
nstepListener.change=function(evt_obj:Object) {
 my_label.text = "18×3 =  " + evt_obj.target.value;
};
// 添加侦听器。
my_nstep.addEventListener("change", nstepListener);
```

04 保存文档后，按下Ctrl +Enter组合键，预览组件效果。

15. Progress Bar组件

Progress Bar组件是一个显示加载情况的进度条。通过组件检查器”面板中的“参数”选项卡，可以设置该组件中文字的内容及相对位置。

下面介绍该组件的应用方法，其操作步骤如下。

01 从“组件”面板的“User Interface”栏中将Progress Bar组件拖放到舞台的适当位置，如图10-60所示。

02 选中Progress Bar组件，在“属性”面板中将实例名称设置为“my_pb”;执行“窗口”→“组件检查器”命令，打开“组件检查器”面板，在“参数”选项卡中将“label”的参数设置为“正在下载 下载进度：%3%%”，如图10-61所示。

图10-60　将Progress Bar组件拖放到舞台

图10-61　Progress Bar组件参数面板

- conversion：是一个数字，在显示标签字符串中的%1和%2的值之前，用这些值除以该数字，默认值为1。
- direction：指示进度栏填充的方向。该值可以是right或left，默认值为right。
- label：是指示加载进度的文本。此参数是一个字符串，其格式是"已加载%1，共 %2 (%3%%)"。字符串中，"%1 "是当前已加载字节数的占位符，"%2 "是总共要加载的字节数的占位符，"%3 "是已加载内容的百分比的占位符。字符"%%"是字符"%"的占位符。如果" %2 "的值为未知，它将被替换为两个问号（??）。如果值为undefined，则标签不显示。
- labelPlacement：指示与进度栏相关的标签的位置。此参数可以是top、bottom、left、right 或center之一，默认值为bottom。
- mode：是进度栏运行的模式。此值可以是event、polled 或 tools之一，默认值为event。
- source：是一个要转换为对象的字符串，它表示源的实例名称。

03 选中"时间轴"面板上的第一帧，并在"动作"面板中输入以下代码：

```
System.security.allowDomain("http://www.helpexamples.com");
var my_pb:mx.controls.ProgressBar;
my_pb.mode = "polled";
my_pb.source = "mysound";
var pbListener:Object = new Object();
pbListener.complete= function(evt_obj:Object) {
 trace("Sound loaded");
}
my_pb.addEventListener("complete", pbListener);
```

```
var mysound:Sound = new Sound();
mysound.loadSound("http://www.helpexamples.com/flash/sound/disco.mp3", true);
//创建一个名为mysound的Sound对象，并调用loadSound()，可将一个声音加载到Sound对象中。
```

04 保存文档，按下Ctrl +Enter组合键，预览组件效果，如图10-62所示。

图10-62　应用结果

16. Radio Button组件

Radio Button组件是一个单选按钮，用户只能选择同一组选项中的一项。每组中必须有两个或两个以上的 Radio Button组件，当一个被选中，该组中的其他按钮将取消选择。

要使用该组件，只需要从组件面板中拖放多个到舞台中，然后在“组件检查器”面板的“参数”选项卡中进行设置即可，图10-63所示为Radio Button组件的“参数”选项卡。

图10-63　Radio Button组件的参数面板

- data：与单选按钮相关的值。
- groupName：单选按钮的组名称，默认值为radioGroup，可以通过修改组名称来划分单选按钮的组。

- label：设置按钮上的文本值，默认值为 Radio Button（单选按钮）。
- labelPlacement：确定按钮上标签文本的方向。该参数包括left、right、top和bottom四个值，默认值为right。
- selected：将单选按钮的初始值设置为被选中（true）或取消选中（false），被选中的单选按钮中会显示一个圆点。

提示

一个组内只有一个单选按钮可以有表示被选中的值 true。如果组内有多个单选按钮被设置为 true，则会选中最后实例化的单选按钮。

17. ScrollPane组件

ScrollPane组件可以在一个可滚动区域中显示影片剪辑、JPEG文件和SWF文件。通过使用滚动窗格，可以限制这些媒体类型所占用的屏幕区域的大小，滚动窗格可以显示从本地磁盘或Internet加载的内容。图10-64所示为ScrollPane组件的应用效果。

图10-64　ScrollPane组件的应用效果

将ScrollPane组件拖放到舞台的合适位置后，打开“组件检查器”面板，在“参数”选项卡中设置好“contentPath”等参数值后，即可在组件中显示设置好的内容。图10-65所示为该组件的“参数”选项卡。

图10-65　ScrollPane组件参数面板

ScrollPane组件的参数分别介绍如下。

- contentPath：指示要加载到滚动窗格中的内容。该值可以是本地 SWF 或 JPEG 文件的相对路径，或 Internet 上的文件的相对或绝对路径，也可以是设置为"为ActionScript 导出"的库中的影片剪辑元件的链接标识符。
- hLineScrollSize：指示每次单击箭头按钮时水平滚动条移动多少个单位，默认值为 5。
- hPageScrollSize：指示每次单击轨道时水平滚动条移动多少个单位，默认值为 20。
- hScrollPolicy：显示水平滚动条。该值可以是 on、off 或auto，默认值为 auto。
- scrollDrag：是一个布尔值，确定用户在滚动窗格中拖动内容时是（true）否（false）发生滚动，默认值为 false。
- vLineScrollSize：指示每次单击滚动箭头时垂直滚动条移动多少个单位，默认值为 5。
- vPageScrollSize：指示每次单击滚动条轨道时垂直滚动条移动多少个单位，默认值为 20。
- vScrollPolicy：显示垂直滚动条。该值可以是 on、off 或 auto，默认值为 auto。

18. TextArea组件

TextArea组件可以创建一个进行文本输入的文本框。用户可以在这个文本框中输入文本内容，并可以在其中进行换行操作。通过组件的“组件检查器”面板的“参数”选项卡，可以设置组件的初始内容、是否可编辑、是否自动换行等参数，如图10-66所示。

- editable：指TextArea 组件是否可编辑，该参数包括“false”和“true”两个参数值，默认值为 true。
- html：指文本是否采用 HTML 格式，该参数包括“false”和“true”两个参数值。如果 HTML 设置为 true，则可以使用字体标签来设置文本格式，默认值为false。
- text：在TextArea 组件中显示的初始内容。在“参数”选项卡的“text”参数项目中输入文本内容，即会在组件中显示出来，默认值为空。
- wordWrap：指文本是否自动换行。该参数包括“false”和“true”两个参数值，默认值为 true。

在“参数”选项卡中设置好各项参数后，按下Ctrl +Enter组合键，即可看到组件的效果，如图10-67所示。

图10-66 TextArea组件参数面板

图10-67 TextArea组件的效果

19. TextInput组件

TextInput组件可以输入单行文本内容或密码。通过该组件的“组件检查器”，可以设置该组件是否可以编辑、组件输入的内容形式及组件的初始内容等，如图10-68所示。

- editable：指示 TextInput 组件是（true）否（false）可编辑，默认值为 true。
- password：指示字段是（true）否（false）为密码字段，默认值为 false。
- text：指定 TextInput 组件的内容。用户无法在“组件检查器”面板中输入回车。默认值为“ ”（空字符串）。
- maxChars：是文本输入字段最多可以容纳的字符数，默认值为 null（表示无限制）。
- restrict：指示用户可输入到文本输入字段中的字符集。
- enabled：是一个布尔值，它指示组件是否可以接收焦点和输入，默认值为true。
- visible：是一个布尔值，它指示对象是（true）否（false）可见，默认值为true。

在“组件检查器”面板中设置好参数后，在Flash Player播放器中可以查看该组件的效果，如图10-69所示。

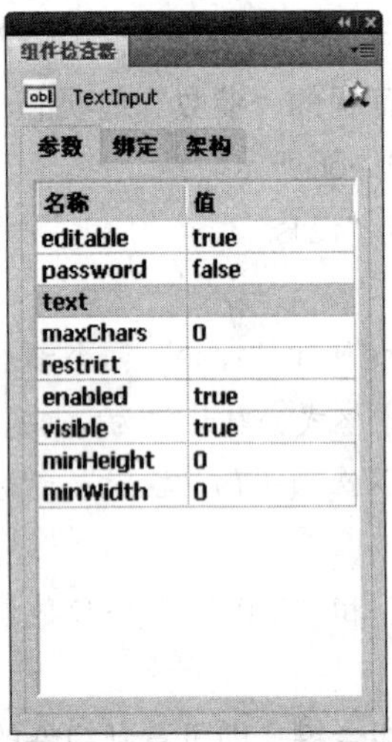

图10-68　TextInput组件参数面板

图10-69　TextInput组件应用效果

20. Tree组件

Tree组件可以分层查看数据。在该组件中，项目将以“树”的形式展开，就如同windows的资源管理器展开效果，如图10-70所示。

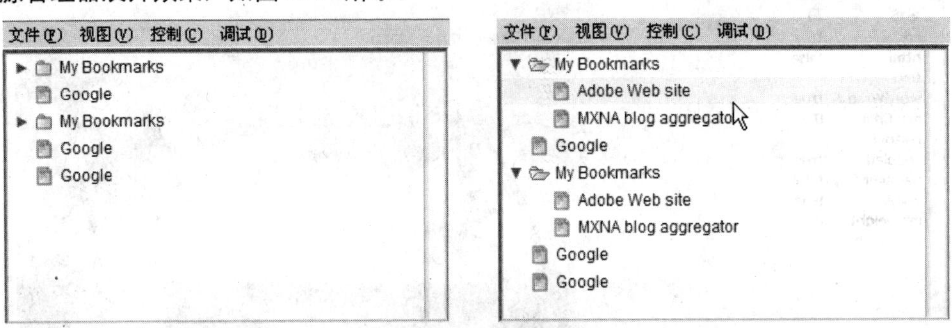

图10-70　Tree组件应用效果

下面介绍Tree组件的应用方法，其操作步骤如下。

01 新建一个Flash ActionScript 2.0文档，将文档属性设置为340×200像素后，保存为“将文档另存为 treeMenu.fla”文件。

02 从“组件”面板中将Tree组件拖放到舞台，调整其尺寸为340×200像素。在“属性”面板中设置实例名称为“menuTree”，如图10-71所示。

03 选择该“Tree”实例并按“F8”键，将组件转换为一个名为“TreeNavMenu”的影片剪辑，在“影片剪辑”的高级视图中选中“为 ActionScript 导出”，在“类”文本框中输入“TreeNavMenu”，如图10-72所示。

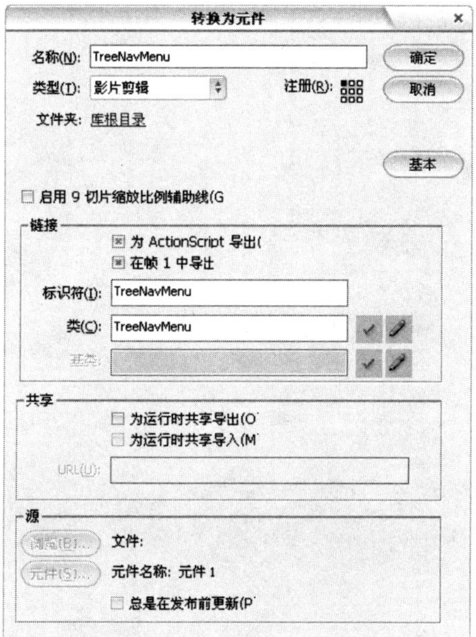

图10-71 设置“Ttree”组件属性

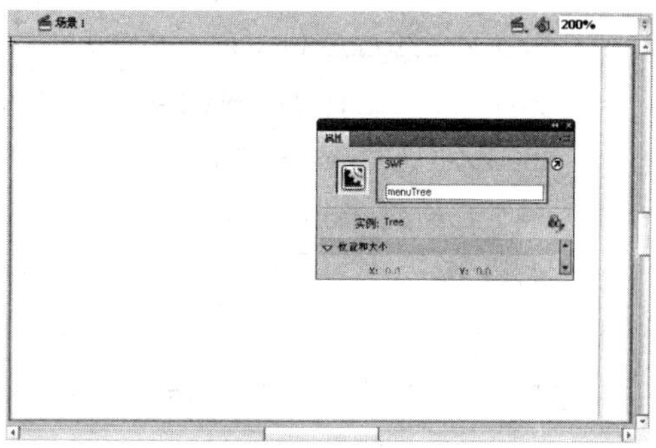

图10-72 设置参数

04 执行“文件”→“新建”命令，在打开的“新建文档”对话框中选择“ActionScript文件”类型，新建一个ActionScript文档，如图10-73所示。

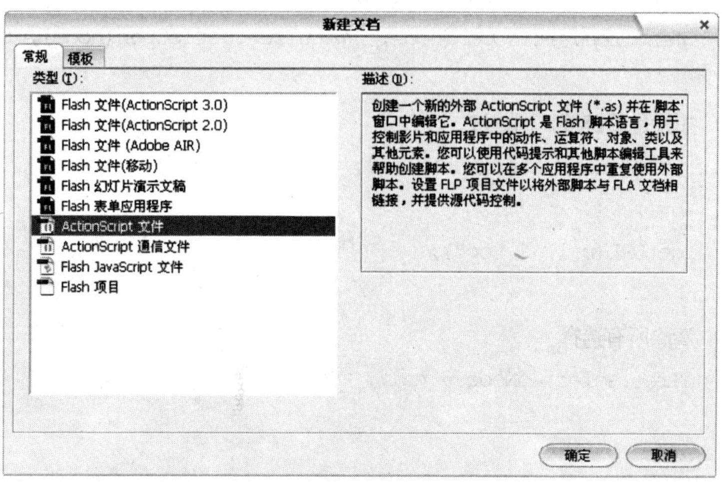

图10-73 新建一个ActionScript文档

05 将文件另存为TreeNavMenu.as，与treeMenu.fla文件放在同一目录下。

06 在新建的TreeNavMenu.as文档窗口中输入以下代码：

```
import mx.controls.Tree;

class TreeNavMenu extends MovieClip {
    var menuXML:XML;
    var menuTree:Tree;
    function TreeNavMenu() {
        // 设置树的外观和事件处理函数。
        menuTree.setStyle("fontFamily", "_sans");
        menuTree.setStyle("fontSize", 12);
        // 加载 XML 菜单。
        var treeNavMenu = this;
        menuXML = new XML();
        menuXML.ignoreWhite = true;
        menuXML.load("TreeNavMenu.xml");
        menuXML.onLoad = function() {
            treeNavMenu.onMenuLoaded();
        };
    }
    function change(event:Object) {
        if (menuTree == event.target) {
            var node = menuTree.selectedItem;
            // 如果遇到分支，则展开/折叠该分支。
            if (menuTree.getIsBranch(node)) {
                menuTree.setIsOpen(node, !menuTree.getIsOpen(node), true);
            }
            // 如果是超链接，则跳过。
            var url = node.attributes.url;
            if (url) {
                getURL(url, "_top");
            }
            // 清除所有选择。
            menuTree.selectedNode = null;
        }
    }
    function onMenuLoaded() {
```

```
        menuTree.dataProvider = menuXML.firstChild;
        menuTree.addEventListener("change", this);
    }
}
```

> **提示**
>
> 这段 ActionScript 代码设置树的样式。它创建了一个 XML 对象，用于加载创建树节点的 XML 文件。然后定义 onLoad 事件处理函数，以将数据提供程序设置为 XML 文件的内容。

07 使用文本编辑器中新建一个名为TreeNavMenu.xml 的文件，并将其保存到treeMenu.fla 文件同一目录下。

08 在新建的XML文件中输入以下代码：

```
node>
    <node label="My Bookmarks">
        <node label="Adobe Web site" url="http://www.adobe.com" />
        <node label="MXNA blog aggregator" url="http://www.markme.com/mxna" />
    </node>
    <node label="Google" url="http://www.google.com" />
    <node label="My Bookmarks">
        <node label="Adobe Web site" url="http://www.adobe.com" />
        <node label="MXNA blog aggregator" url="http://www.markme.com/mxna" />
        </node>
    <node label="Google" url="http://www.google.com" />
    <node label="Google" url="http://www.google.com" />
</node>
```

09 保存文档后，在Flash中按下Ctrl +Enter组合键，浏览组件效果，如图10-81所示。

21. UIScrollBar组件

UIScrollBar组件允许将滚动条添加至文本字段。该组件的功能与其他所有滚动条类似，它两端各有一个箭头按钮，按钮之间有一个滚动轨道和滚动滑块。它可以附加至文本字段的任何一边，既可以垂直使用也可以水平使用，如图10-74所示。

01 在文档中新建一个动态文本，并为其添加文本内容。执行“文本→可滚动文本”命令，使该动态文本可以上下滚动，如图10-75所示。

02 选中舞台上的动态文本，在“属性”面板中设置其实例名称为“text”，然后设置好其他参数，如图10-76所示。

图10-74　UIScrollBar组件应用效果

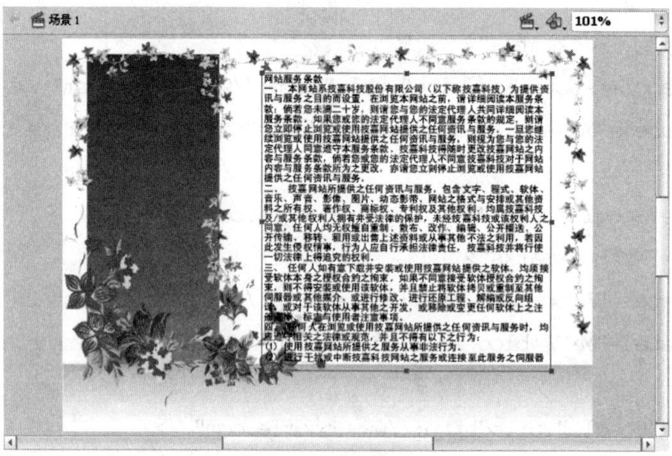

图10-75　创建可滚动文本

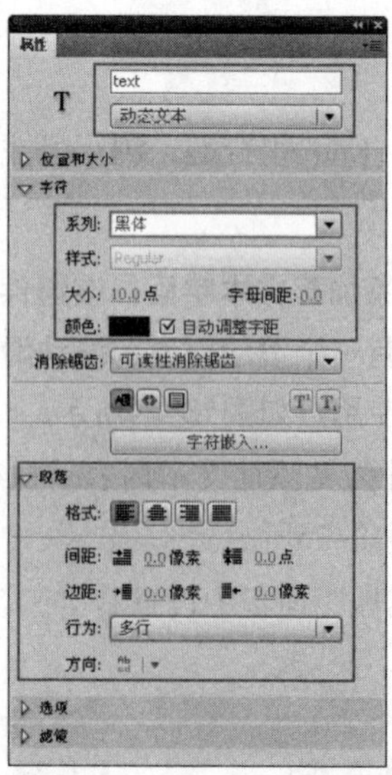

图10-76　设置其他参数

03 从“组件”面板中将UIScrollBar组件拖放到舞台中文本内容的右侧，调整好尺寸和位置，如图10-77所示。

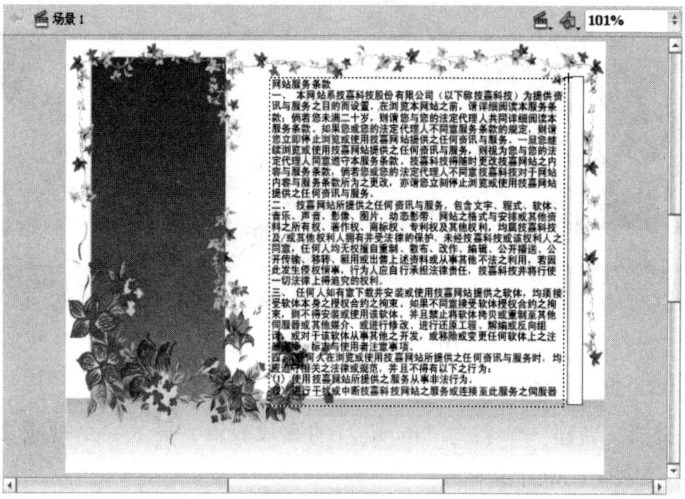

图10-77 将UIScrollBar组件拖放到舞台中

04 打开“组件检查哭”面板，在“参数”选项卡中将“_targetInstanceName”参数的值设置为“text”，如图10-78所示。

图10-78　设置参灵敏

提示

_targetInstanceName：指示UIScrollBar组件所附加到的文本字段实例的名称。Horizontal：指示滚动条是水平方向（true）还是垂直方向（false）。默认值为false。

05 保存文档，按下Ctrl +Enter组合键，浏览组件效果。

22. Window组件

Window组件是一个可以在具有标题栏、边框和关闭按钮（可选）的窗口内显示影片剪辑的内容的组件，如图10-79所示。

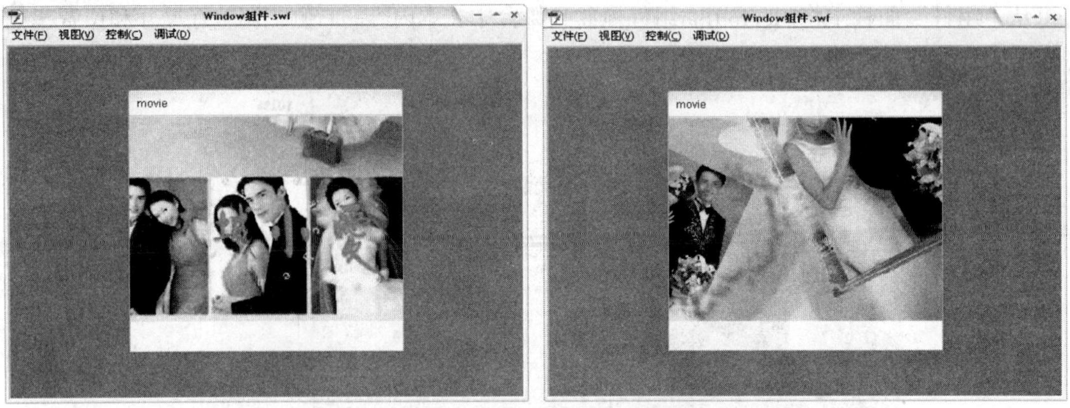

图10-79　Window组件应用

下面介绍使用Window组件的方法，其操作步骤如下。

01 新建一个Flash文档，新建一个名为“movie”的影片剪辑，导入一个视频文件到影片剪辑，并调整好位置，如图10-80所示。

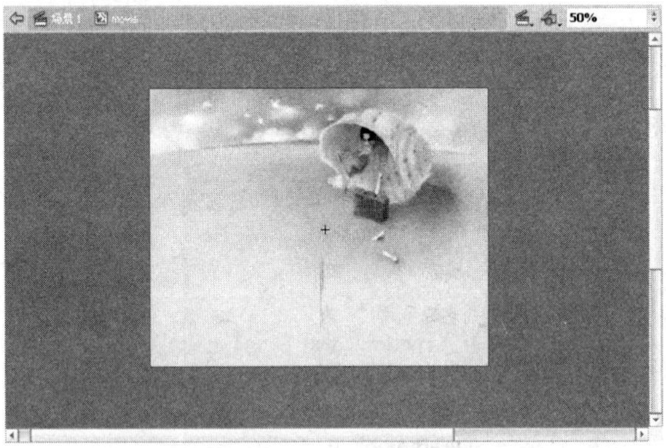

图10-80　导入视频文件并调整好位置

02 在“库”面板中选择“movie”影片剪辑，设置其链接属性，在“元件属性”对话框中选中“为ActionScript导出”，将标识符设置为“movie”，然后单击“确定”按钮，如图10-81所示。

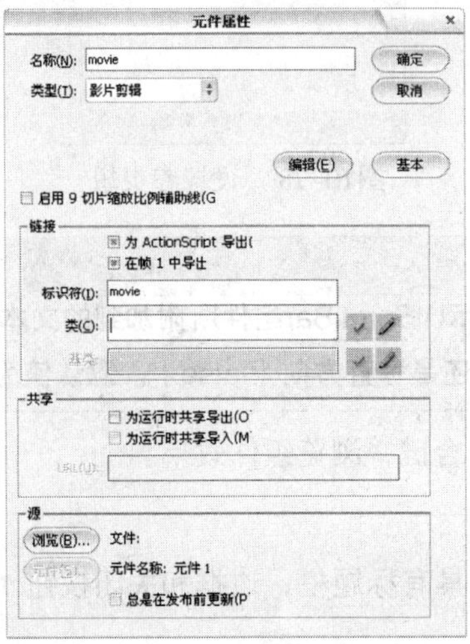

图10-81　设置能数

03 回到主场景，将Window组件拖放到舞台，调整其尺寸和位置，如图10-82所示。

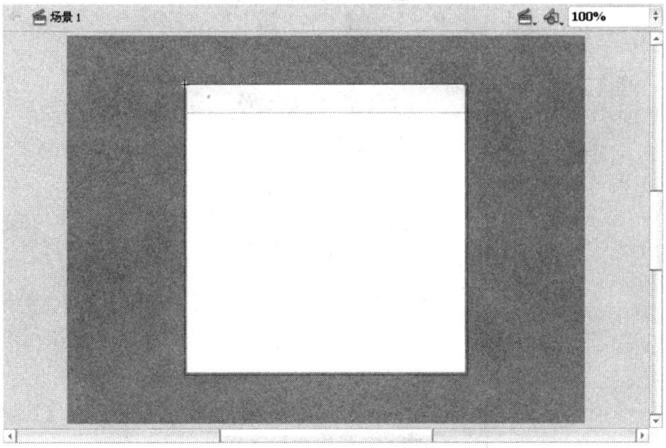

图10-82　将Window组件拖放到舞台并调整

04 选中舞台中的Window组件，在“组件检查器”面板的“参数”选项卡中将“CloseButton”设置为“false”，“contentPath”设置为“movie”，“title”设置为“movie”，如图10-83所示。

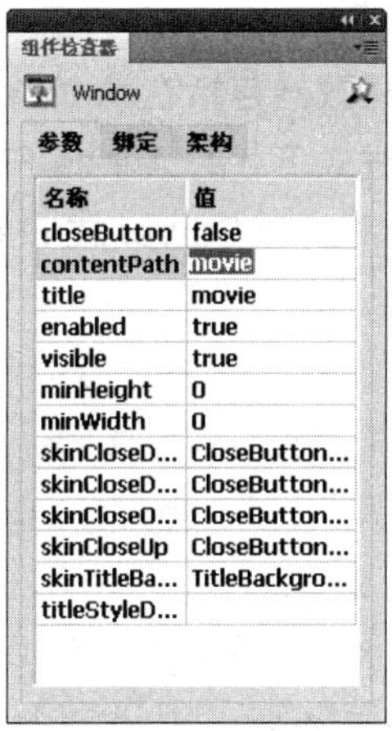

图10-83　设置参数

- closeButton：指示是(true)否（false)显示关闭按钮。单击关闭按钮会广播一个click事件，但不关闭窗口。用户必须编写调用的处理函数，以显式关闭窗口。
- contentPath：指定窗口的内容。这可以是电影剪辑的链接标识符、屏幕、表单或包含窗口内容的幻灯片的元件的名称。也可以是要加载到窗口的 SWF 或 JPEG 文件的绝对或相对URL，默认值为空白。加载的内容会被裁剪，以适合窗口大小。
- title：设置窗口的标题。

05 保存文档，按下Ctrl +Enter组合键预览组件效果。

10.2.4 使用Video组件

使用Video组件可以创建各种样式的视频播放器。Video组件中包括多个单独的组件内容，包括有FLVPlayback、BackButton、BufferingBar、ForwardButton、PauseButton和PlayPauseButton等组件，如图10-84所示。

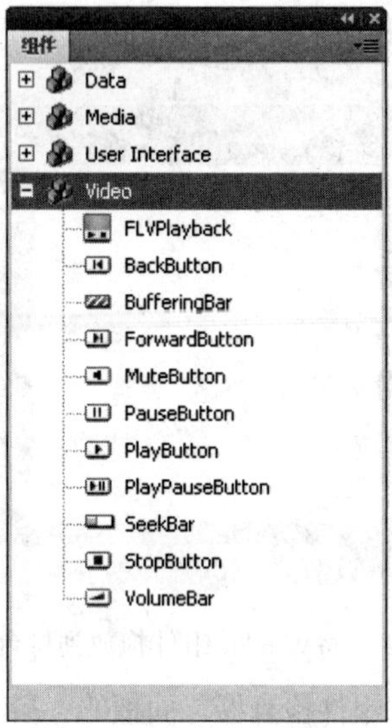

图10-84　Video组件

下面分别介绍这些组件的功能与用法。

- **FLVPlayback：可以将视频播放器包括在 Adobe Flash CS5 Professional 应用程序中，以便播放通过 HTTP 渐进式下载的 Adobe Flash 视频 (FLV) 文件，或者播放来自 Adobe 的 Macromedia Flash Media Server 或 Flash Video Streaming Service (FVSS) 的 FLV 流文件。**
- BackButton：可以在舞台上添加一个“后退”控制按钮。从“组件”面板中将“BackButton”组件拖放到舞台中，即可应用该组件。如果要对其外观进行编辑，可以在舞台中双击该组件，然后进行编辑即可。
- BufferingBar：可以在舞台上创建一个缓冲栏对象。该组件在默认情况下，是一个从左向右移动的有斑纹的条，在该条上有一个矩形遮罩，使其呈现斑纹滚动效果。
- ForwardButton：可以在舞台中添加一个“前进”控制按钮。如果要对其外观进行编辑，可以在舞台中双击该组件，然后进行编辑即可。
- MuteButton：可以在舞台中创建一个声音控制按钮。MuteButton 按钮是带两个图层且没有脚本的一个帧。在该帧上，有和两个按钮，彼此叠放。
- PauseButton：可以在舞台中创建一个暂停控制按钮。其功能和Flash中一般的按钮相似，按钮组件需要被设置特定的控制事件后，才可以在影片中正常工作。
- PlayButton：可以在舞台中创建一个播放控制按钮。
- PlayPauseButton：可以在舞台中创建一个播放/暂停控制按钮。“PlayPauseButton”按钮在设置上与其他按钮不同，它们是带两个图层且没有脚本的一个帧。在该帧上，有“play”和“Pause”两个按钮，彼此叠放。
- SeekBar：可以在舞台中创建一个播放进度条，用户可以通过播放进度条来控制影片的播放位置。
- StopButton：可以在舞台中创建一个停止播放控制按钮。
- VolumeBar：可以在舞台中创建一个音量控制器。

10.3 本章小结

Flash提供了一些简单的交互元件来简化交互式动画的制作，如按钮（Button）、单选项（RadioButton）、复选框（CheckBox）、列表框（List）、下拉列表框（ComboBox）、滚动窗格（ScrollPane）等，这些交互元件组合起来就形成Flash组件。在Flash组件中，最常用的是UI Components组件。

10.4 本章习题

1. 填空题

（1）Flash默认状态下的组件可以分为 _____组件、______组件和 ______组件3类。

（2） _________组件栏中包括有“MediaController”、“MediaDisplay”和“MediaPlayback”3种组件，全都可以用于媒体播放。

（3） _______组件可以看作是包含一系列子项（一次显示一个）的浏览器。每个项目中可以包含不同的显示内容。通过属性面板可以完成对其项目名、实例名、显示内容等的设置。

2. 判断题

（1）“Video”组件主要用于创建具有互动功能的用户界面程序。（ ）

（2）CheckBox组件用以在Flash影片中添加复选框，只需为其设置简单的组件参数，就可以在影片中应用。（ ）

（3）MenuBar组件使用户可以从弹出菜单中选择一个项目，这与大多数软件应用程序的“文件”或“编辑”命令相似。（ ）

3. 操作题

（1）为自己最喜欢的一首歌制作一个可以显示音量大小的动画。

（2）使用List组件制作一个多选列表框。

第11章

动画的优化和发布

完成Flash影片的制作以后，可以优化与测试Flash作品，并且可以使用播放器预览影片效果。如果测试没有问题，则可以按要求发布影片或者将影片导出为可供其他应用程序处理的数据。

本章学习要点

- 了解动画优化的方法
- 掌握Flash动画作品的测试方法
- 掌握Flash动画的导出方法
- 掌握Flash动画的发布方法

11.1 动画的优化

使用Flash制作的影片多用于网页，这就牵涉到浏览速度的问题，要让速度快起来必须对作品进行优化，也就是在不影响观赏效果的前提下，减少影片的大小。作为发布过程的一部分，Flash会自动对影片执行一些优化。例如，它可以在影片输出时检查重复使用的形状，并在文件中把它们放置到一起，与此同时把嵌套组合转换成单个组合。

11.1.1 减小动画的大小

通过大量的经验累积，我们总结出多种在制作影片的时候优化影片的方法，下面对这些方法逐一介绍。

- 尽量多使用补间动画，少用逐帧动画，因为补间动画与逐帧动画相比，占用的空间较少。
- 在影片中多次使用的元素，转换为元件。
- 对于动画序列，要使用影片剪辑而不是图形元件。
- 尽量少地使用位图制作动画，位图多用于制作背景和静态元素。
- 在尽可能小的区域中编辑动画。
- 尽可能地使用数据量小的声音格式，如MP3、Wav等。

11.1.2 文本的优化

对于文本的优化，可以使用以下操作。

- 在同一个影片中，使用的字体尽量少，字号尽量小。
- 嵌入字体最好少用，因为它们会增加影片的大小。
- 对于“嵌入字体”选项，只选中需要的字符，不要包括所有字体。

11.1.3 颜色的优化

对于颜色的优化，可以使用以下的操作。

- 使用“属性”面板，将由一个元件创建出的多个实例的颜色进行不同的设置。
- 选择色彩时，尽量使用颜色样本中给出的颜色，因为这些颜色属于网络安全色。
- 尽量减少Alpha的使用，因为它会增加影片的大小。
- 尽量少使用渐变效果，在单位区域里使用渐变色比使用纯色多需要50个字节。

11.2 Flash动画作品的测试

在Flash中，通过测试影片，可以将影片完整地播放一次，通过直观地观看影片的效果，来检测动画是否达到了设计的要求。制作好动画以后，执行“控制”→“测试影片”命令或按下Ctrl+Enter组合键，在Flash Player中运行影片时，可以模拟输出后的影片在不同带宽速度下

的播放情况，能够了解该影片是否适用于网络中，并可以根据模拟测试出的结果，对影片作合适的修改、调整。

测试影片的具体操作方法如下。

01 为了便于进行测试，将使用一个已经编辑好的动画来讲解如何对Flash影片进行测试。请先打开一个编辑完成的动画文件。

02 执行“控制”→“测试影片”命令或按下Ctrl+Enter组合键，打开Flash Player播放器播放动画，如图11-1所示。

图11-1　播放动画

03 执行“视图”→“带宽设置”命令，这时在影片播放窗口上方会出现一个显示带宽特性的窗格，窗格中的图表可以显示影片在浏览器下载时数据传输的情况，如图11-2所示。

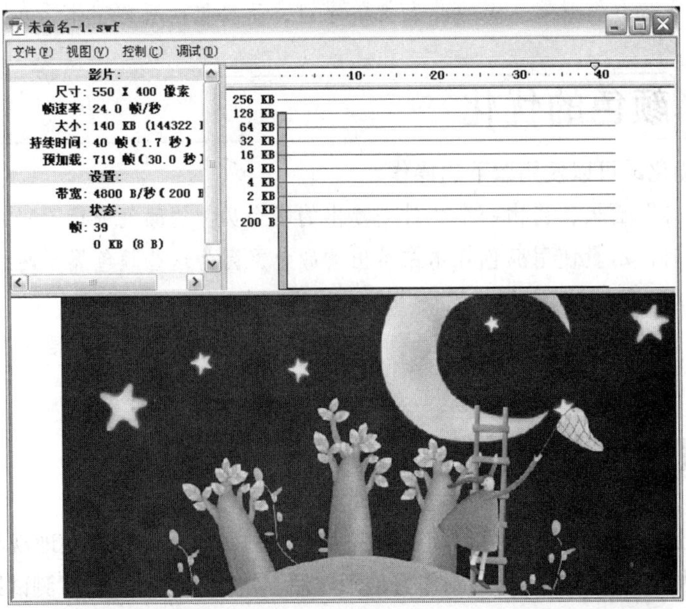

图11-2　带宽设置

04 执行“视图”→“数据流图表”命令，这时在图表中一些交错的块状图形，每个块状图形代表一个帧中所含数据量的大小。选择一个块状图形，该块状图形即变为暗红色，并且可以从左边的列表中看见该帧的数据大小情况。块状图形所占的面积越大，该帧中的数据量越大。如果块状图形高于图表中的红色水平线，表示该帧的数据量超过了目前设置的带宽流量限制，影片在浏览器中下载时可能会在此出现停顿现象或者需要用较长的时间，如图11-3所示。

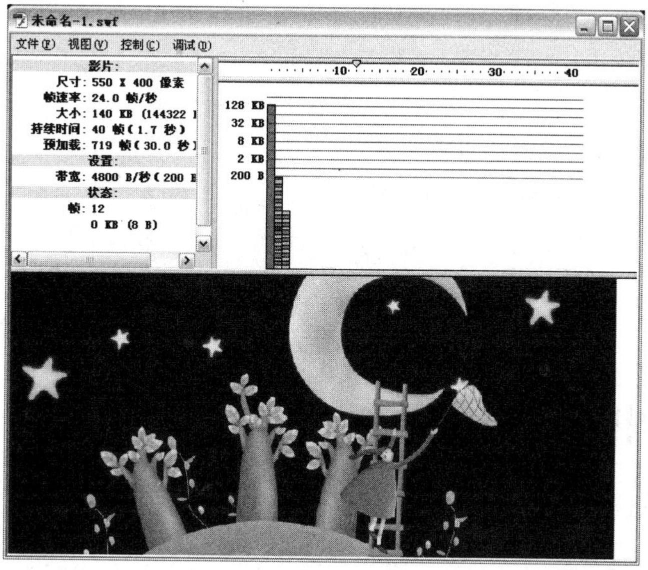

图11-3 数据流图表

05 执行“视图”→“帧数图表”命令，可以在图表中以帧数序列的方式来查看各帧包含数据为多少，这时在图表窗格中的块状图形变为了条状图形，每一个条状图形长短也代表该帧中所包含数据的大小。选择条状图形，条状图形变为绿色，在左边的列表又会显示出该帧中的数据大小，如图11-4所示。

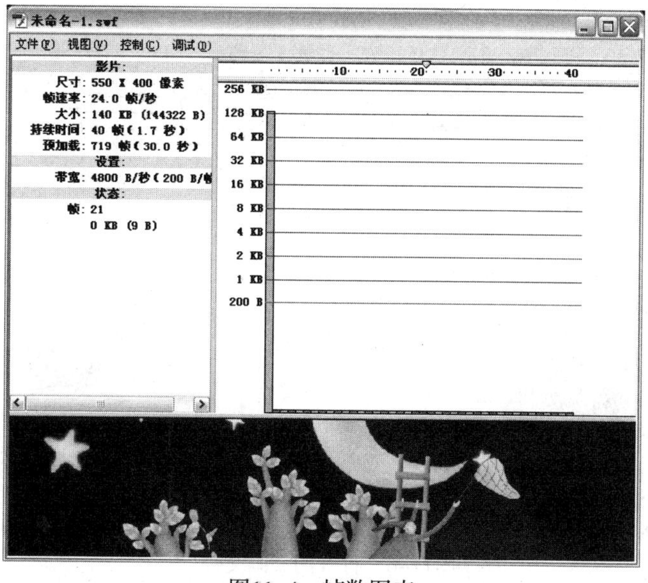

图11-4 帧数图表

06 在“视图”菜单的“下载设置”命令中，可以选择需要模拟的带宽速度。执行“视图”→“下载设置”→“自定义”命令，可以打开“自定义下载设置”对话框，然后根据实际情况作自定义下载的模拟设置，如图11-5所示。

图11-5 “自定义下载设置”对话框

11.3 导出Flash作品

对动画进行测试后，即可导出动画。在Flash中既可以导出整个影片的内容，也可以导出图像、声音等文件。下面分别对其进行讲解。

11.3.1 导出图像

导出图像的具体操作如下。

01 单击“文件”→“打开”命令，打开一个动画文件，如图11-6所示。

图11-6 打开的动画文件

02 选取某帧或场景中要导出的图形，例如这里选择主场景中第80帧的图像，如图11-7所示。

图11-7 第80帧所对应的图像

03 单击“文件”→“导出”→“导出图像”命令，弹出“导出图像”对话框，设置保存路径和保存类型以及文件名，如图11-8所示。

图11-8 “导出图像”对话框

04 单击“保存”按钮，弹出“导出JPEG”对话框，读者可以自行设置导出位图的尺寸、分辨率等参数。在“包含”下拉列表框中选择“完整文档大小”选项，如图11-10示。

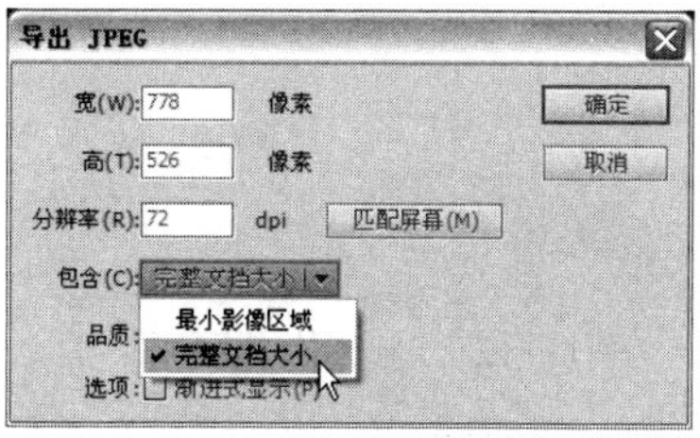

图11-9 设置参数

05 设置完成后单击“确定”按钮，即可完成动画图像的导出。

11.3.2 导出声音

导出声音文件的具体操作如下。

01 选取某帧或场景中要导出的声音。执行“文件”→“导出”→“导出影片”命令。

02 弹出“导出影片”对话框，在该对话框的“保存在”下拉列表框中指定文件要导出的路径，在“文件名”文本框中输入文件名称，在“保存类型”下拉列表框中选择声音保存的类型，在此选择“WAV音频（*wav）”，如图11-10所示。

03 单击“保存”按钮，弹出“导出Windows WAV”对话框，如图11-11所示。完成后单击“确定”按钮，完成动画中声音文件的导出。

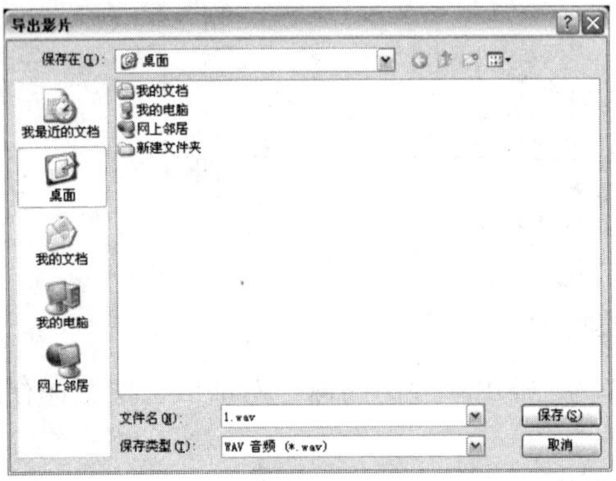

图11-10 “导出影片”对话框

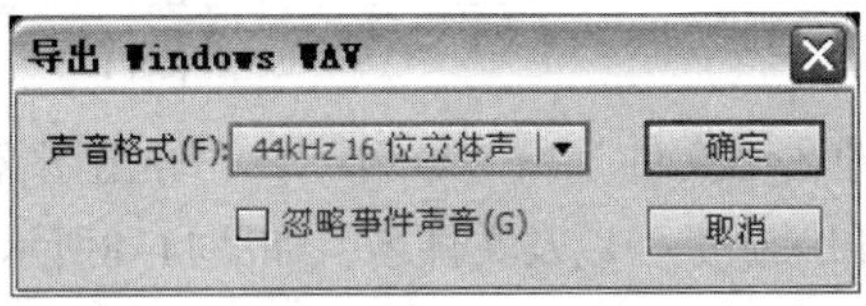

图11-11 “导出Windows WAV”对话框

11.3.3 导出影片

执行“文件”→“导出”→“导出影片”命令，打开“导出影片”对话框，如图11-12所示。在对话框中的“保存类型”下拉列表中选择文件的类型，并在“文件名”文本框中输入文件名后，单击“保存”按钮，即可导出动画。

图11-12 “导出影片”对话框

在“保存类型”下拉列表中的“SWF影片（*.swf）”类型的文件必须在安装了Flash播放器后才能播放。

11.3.4 实例训练——将动画导出为视频

Flash导出的swf格式的动画影片不能直接在电视上播放，需要将其发布为视频文件。为了保证视频的效果，不要将导出的swf格式的动画影片利用第三方软件转换为视频，而是在Flash CS5中直接进行导出。本例导出的视频效果如图11-13所示。

图11-13　完成效果

01 使用Flash CS5打开一个准备导出为视频的动画源文件，如图11-14所示。

图11-14　打开动画文件

02 执行“文件”→“导出”→“导出影片”命令，打开“导出影片”对话框，如图11-15所示。

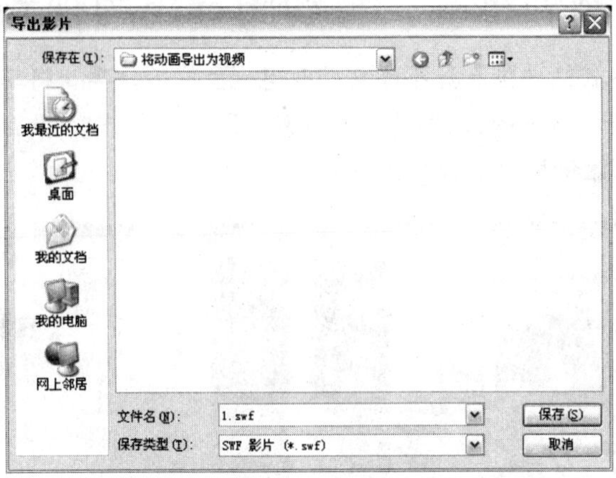

图11-15 “导出影片”对话框

03 在“文件名”文本框中输入视频名称“动画视频”，在“保存类型”下拉列表中选择“Windows AVI（*.avi）”选项，如图11-16所示。完成后单击“保存”按钮。

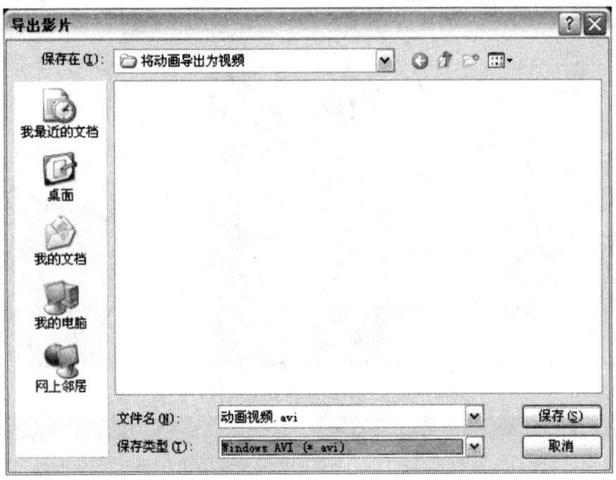

图11-16 选择视频格式

04 打开“导出Windows AVI”对话框，在对话框中设置视频的尺寸、格式、声音格式等参数，如图11-17所示。

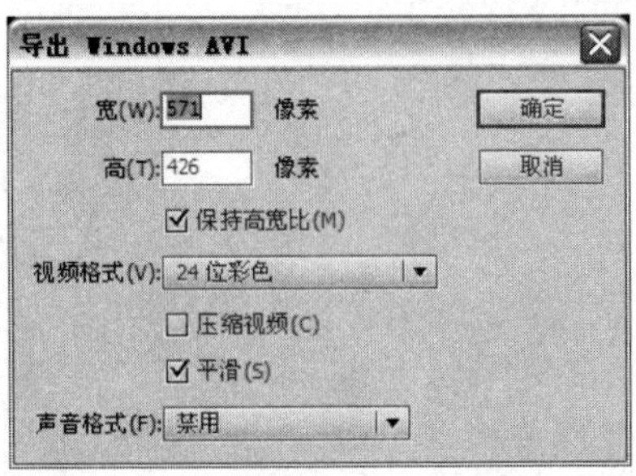

图11-17 “导出Windows AVI”对话框

05 完成后单击“确定”按钮，弹出“正在导出AVI影片”提示框，根据动画的大小，导出的时间会有所不同。导出完成以后，找到导出视频的文件夹，可以看到动画已经变成视频的格式了，如图11-18所示。

图11-18　导出的avi格式动画文件

11.4 Flash动画的发布

为了Flash作品的推广和传播，还需要将制作的Flash动画文件进行发布。发布是Flash影片的一个独特功能。

11.4.1 设置发布格式

Flash的“发布设置”对话框可以对动画发布格式等进行设置，还能将动画发布为其他的图形文件和视频文件格式。其具体的设置方法如下。

01 执行“文件”→“发布设置”命令，弹出“发布设置”对话框，如图11-19所示。

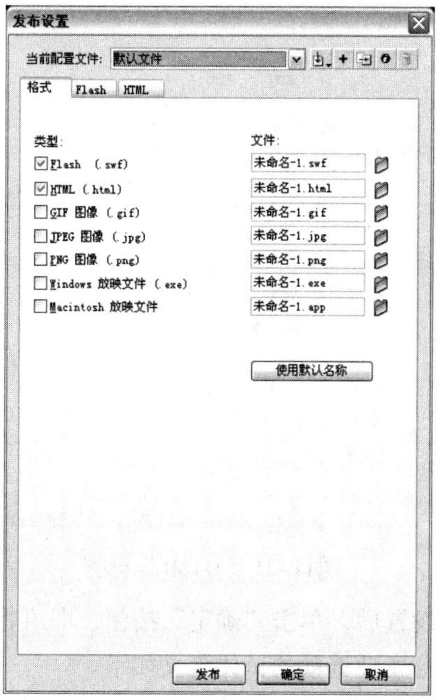

图11-19 “发布设置”对话框

02 单击“Flash”标签，进入该选项卡，可以对Flash格式文件进行设置，如图11-20所示。

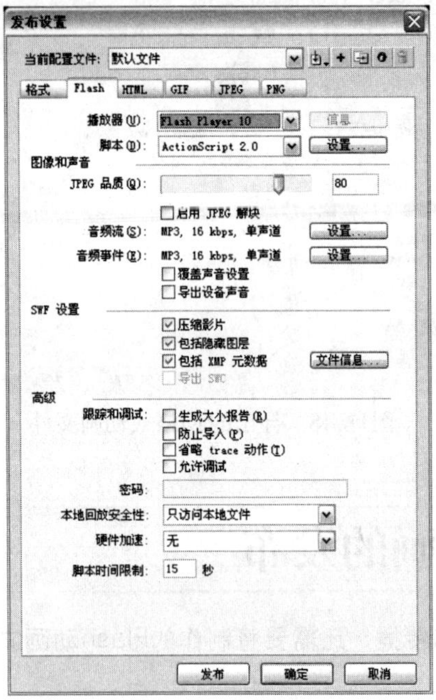

图11-20　“Flash”选项卡

03 对Flash格式进行设置后，在“发布设置”对话框中单击“HTML”标签，进入该选项卡，可以对HTML进行相应设置，如图11-21所示。

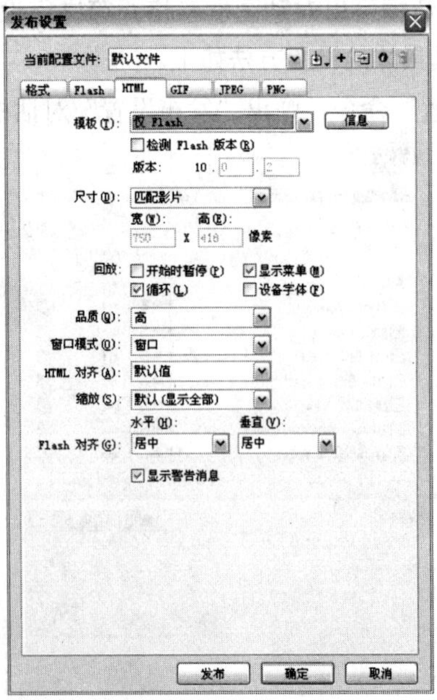

图11-21 “HTML”标签

04 完成各个选项卡中的参数设置后，单击“确定”按钮，即可将当前Flash文件进行发布。

在“Flash”选项卡中，各主要选项的具体含义如下。

- **“播放器”下拉列表框：用于选择发布的Flash动画的版本。可以照顾那些使用较老版**

本Flash软件的用户。

- “生成大小报告”复选框：创建一个文本文件，记录下最终导出动画文件的大小。
- “防止导入”复选框：用于防止发布的动画文件被他人下载到Flash程序中进行编辑。
- “省略trace动作”复选框：用于设定忽略当前动画中的跟踪命令。
- “允许调试”复选框：允许对动画进行调试。
- “密码”输入框：当选中“防止导入”或“允许调试”复选框后，可在密码框中输入密码。
- JPEG品质：用于将动画中位图保存为一定压缩率的JPEG文件，拖动滑块可改变图像的压缩率，如果所导出的动画中不含位图，则该项设置无效。
- 音频流：单击右侧的“设置”按钮，弹出“声音设置”对话框，在其中可设定导出的流式音频的压缩格式、位比率和品质等，如图11-22所示。

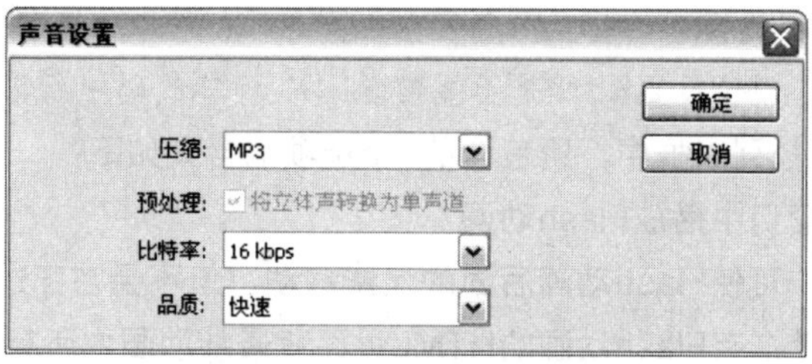

图11-22 “声音设置”对话框

- 音频事件：用于设定导出的事件音频的压缩格式、位比率和品质等。

在“HTML”选项卡中，各主要选项的具体含义如下。

- “模板”下拉列表框：用于选择所使用的模板，单击右边的“信息”按钮，弹出“HTML模板信息”对话框，显示出该模板的有关信息，如图11-23所示。

图11-23 “HTML模板信息”对话框

- “尺寸”下拉列表框：用于设置动画的宽度和高度值。主要包括“匹配影片”、“像素”、“百分比”三种选项。“匹配影片”表示将发布的尺寸设置为动画的实际尺寸大小；“像素”表示用于设置影片的实际宽度和高度，选择该项后可在宽度和高度文本框中输入具体的像素值；“百分比”表示设置动画相对于浏览器窗口的尺寸大小。
- “开始时暂停”复选框：用于使动画一开始处于暂停状态，只有当用户单击动画中的“播放”按钮或从快捷菜单中选择“Play”命令后，动画才开始播放。
- “显示菜单”复选框：用于使用户单击鼠标右键时弹出的快捷菜单中的命令有效。

- “循环”复选框：用于使动画反复进行播放。
- “设备字体”复选框：用反锯齿系统字体取代用户系统中未安装的字体。
- “品质”下拉列表框：用于设置动画的品质，其中包括低、自动减低、自动升高、中、高和最好6个选项。
- “窗口模式”下拉列表框：用于设置安装有Flash ActiveX的IE浏览器，可利用IE的透明显示、绝对定位及分层功能。包含“窗口”、“不透明无窗口”和“透明无窗口”3个选项。
- “HTML对齐”下拉列表框：用于设置动画窗口在浏览器窗口中的位置，主要有左、右、顶、底部及默认几个选项。
- “Flash对齐”下拉列表框：用于定义动画在窗口中的位置及将动画裁剪到窗口尺寸。可在“水平”和“垂直”列表中选择需要的对齐方式。其中“水平”列表中主要有左、居中、右3个选项供选择；“垂直”列表中主要有顶、居中、底部3个选项供选择。
- 显示警告消息：用于设置Flash是否要警示HTML标签代码中所出现的错误。

在“窗口模式”下拉列表框中，所包含的3个选项的含义如下：

- **窗口：在网页窗口中播放Flash动画。**
- **不透明无窗口：可使Flash动画后面的元素移动，但不会在穿过动画时显示出来。**
- **透明无窗口：使嵌有Flash动画的HTML页面背景从动画中所有透明的地方显示出来。**

11.4.2 预览发布效果

对动画的发布格式进行设置后，还需要对动画格式进行预览，具体操作步骤如下。

01 **单击“文件”→“发布预览”命令，弹出其子菜单**，如图11-24所示。

02 **在该子菜单中选择一种要预览的文件格式即可在动画预览界面中看到该动画发布后的效果。**

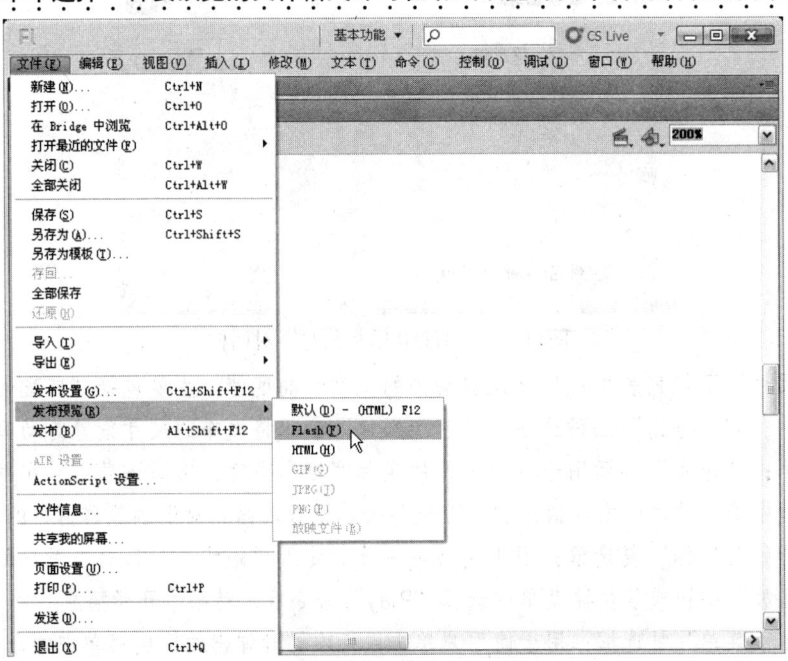

图11-24 “发布预览”子菜单

11.4.3 发布Flash作品

在Flash CS5中，发布动画的方法有以下几种。

- 按下Shift+F12组合键。
- 单击“文件”→“发布”命令。
- 执行“文件”→“发布设置”命令，弹出“发布设置”对话框，在发布设置完毕后，单击“发布”按钮即可完成动画的发布。

11.4.4 实例训练——将动画发布为网页

在制作Flash动画时，大部分情况就是将完成的动画应用到网页中。在Flash CS5中可以将动画直接发布输出为HTML网页文件，而不需要先将动画导出，再插入到网页中去。本例的完成效果如图11-25所示。

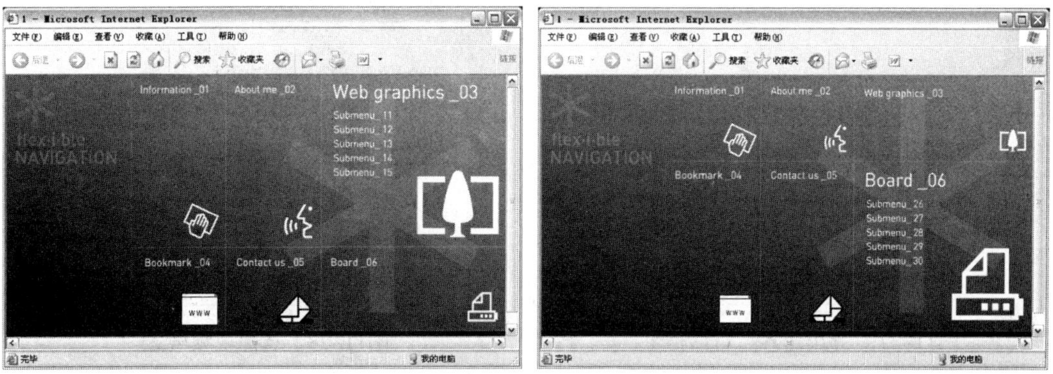

图11-25　完成效果

01 使用Flash CS5打开一个准备发布为网页的动画源文件，如图11-26所示。

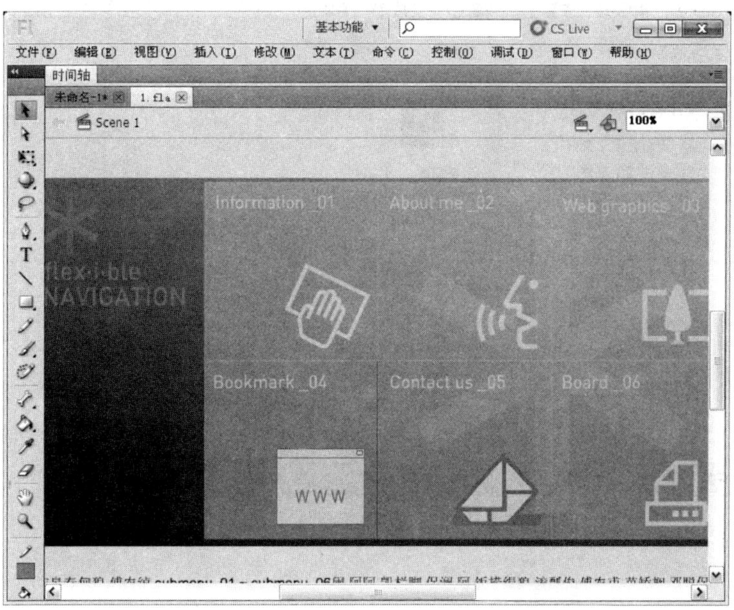

图11-26　打开动画文件

02 执行“文件”→“发布设置”命令，弹出“发布设置”对话框，单击“格式”标签，进入该选项卡，在“类型”选项区中只保留选中前面两个复选框，如图11-27所示。

03 单击“HTML”标签，进入HTML选项卡，设置各项参数，如图11-28所示，完成各项设置后，单击“发布”按钮。

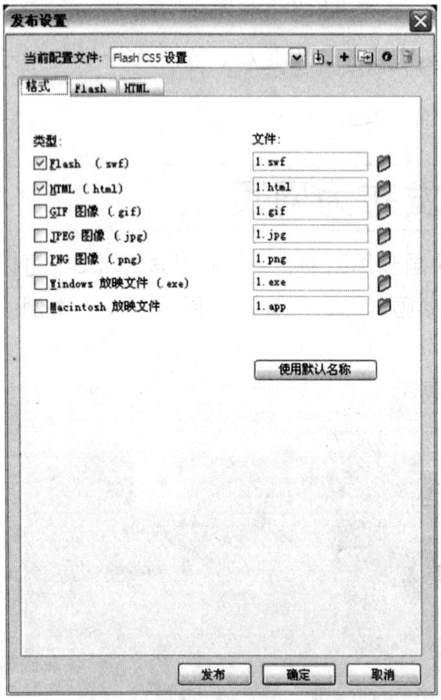

图11-27 “导出影片”对话框

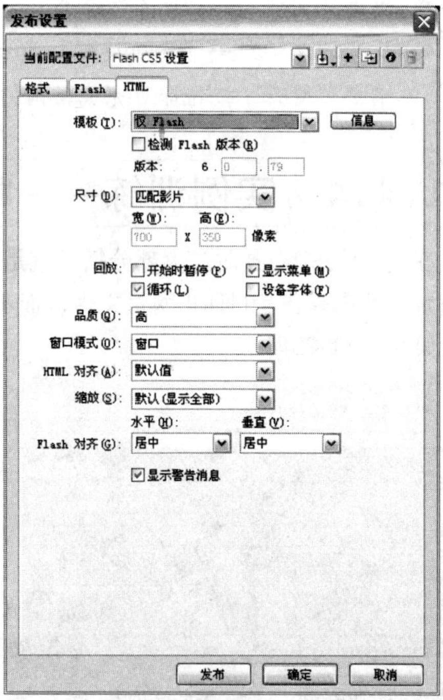

图11-28 选择视频格式

04 在发布后的源文件文件夹中，选择HTML文件，如图11-29所示。双击鼠标左键可将文件打开。

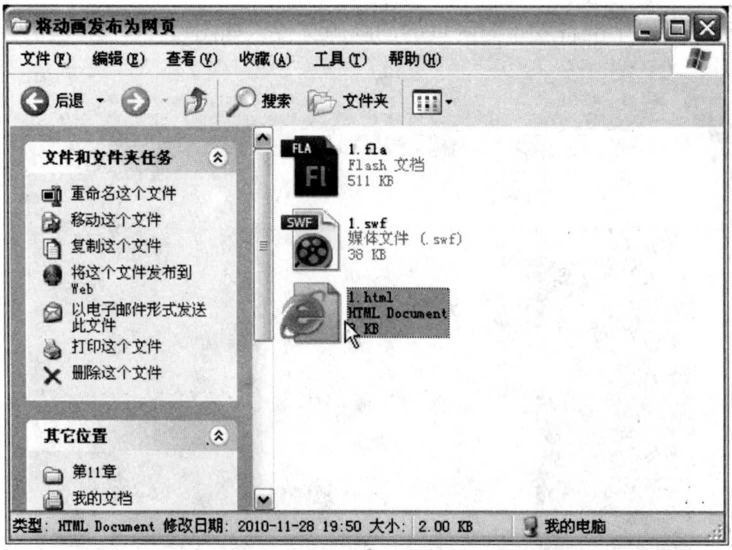

图11-29 “导出Windows AVI”对话框

11.5 本章小结

由于Flash优越的流媒体技术可以使影片一边下载一边播放，在网站上展示的作品就可以边下载一边进行播放。但是当作品很大的时候，便会出现停顿或卡帧现象。为了使浏览者可以顺利地观看影片，影片的优化和测试是必不可少的。

11.6 本章习题

1. 填空题

（1）为了使浏览者可以顺利的观看影片，影片的________和________是必不可少的。

（2）在Flash中，通过执行__________命令，可以将影片完整地播放一次，以此来检测动画是否达到了设计的要求。

（3）Flash中的________对话框可以对动画发布格式等进行设置。

2. 判断题

（1）尽可能地使用数据量小的声音格式，如MP3、Wav等，可以减小影片的大小。（　）

（2）Flash中的嵌入字体不会增加影片的大小。（　）

（3）按下Shift+F11组合键能快速地发布动画作品。（　）

3. 操作题

（1）对制作好的动画进行影片优化、测试下载性能，并将其发布为视频。

（2）按照本章讲述的方法，将一个动画文件输出为HTML格式的文件。

各章习题答案

第1章

1. 填空题

（1）不再显示　（2）菜单栏

（3）视图→网格→编辑网格

2. 判断题

（1）√　（2）√　（3）×

第2章

1. 填空题

（1）Shift　（2）选择工具　（3）套索工具

2. 判断题

（1）×　（2）×　（3）√

第3章

1. 填空题

（1）任意变形工具

（2）标准擦除　擦除填色　擦除线条　擦除所选填充　内部擦除

（3）修改→组合

2. 判断题

（1）×　（2）√　（3）√

第4章

1. 填空题

（1）标签输入方式　文本块输入方式

（2）左对齐　居中对齐　右对齐　两端对齐

（3）Ctrl+Shift+V

2. 判断题

（1）√　（2）×　（3）√

第5章

1. 选择题

（1）A　（2）A　（3）B

2. 填空题

（1）时间　（2）空白关键　（3）图层1

第6章

1. 填空题

（1）动作补间动画　（2）形状补间动画

（3）引导动画　（4）缓动

2. 判断题

（1）×　（2）√　（3）×

第7章

1. 填空题

（1）影片剪辑　按钮元件　图形元件

（2）影片剪辑　（3）F8

2. 判断题

（1）√　（2）×　（3）×

第8章

1. 填空题

（1）库　（2）数据流

2. 判断题

（1）√　（2）×　（3）√

第9章

1. 填空题

（1）手写　脚本助手

（2）函数　（3）变量

2. 判断题

（1）√　（2）×　（3）×

第10章

1. 填空题

（1）Media　User Interface　Video

（2）Media　（3）Accordion

2. 判断题

（1）×　（2）√　（3）×

第11章

1. 填空题

（1）优化　测试

（2）控制→测试影片

（3）发布设置

2. 判断题

（1）√　（2）×　（3）×